21世纪高等学校规划教材｜计算机科学与技术

# 软件开发环境与工具教程

张　凯　主编

清华大学出版社
北京

## 内 容 简 介

本书介绍了软件开发环境与工具的相关概念；软件开发工具功能与结构；软件开发环境与工具的选用；需求分析与设计工具；数据库设计工具；程序设计工具；用户界面设计工具；多媒体开发工具；测试工具；项目管理工具；软件配置管理工具；UML 与 Rational Rose 软件；软件产品线与网构软件；软件工具酶；Visual Basic 6.0；综合实验。

本书可作为高等院校计算机专业软件开发工具课程的教材或教学参考书，亦可作为软件开发工具学者和爱好者的参考书。

**图书在版编目（CIP）数据**

软件开发环境与工具教程/张凯主编. --北京：清华大学出版社，2011.11

（21世纪高等学校规划教材·计算机科学与技术）

ISBN 978-7-302-26399-9

Ⅰ. ①软…　Ⅱ. ①张…　Ⅲ. ①软件开发－高等学校－教材　Ⅳ. ①TP311.52

中国版本图书馆 CIP 数据核字（2011）第 158870 号

责任编辑：闫红梅　李玮琪
责任校对：焦丽丽
责任印制：李红英

出版发行：清华大学出版社　　　　　地　　　址：北京清华大学学研大厦 A 座
　　　　　http://www.tup.com.cn　　邮　　　编：100084
　　社　　总　　机：010-62770175　　邮　　　购：010-62786544
　　投稿与读者服务：010-62795954，jsjjc@tup.tsinghua.edu.cn
　　质　量　反　馈：010-62772015，zhiliang@tup.tsinghua.edu.cn
印　刷　者：北京富博印刷有限公司
装　订　者：北京市密云县京文制本装订厂
经　　销：全国新华书店
开　　本：185×260　印　张：15.5　字　数：384 千字
版　　次：2011 年 11 月第 1 版　　印　　次：2011 年 11 月第 1 次印刷
印　　数：1～3000
定　　价：25.00 元

产品编号：038909-01

# 编审委员会成员

# 出版说明

随着我国改革开放的进一步深化,高等教育也得到了快速发展,各地高校紧密结合地方经济建设发展需要,科学运用市场调节机制,加大了使用信息科学等现代科学技术提升、改造传统学科专业的投入力度,通过教育改革合理调整和配置了教育资源,优化了传统学科专业,积极为地方经济建设输送人才,为我国经济社会的快速、健康和可持续发展以及高等教育自身的改革发展做出了巨大贡献。但是,高等教育质量还需要进一步提高以适应经济社会发展的需要,不少高校的专业设置和结构不尽合理,教师队伍整体素质亟待提高,人才培养模式、教学内容和方法需要进一步转变,学生的实践能力和创新精神亟待加强。

教育部一直十分重视高等教育质量工作。2007年1月,教育部下发了《关于实施高等学校本科教学质量与教学改革工程的意见》,计划实施"高等学校本科教学质量与教学改革工程"(简称"质量工程"),通过专业结构调整、课程教材建设、实践教学改革、教学团队建设等多项内容,进一步深化高等学校教学改革,提高人才培养的能力和水平,更好地满足经济社会发展对高素质人才的需要。在贯彻和落实教育部"质量工程"的过程中,各地高校发挥师资力量强、办学经验丰富、教学资源充裕等优势,对其特色专业及特色课程(群)加以规划、整理和总结,更新教学内容、改革课程体系,建设了一大批内容新、体系新、方法新、手段新的特色课程。在此基础上,经教育部相关教学指导委员会专家的指导和建议,清华大学出版社在多个领域精选各高校的特色课程,分别规划出版系列教材,以配合"质量工程"的实施,满足各高校教学质量和教学改革的需要。

为了深入贯彻落实教育部《关于加强高等学校本科教学工作,提高教学质量的若干意见》精神,紧密配合教育部已经启动的"高等学校教学质量与教学改革工程精品课程建设工作",在有关专家、教授的倡议和有关部门的大力支持下,我们组织并成立了"清华大学出版社教材编审委员会"(以下简称"编委会"),旨在配合教育部制定精品课程教材的出版规划,讨论并实施精品课程教材的编写与出版工作。"编委会"成员皆来自全国各类高等学校教学与科研第一线的骨干教师,其中许多教师为各校相关院、系主管教学的院长或系主任。

按照教育部的要求,"编委会"一致认为,精品课程的建设工作从开始就要坚持高标准、严要求,处于一个比较高的起点上。精品课程教材应该能够反映各高校教学改革与课程建设的需要,要有特色风格、有创新性(新体系、新内容、新手段、新思路,教材的内容体系有较高的科学创新、技术创新和理念创新的含量)、先进性(对原有的学科体系有实质性的改革和发展,顺应并符合21世纪教学发展的规律,代表并引领课程发展的趋势和方向)、示范性(教材所体现的课程体系具有较广泛的辐射性和示范性)和一定的前瞻性。教材由个人申报或各校推荐(通过所在高校的"编委会"成员推荐),经"编委会"认真评审,最后由清华大学出版社审定出版。

目前,针对计算机类和电子信息类相关专业成立了两个"编委会",即"清华大学出版社计算机教材编审委员会"和"清华大学出版社电子信息教材编审委员会"。推出的特色精品教材包括:

(1) 21世纪高等学校规划教材·计算机应用——高等学校各类专业,特别是非计算机专业的计算机应用类教材。

(2) 21世纪高等学校规划教材·计算机科学与技术——高等学校计算机相关专业的教材。

(3) 21世纪高等学校规划教材·电子信息——高等学校电子信息相关专业的教材。

(4) 21世纪高等学校规划教材·软件工程——高等学校软件工程相关专业的教材。

(5) 21世纪高等学校规划教材·信息管理与信息系统。

(6) 21世纪高等学校规划教材·财经管理与应用。

(7) 21世纪高等学校规划教材·电子商务。

(8) 21世纪高等学校规划教材·物联网。

清华大学出版社经过三十多年的努力,在教材尤其是计算机和电子信息类专业教材出版方面树立了权威品牌,为我国的高等教育事业做出了重要贡献。清华版教材形成了技术准确、内容严谨的独特风格,这种风格将延续并反映在特色精品教材的建设中。

清华大学出版社教材编审委员会

联系人:魏江江

E-mail:weijj@tup.tsinghua.edu.cn

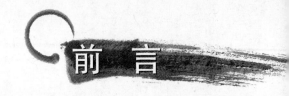

# 前　言

　　"软件开发工具"课程是计算机专业本科生的一门专业课。作为该课程多年的任教老师,深感市面上的教材与实际教学有一定的差距。主要表现在:第一,目前教材中软件开发环境与工具理论部分的内容介绍得较少,也不够系统;第二,大部分教材将该课程变成为一门计算机语言开发应用进行讲授和实验;第三,欠缺软件开发环境与工具前瞻性的理论和应用介绍。

　　在与清华大学出版社编辑的沟通中,编者介绍了这本书在构思方面的三大特色:第一,将系统介绍软件开发环境与工具理论体系;第二,在介绍软件开发过程中不同阶段软件开发工具的基础上,设计了一个简单的软件产品线实验,要求学生理解软件开发平台及设计思想,也能够自己动手开发一个简单的软件产品线;第三,增加介绍软件开发环境与工具前沿研究的内容。编者的想法得到清华大学出版社的认同。

　　本书内容共分16章。包括软件开发环境与工具概述;软件开发工具功能与结构;软件开发环境与工具的选用;需求分析与设计工具;数据库设计工具;程序设计工具;用户界面设计工具;多媒体开发工具;测试工具;项目管理工具;软件配置管理工具;UML与Rational Rose软件;软件产品线与网构软件;软件工具酶;Visual Basic 6.0;综合实验。

　　本书这16章内容,计划用34~40学时完成。其中,第1章~第13章,授课老师可以每次(2节课)讲完一章,第14章为选讲内容,第15章和第16章为实验内容,可以灵活安排。

　　本书由中南财经政法大学张凯教授独立策划、主编、审核、修改和定稿。本课程和教案在中南财经政法大学计算机专业实施多年,有三届本科生参加了本书的试读,并提出一些宝贵意见。研究生王文静、李立双、杨薇和本科生李火荣做了大量的资料整理和实验程序调试工作。在此,对所有参加本书工作的相关人员和关心本书的学者表示衷心的感谢。

　　本书在编写过程中,参考和引用了大量国内外的著作、论文、研究报告和网站文献。由于篇幅有限,本书仅列举了主要的参考文献。作者向所有被参考和引用论著的作者表示由衷的感谢,他们的辛勤劳动成果为本书提供了丰富的资料。

　　本书是对"软件开发工具"课程和教材的一种新的探索,包括教学内容和教学法。尽管作者做出了巨大努力,但因能力有限,本书难免存在一些错误,望读者对此提出宝贵意见。

　　目前,清华大学出版社的数字化教学平台已经运行,本书的课件将在出版时上传,届时读者可以从中下载。另外,如果其他院校授课教师有什么要求,包括考试题电子稿、背景资料等,可直接与作者联系,我们将尽量满足您的愿望。

　　电子邮件:zhangkai@znufe.edu.cn(联系人:张凯)。

编　者<br>2011 年 5 月

# 目录

# 第 1 章

# 软件开发环境与工具的相关概念

## 1.1　概述

在软件工程学中,方法和工具是同一个问题的两个不同方面,方法是工具研制的先导,工具是方法的实在体现,软件工程方法的研究成果只有最终实现为软件工具和系统,才能充分发挥软件工程方法在软件开发中的作用。软件开发环境,就是围绕着软件开发的一定目标而组织在一起的一组相关软件工具的有机集合。

软件开发环境与软件开发工具有着密切的联系,软件开发环境的主要组成成分是软件工具。不仅需要有众多的工具来辅助软件的开发,还需要一个统一的界面。软件开发工具在软件开发环境中以综合、一致和整体连贯的形态来支持软件的开发。

软件开发工具是计算机技术发展的产物。随着以电子计算机为代表的现代信息技术迅速地应用到社会生活的各个角落,社会对于各种软件的需求也日益紧迫。各行各业都要求软件开发者迅速地、高质量地提供各种各样的软件产品,包括从过程控制软件到各种管理软件,从辅助设计软件到辅助教学软件。软件产品的质量、效率、价格已成为各方关注的十分重要的问题。

本章主要从软件开发环境和软件开发工具的概念讲起,概括了其定义、特征、功能和发展等,并简单介绍了 CASE 的概念,分析了其发展历程和发展趋势。

## 1.2　软件开发环境的概念

### 1. 什么是软件开发环境

软件开发环境是指在计算机的基本软件的基础上,为了支持软件的开发而提供的一组工具软件系统。一个由 IEEE 和 ACM 支持的国际工作小组提出的关于“软件开发环境”的定义是:

“软件开发环境是相关的一组软件工具集合,它支持一定的软件开发方法或按照一定的软件开发模型组织而成”。

美国国防部在 STARS 计划中的定义如下:

“软件工程环境是一组方法、过程及计算机程序(计算机化的工具)的整体化构件,它支持从需求定义、程序生成直到维护的整个软件生存期"。

"可用来帮助和支持软件需求分析、软件开发、测试、维护、模拟、移植或管理而编制的计算机程序或软件"。

软件开发环境在欧洲又叫集成式项目支援环境(Integrated Project Support Environment,IPSE)。软件开发环境的主要组成成分是软件工具。人机界面是软件开发环境与用户之间的一个统一的交互式对话系统,它是软件开发环境的重要质量标志。存储各种软件工具加工所产生的软件产品或半成品(如源代码、测试数据和各种文档资料等)的软件环境数据库是软件开发环境的核心。工具间的联系和相互理解都是通过存储在信息库中的共享数据得以实现的。

软件开发环境数据库是面向软件工作者的知识型信息数据库,其数据对象是多元化的、带有智能性质的。软件开发数据库用来支撑各种软件工具,尤其是自动设计工具、编译程序等的主动或被动的工作。

软件开发环境可分为以下 4 层。

(1) 宿主层:它包括基本宿主硬件和基本宿主软件。

(2) 核心层:一般包括工具组、环境数据库和会话系统。

(3) 基本层:一般包括最少限度的一组工具,如编译工具、编辑程序、调试程序、连接程序和装配程序等。这些工具都是由核心层来支援的。

(4) 应用层:以特定的基本层为基础,但可包括一些补充工具,用于更好地支援各种应用软件的研制。

目前,较流行的操作系统平台环境有 Windows、UNIX 和 Linux 等。

### 2. 软件开发环境的发展

较初级的软件开发环境数据库一般包括通用子程序库、可重组的程序加工信息库、模块描述与接口信息库、软件测试与纠错依据信息库等;较完整的软件开发环境数据库还应包括可行性与需求信息档案、阶段设计详细档案、测试驱动数据库、软件维护档案等。更进一步的要求是面向软件规划到实现、维护全过程的自动进行,这要求软件开发环境数据库系统是具有智能的,其中比较基本的智能结果是软件编码的自动实现和优化、软件工程项目的多方面不同角度的自我分析与总结。这种智能结果还应主动地被重新改造、学习,以丰富SDE 数据库的知识、信息和软件积累。这时,软件开发环境在软件工程人员恰当的外部控制或帮助下逐步向高智能与自动化迈进。

软件实现的根据是计算机语言。时至今日,计算机语言发展为算法语言、数据库语言、智能模拟语言等多种门类,在几十种重要的算法语言中,C&C++语言日益成为广大计算机软件工作人员的亲密伙伴,这不仅因为它功能强大、构造灵活,更在于它提供了高度结构化的语法、简单而统一的软件构造方式,使得以它为主构造的 SDE 数据库的基础成分——子程序库的设计与建设显得异常方便。

在 20 世纪 70 年代,软件开发与设计方法由结构化程序设计技术(SP)向结构化设计(SD)技术发展,而后又发展了结构化分析技术的一整套的相互衔接的 SA-SD 的方法学。

在 20 世纪 80 年代中期与后期,主要是实时系统设计方法,以及面向对象的分析和设计方法的发展,它克服了结构化技术的缺点。

在 20 世纪 90 年代主要是进行系统集成方法和集成系统的研究,所研究的集成 CASE 环境可以加快开发复杂信息系统的速度,确保用户软件开发成功,提高软件质量,降低投资成本和开发风险。

### 3. 对软件开发环境的要求与特性

1) 要求

软件开发环境的目标是提高软件开发的生产率和软件产品的质量。

(1) 软件开发环境应是高度集成的一体化的系统。

(2) 软件开发环境应具有高度的通用性。

(3) 软件开发环境应易于定制、裁剪或扩充以符合用户要求,即软件开发环境应具有高度的适应性和灵活性。

(4) 软件开发环境不但可应用性要好,而且是易使用的、经济高效的系统。

(5) 软件开发环境应是辅助开发向半自动开发和自动开发逐步过渡的系统。

2) 特性

软件开发环境的特性包括:

(1) 可用性。用户友好性、易学、对项目工作人员的实际支持等。

(2) 自动化程度。

(3) 公共性。公共性是指覆盖各种类型用户、各种软件开发活动。

(4) 集成化程度。

(5) 适应性。适应性是指符合用户要求的程度。

(6) 价值。得益和成本的比率。

### 4. 软件开发环境的分类

软件开发环境是与软件生存期、软件开发方法和软件处理模型紧密相关的。其分类方法很多,本节按解决的问题、软件开发环境的演变趋向与集成化程度进行分类。

1) 按解决的问题分类

(1) 程序设计环境。

(2) 系统合成环境。

(3) 项目管理环境。项目管理环境的责任是解决由于软件产品的规模大、生存期长、人们的交往多而造成的问题。

2) 按软件开发环境的演变趋向分类

(1) 以语言为中心的环境。

(2) 工具箱环境。这类环境的特点是由一整套工具组成,供程序设计选择之用,如窗口管理系统、各种编辑系统、通用绘画系统、电子邮件系统、文件传输系统和用户界面生成系统等。

(3) 基于方法的环境。这类环境专门用于支持特定的软件开发方法。

3) 按集成化程度分类

(1) 第一代,建立在操作系统上。

(2) 第二代,具有真正的数据库,而不是文件库。

(3) 第三代,建立在知识库系统上,出现集成化工具集。

# 1.3　软件开发工具的概念

高级程序设计语言更接近人类习惯的自然语言,它的出现是计算机广泛应用的条件之一。随着计算机在各行各业的广泛应用,处理的问题越来越复杂,软件开发的任务和性质发生了变化。因为高级语言不是人类的自然语言,不仅非专业程序员不易掌握,而且大型系统的编程对专业程序员也是繁重的负担。多数应用领域中的用户只能用本行业的方式表达他们的需求,这种表达与可以直接编程的算法还有很大差距。编写程序已经不是软件开发的主要工作,在编程之前,还有大量的工作要做。在大型软件系统的开发中,除需求分析、系统设计、编写程序之外,文档编写以及项目本身的管理也是十分繁重的任务。人们研制了多种开发工具,以期提高工作质量和效率,改变软件生产的手工业方式。

软件开发工具是软件开发环境中最主要的组成部分,软件开发环境的主要目标是提高软件开发的生产率、改善软件质量和降低软件成本。而这些目标的实现,只能直接依靠软件工具的广泛使用,所以对软件工具开发、设计和使用的研究是十分重要的。

### 1. 什么是软件开发工具

1) 软件工具

软件工具是指为支持计算机软件的开发、维护、模拟、移植或管理而研制的程序系统,所以软件工具是一个程序系统。

软件工具通常由工具、工具接口和工具用户接口三部分构成。工具通过工具接口与其他工具、操作系统或网络操作系统,以及通信接口、环境信息库接口等进行交互作用。当工具需要与用户进行交互作用时则通过工具的用户接口来实现。

2) 软件开发工具

软件开发工具(Software Development Tool)是用辅助软件生命周期过程的基于计算机的工具。

3) 软件开发工具概念的3个要点

(1) 它是在高级程序设计语言之后,软件技术进一步发展的产物。

(2) 它的目的是在人们开发软件过程中能够给予各种不同方面、不同程度的支持或帮助。

(3) 它支持软件开发的全过程,而不是仅限于编码或其他特定的工作阶段。

4) 软件工具的发展特点

(1) 软件工具由单个工具向多个工具集成化方向发展。

(2) 重视用户界面的设计。

(3) 不断地采用新理论和新技术。

(4) 软件工具的商品化推动了软件产业的发展,而软件产业的发展,又增加了对软件工具的需求,促进了软件工具的商品化进程。

凡支持需求分析、设计、编码、测试、维护等对软件生存周期各阶段的开发工具和管理工具都是软件开发工具。

**2．软件开发工具的功能要求**

可以将软件开发工具应提供的各类支持工作归纳成以下 5 个主要方面：

（1）认识与描述客观系统。这主要用于软件工作的需求分析阶段。由于需求分析在软件开发总的地位越来越重要，人们迫切需要在明确需求、形成软件功能说明书方面得到工具的支持。与具体的编程相比，这方面工作的不确定程度更高，更需要经验，更难以形成规范化。

（2）存储及管理开发过程中的信息。在软件开发的各阶段都要产生以及使用许多信息。当项目规模比较大时，这些信息量就会大大增加，当项目持续时间较长时，信息的一致性就成为一个十分重要、十分困难的问题。如果再涉及软件的长期发展和版本更新，则有关的信息保存与管理问题就显得更为突出了。

（3）代码的编写或生成。在整个软件开发工作过程中，程序编写工作在人力物力和实践方面占了相当的比例，提高代码的编制速度与效率显然是改进软件工作的一个重要方面。根据目前以第三代语言编程尾注的实际情况，这方面的改进主要是从代码自动生成和软件模块重用两个方面来考虑。

（4）文档的编制或生成。文档编写也是软件开发中十分繁重的一项工作，不但费时费力，而且很难保持一致。在这方面，计算机辅助的作用可以得到充分的发挥。在各种文字处理软件的基础上，已有不少专用的软件开发工具提供了这方面的支持与帮助。这里的困难往往在于如何保持与程序的一致性，而且最后归结于信息管理方面的要求。

（5）软件项目的管理。这一功能是为项目管理人员提供支持的。对于软件项目来说，一方面，由于软件的质量比较难于测定，所以不仅需要根据设计任务书提出测试方案，而且还需要提供相应的测试环境与测试数据，人们希望软件开发工具能够提供这些方面的帮助；另一方面，当软件规模比较大时，版本更新，各模块之间以及模块与使用说明之间的一致性，向外提供的版本的控制等，都带来一系列十分复杂的管理问题。如果软件开发工具能够提高这方面的支持与帮助，无疑将有利于软件开发工作的进行。

**3．软件开发工具的性能要求**

所谓功能是指软件能做什么事，所谓性能则是指事情做到什么样的程度。对于软件开发工具来说，功能的说明告诉我们它能在软件开发过程中提供哪些帮助，而性能的说明则要求指出这些支持或帮助的程度如何。对于软件开发工具来说，其性能一般应包括以下 5 种：

1）表达能力或描述能力

因为（欲开发的）软件项目千变万化，将某个软件开发工具用于某些项目的开发，就要能适应那个软件项目的多种情况。往往是根据使用者的若干参数来生成特定的代码段。

如果参数选择合理且详尽，充分规定所需代码段的各种特征，从而生成自己真正需要的代码段，则谓之描述能力/表达能力强；反之，如果该软件工具只能提供很少几个参数，用户无选择余地，从而生成的代码段就会十分死板，很难符合欲开发的具体的应用软件的要求，则谓之描述能力/表达能力差。

2）保持信息一致性的能力

实际工作要求软件开发工具不但能存储大量的有关信息，而且要有条不紊地管理信息，管理的主要内容就是保持信息的一致性,即各部分之间的一致;代码与文档的一致;功能与结构的一致。这些均需软件开发工具提供有效的支持与帮助。

3) 使用的方便程度

人机界面应尽量通俗易懂,以吸引使用者参与开发过程,是否易用是一项重要的性能指标。

4) 工具的可靠程度

软件开发工具应当具有足够的可靠性。因为它涉及的都是软件开发过程中的重要信息,绝对不能丢失或弄错,故可靠性特别重要。

5) 对硬件和软件环境的要求

如果某一软件开发工具对硬件、软件环境要求太高,会影响它的使用范围,若一软件工具对环境要求太高,则显得其很"娇气",使用范围很小。

对于综合的、集成化的软件开发工具来说,环境的要求总会比单项工具要求高。总之,软件开发工具的环境要求应尽量低,这有利于广泛使用。

# 1.4    CASE 的概念

计算机辅助软件工程这一术语的英文为 Computer-Aided Software Engineering (CASE)。

## 1. CASE 定义

CASE 是一组工具和方法的集合,可以辅助软件开发生命周期各阶段进行软件开发。使用 CASE 工具的目标一般是为了降低开发成本;达到软件的功能要求、取得较好的软件性能;使开发的软件易于移植;降低维护费用;开发工作按时完成,及时交付使用。

CASE 有如下三大作用,这些作用从根本上改变了软件系统的开发方式。

(1) 一个具有快速响应、专用资源和早期查错功能的交互式开发环境。

(2) 对软件的开发和维护过程中的许多环节实现了自动化。

(3) 通过一个强有力的图形接口,实现了直观的程序设计。

借助于 CASE,计算机可以完成与开发有关的大部分繁重工作,包括创建并组织所有诸如计划、合同、规约、设计、源代码和管理信息等人工产品。另外,应用 CASE 还可以帮助软件工程师解决软件开发的复杂性并有助于小组成员之间的沟通,它包含支持计算机软件工程的所有方面。

## 2. CASE 分类

1) CASE 技术种类

CASE 系统所涉及的技术有两大类,一类是支持软件开发过程本身的技术,如支持规约、设计、实现、测试等;还有一种特殊的 CASE 技术,即元-CASE 技术。

2) CASE 工具的分类

软件工具是用于辅助计算机软件的开发、运行、维护和管理等活动的一类软件。随着 CASE 的出现,人们也经常使用工具这一术语。人们一般不加区别地使用软件工具和

CASE 工具这两个词。

CASE 工具不同于以往的软件工具，主要体现在以下几个方面：

（1）支持专用的个人计算环境。

（2）使用图形功能对软件系统进行说明并建立文档。

（3）将软件生存期各阶段的工作连接在一起。

（4）收集和连接软件系统中从最初的需求到软件维护各个环节的所有信息。

（5）用人工智能技术实现软件开发和维护工作的自动化。

对 CASE 工具分类的标准可分为：功能、支持的过程和支持的范围。

1993 年 Fuggetta 根据 CASE 系统针对软件系统的支持范围，提出 CASE 系统可分为 3 类：

（1）支持单个过程任务的工具。

（2）工作台支持某一过程所有活动或某些活动。

（3）环境支持软件过程所有活动或至少大部分活动。

### 3. CASE 的集成

以一种集成的方式工作的 CASE 工具可获得更多收益，因为集成方式组装特定工具以提供对过程活动更广泛的支持。

1）平台集成

"平台"是一个单一的计算机或操作系统或是一个网络系统。

2）数据集成

数据集成是指不同软件工程能相互交换数据。

（1）共享文件。

（2）共享数据结构。

（3）共享仓库。

最简单的数据集成形式是基于一个共享文件的集成，UNIX 系统就是这样。UNIX 有一个简单的文件模型，即非结构化字符流。任何工具都能把信息写入文件中，也能读其他工具生成的文件。UNIX 还提供管道。

3）表示集成

表示集成或用户界面集成意指一个系统中的工具使用共同的风格，以及采用共同的用户交互标准集。工具有一个相似的外观。当引入一个新工具时，用户对其中一些用户界面已经很熟悉，这样就减轻了用户的学习负担。目前，表示集成有如下三种不同级别：窗口系统集成、命令集成和交互集成。

4）控制集成

控制集成支持工作台或环境中一个工具对系统中其他工具的访问。

5）过程集成

过程集成意指 CASE 系统嵌入了关于过程活动、阶段、约束和支持这些活动所需的工具的知识。

### 4. CASE 工作台

一个 CASE 工作台是一组工具集，支持图像设计、实现或测试等特定的软件开发阶段。

将 CASE 工具组装成一个工作台后工具能协调工作,可提供比单一工具更好的支持。可实现通用服务程序,这些程序能被其他工具调用。工作台工具能通过共享文件、共享仓库或共享数据结构来集成。

1) 程序设计工作台

程序设计工作台由支持程序开发过程的一组工具组成。将编译器、编辑器和调试器这样的软件工具一起放在一个宿主机上,该机器是专门为程序开发设计的。组成程序设计工作台的工具可能有:

(1) 语言编译器:将源代码程序转换成目标码。

(2) 结构化编辑器:结合嵌入的程序设计语言知识。

(3) 连接器。

(4) 加载器。

(5) 交叉引用。

(6) 按格式打印。

(7) 静态分析器。

(8) 动态分析器。

(9) 交互式调试器。

2) 分析和设计工作台

分析和设计工作台支持软件过程的分析和设计阶段,在这一阶段,系统模型已建立(如一个数据库模型和一个实体关系模型等)。这些工作台通常支持结构化方法中所用的图形符号。支持分析和设计的工作台有时称为上游 CASE 工具。它们支持软件开发的早期过程。程序设计工作台则成为下游 CASE 工具。

3) 测试工作台

测试是软件开发过程中较为昂贵和费力的阶段。测试工作台应永远是开放系统,可以不断演化以适应被测试系统的需要。

# 1.5　发展历史与集成化趋势

计算机辅助软件工程,即 CASE 技术,是目前计算机界研究的热点之一。进入 20 世纪 90 年代以来,IBM、DEC、ORACLE 等各大公司纷纷推出应用于各种不同类型计算机的 CASE 产品,其发展速度呈直线上升趋势,几乎主宰了整个软件市场。学术界的研究与讨论也异常活跃。从 1988 年 3 月 IEEE SOFTWARE 杂志出了一期专刊以后,五年来,国际上各大学术刊物纷纷发表有关 CASE 技术及 CASE 的文章。国内的许多学者在这方面也有较为深入的研究和见解。

## 1. CASE 技术的发展历史

CASE 技术是软件技术发展的产物。它既起源于软件工具的发展,又起源于软件开发方法学的发展,同时还受到实际应用发展的驱动。

1) 应用

CASE 用以支持应用系统的开发,新的应用必然驱动系统开发方法的演变。由于新的开发方法越来越复杂,因而需要强有力的开发工具的支持;反过来,由于使用工具,又使新的开发方法和新的应用系统的开发更加简便。

20 世纪 70 年代,绝大部分应用系统是用第三代语言写成的批处理系统。随着数据库技术的成熟,更复杂的数据密集型的交互处理系统应运而生,同时出现了帮助用户分析数据的决策支持系统。

20 世纪 80 年代,专家系统和基于知识的应用引起第四代语言(4GL)和第四代技术(4GT)的发展,应用系统要求自动推理和自动生成。

20 世纪 90 年代,为了使企业适应激烈多变的市场竞争且取得成功,应用系统的开发必须适应企业对功能不断增加和修改的需求,甚至要建立在某一领域内覆盖所有组织层次和各种功能需求的系统。这就需要更加复杂的应用技术,如组合建模、交互图形用户界面的实现等,这成为 CASE 技术发展的主要驱动力量。

2) 方法

软件开发方法的发展,是沿着结构化方法、面向对象的方法和快速原型法这样一条轨迹进行的。

结构化方法出现于 20 世纪 70 年代,是支持系统最早的努力之一。由于在系统开发生命周期前期错误所产生的代价太高,因而用于需求分析和设计的结构化技术(SADT)得以产生和发展。但是,许多结构化方法只处理信息系统模型的一个或几个方面,描述问题不太精确并且有二义性。

在 20 世纪 80 年代中后期,实时系统的设计与面向对象的分析和设计方法的出现,弥补了结构化技术的一些缺陷。面向对象(客体)的程序设计(OOP)其基本观点就是把世界上的一切事物高度抽象为若干客体,每种客体都有自身的特性和活动,各客体因互通信息而相互作用。

在数据处理中,客体与活动分别对应数据及其处理。过去传统的方法是将数据与处理截然分割,而这种方法将两者合并于客体概念之中,这样设计出的软件必然是模块化的、可扩充的、可重用的、可移植的,克服了过去由于分析设计与实施割裂所造成的程序编制必须到设计后期才能进行的程序"沉淀"现象。

快速原型法的出现缩短了软件开发周期,提高了软件开发效率。这种方法使用户在大规模的软件开发之前,能够尽快看到未来系统的全貌,了解系统功能及效果,使开发人员可以及时地对模型修改、补充,为用户展开新的模型,直到用户满意为止,形成最终用户产品。

采用原型法开发系统具有众多的优点,但要快速生成原型必须有软件开发工具的支持,这就进一步推动了 CASE 工具的发展。

3) 工具

20 世纪 70 年代早期,第一代 CASE 工具一般是基于文件的,如系统分析辅助工具 PSL/PSA,它可以通过 PSL 正确、完整地把用户需求描述出来,存入文本文件。然后,通过 PSA 对该文件进行分析,自动生成需要的各种文件。它不但有助于结构化方法的使用,而且使人们会意识到使用自动化工具的必要性。

随着 PC 和工作站上图形用户界面的出现,支持结构化方法的前端工具也不断出现。但这些早期工具所获取的信息,储存于工具的自身,而在工具之间一般不能进行信息转移。

20 世纪 80 年代早期开发的第二代 CASE 工具,不但能支持使用图形的结构化方法(如支持用于结构化分析的数据流图和用于结构化设计的结构图表),而且通过工程字典的方式使开发信息在不同的 CASE 工具中共享,但局限于同一制造商的工具。

20 世纪 80 年代晚期出现的基于数据库的 CASE 产品可提供某一业务领域和某一工程水平的信息库。在库中集成一套工具箱,用以规划、分析、设计、编程、测试和维护。但是,这些产品的许多部分,过分地依赖于所使用的方法且仅支持某一特定形式的应用开发。

20 世纪 90 年代是 CASE 系统集成时期,CASE 工具发展为 CASE 环境。

### 2. 集成化发展趋势

工具的集成与提高工具的互操作性代表了当前 CASE 发展的主要趋势。20 世纪 90 年代,CASE 工具逐渐发展成为集成化的 CASE 环境。集成在一个环境下的工具的合作协议,包括数据集成、界面集成、功能集成和过程集成等。

## 1.6　问题与对策

### 1. 软件开发环境的折旧问题

软件开发组织的软件开发环境可以长期参加主经营而仍保持其原有的实物形态,但其价值将随着软件开发环境的使用而逐渐转移到生产的软件成本中,或构成了组织的费用。软件开发环境的折旧,是对软件开发环境逐渐转移到软件成本或构成组织费用的那一部分价值的补偿。软件开发环境的折旧计算方法有年限平均法、工作量法、年数总和法、双倍余额递减法等。以下分别简单介绍 4 种方法的计算公式。

1) 年限平均法

年限平均法是将软件开发环境的折旧均衡地分摊到各期的一种方法。采用这种方法计算的每期折旧额均是等额的,其计算公式如下:

$$年折旧率 = 1/\,预计使用年限 \times 100\%$$
$$月折旧率 = 年折旧率\,/12$$
$$月折旧额 = 软件开发环境原价 \times 月折旧率$$

2) 工作量法

工作量法是根据实际工作量计算折旧额的一种方法,其基本公式如下:

$$每一工作量折旧额 = 软件开发环境原值\,/\,预计总工作量$$
$$软件开发环境月折旧额 = 软件组织当月开发工作量 \times 每一工作量折旧额$$

3) 双倍余额递减法

双倍余额递减法和年数总和法,是常用的加速折旧方法。其特点是在软件开发环境使用前期提取折旧多,使用后期提取折旧逐年减少,以使软件开发环境在有效使用年限中加快得到补偿。双倍余额递减法的计算公式如下:

$$年折旧率 = 2/\,预计的折旧年限 \times 100\%$$

月折旧率 ＝ 年折旧率 /12 月折旧额 ＝ 软件开发环境账面净值×月折旧率

4）年数总和法

年数总和法又称合计年限法，是将软件开发环境净值乘以一个逐年递减的分数计算每年的折旧额，这个分数的分子代表软件开发环境尚可使用的年限，分母代表使用年数的逐年数字总和。其计算公式如下：

年折旧率 ＝ 尚可使用年限 / 预计使用年限的年数总和×100％

月折旧率 ＝ 年折旧率 /12

月折旧额 ＝ 软件开发环境原价×月折旧率

软件组织可以选择不同的折旧方法，但是软件开发环境的折旧方法一经确定，不得随意变更。如需变更，应经批准并在会计报表附注中予以说明。

### 2．对策

软件组织要提高自己的软件开发能力，必要的软件开发环境是基础。要想对自己的软件开发环境投入主要的资金，首先需要管理者在思想上有一个转变，即将软件开发环境的建设，尤其是软环境的建设（软件开发过程的改进和自动化软件工具）认为是固定资产的投资，该投资收益于今后的软件开发工作中，因此不可当作即期费用来处理。只有将这种思想推广开来，才可以从根本上解决软件能力改进所需资金不足的问题，才可以使软件组织逐渐变为成熟的、大规模的开发商，它们才可能拥有稳定的过程定义，并与软件工具提供商建立起长期的合作关系。

## 1.7 练习

#### 一、名词解释

1．软件开发环境

2．软件工具

3．CASE

#### 二、简答

1．软件开发环境包括哪 4 个层次？

2．请简述软件开发环境的特性。

3．软件工具有哪些功能要求？

4．CASE 的作用是什么？

5．什么是软件开发环境的折旧？

#### 三、分析题

1．请简要分析软件开发环境的不同分类。

2．请简要分析 CASE 的集成。

3．请详细分析 CASE 的发展及趋势。

# 第2章 软件开发工具功能与结构

软件开发工具的种类繁多。有的工具只是对软件开发过程的某一方面或某一个环节提供支持,有的对软件开发提供比较全面的支持。功能不同,结构当然也不同。我们以具有综合支持能力的工具为背景,讨论它应具备的功能和结构。

## 2.1 基本功能

软件开发工具的基本功能可以归纳为以下 5 个方面。

(1) 提供描述软件状况及其开发过程的概念模式,协助开发人员认识软件工作的环境与要求、管理软件开发的过程。

有人认为,软件开发工具只是帮助人们节省一些时间,少做一些枯燥、烦琐的重复性工作。它能引导使用者建立更正确的概念模型。因为人们使用某种软件开发工具时,就已经接受了这种工具中所包括的对软件和软件开发工作的基本看法。即使是比较简单的,只用于编码阶段的代码生成器,也包含着对某一类模块的一般理解。当用户给出几个参数而自动生成一段代码的时候,他已经默认了这个工具所依据的概念模式,即对于这一类程序模块来说,基本框架是什么样的,哪些部分是不变的,哪些部分是可变的。至于用于分析与计划的工具就更为明显了。这里所说的概念模式包括几个主要方面:对软件的应用环境的认识和理解;对预期产生的软件产品的认识与理解;对软件开发过程的认识与理解。任何软件开发工具都具备这种功能,尽管表现的方面不同。

(2) 提供存储和管理有关信息的机制与手段。软件开发过程中涉及众多信息,结构复杂,开发工具要提供方便、有效地处理这些信息的手段和相应的人机界面。由于这种信息结构复杂、数量众多,只靠人工管理是十分困难的,所以软件开发工具不仅需要提供思维框架,而且要提供方便有效的处理手段和相应的用户界面。

(3) 帮助使用者编制、生成和修改各种文档,包括文字材料和各种表格、图像等。开发过程中大量的文字材料、表格、图形常常使人望而却步,人们期望得到开发工具的帮助。

(4) 生成代码,即帮助使用者编写程序代码,使用户能在较短时间内半自动地生成所需要的代码段落,进行测试和修改。但这里的代码生成只能是局部的、半自动的,多数情况下还有待程序员的整理与加工。

(5) 对历史信息进行跨生命周期的管理,即将项目运行与版本更新的有关信息联合管理。这是信息库的一个组成部分。对于大型软件开发来说,这一部分会成为信息处理的瓶颈。做好这一部分工作将有利于对信息与资源的充分利用。

以上 5 个方面基本上包括了目前软件开发工具的各种功能。完整的、一体化的开发工具应当具备上述功能。现有的多数工具往往只实现了其中的一部分。

## 2.2 一般结构

软件开发工具的一般结构如图 2-1 所示。总控部分及人机界面、信息库（repository）及其管理、代码生成及文档生成、项目管理及版本管理是构成软件开发工具的四大技术要素。

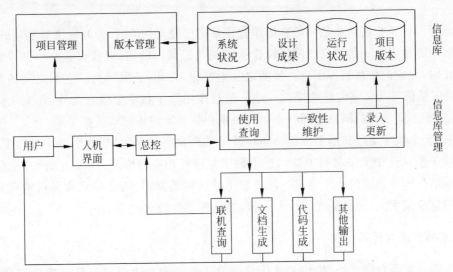

图 2-1　软件开发工具的一般结构

### 1. 总控部分及人机界面

总控部分及人机界面是使用者和工具之间交流信息的桥梁。一个好的开发工具，不仅能帮助使用者完成具体的开发任务，而且能引导试用者熟悉和掌握科学的开发方法。

人机界面的设计应遵循以下三条原则。

第一是面向用户的原则。开发工具的用户主要是系统开发人员，必须充分考虑这些人员的使用要求和工作习惯。

第二是保证各部分之间信息的准确传递。无论是由分散的软件工具集成为一体化的工具，还是有计划地统一开发的一体化工具，各部分之间信息的准确传递，都是正常工作的基础。实现信息的准确传递，在于信息的全面分析和统一规划。这与信息库的管理密切相关。

第三是保证系统的开放性和灵活性。软件开发过程的复杂性决定了开发工具的多样性和可变性。因此，软件开发工具常常需要变更和组合，如果系统不具备足够的灵活性和开放性，就无法进行必要的剪裁和改造，它的使用也就有很大的局限性。

### 2. 信息库及其管理

信息库也称为中心库、主库等。本意是用数据库技术存储和管理软件开发过程的信息。

信息库是开发工具的基础。

信息库存储系统开发过程中涉及四类信息。第一类是关于软件应用领域与环境状况（系统状况）的，包括有关实体及相互关系的描述，软件要处理的信息种类、格式、数量、流向，对软件的要求，使用者的情况、背景、工作目标、工作习惯，等等。这类信息主要用于分析、设计阶段，是第二类信息的原始材料；第二类是设计成果，包括逻辑设计和物理设计的成果，如数据流程图、数据字典、系统结构图、模块设计要求等；第三类是运行状况的记录，包括运行效率、作用、用户反映、故障及其处理情况等；第四类是有关项目和版本管理的信息，这类信息是跨生命周期的，对于一次开发似乎作用不太大，但对于持续的、不断更新的系统则十分重要。

信息库的许多管理功能是一般数据库管理系统已经具备的，作为开发工具的基础，在以下两方面功能更强。一是信息之间逻辑联系识别与记录。例如，当数据字典中某一数据项发生变化时，相应的数据流程图也必须随之发生变化，为此，必须"记住"它们之间的逻辑联系；二是定量信息与文字信息的协调一致。信息库中除了数字型信息之外，还有大量的文字信息，这些不同形式的信息之间有密切的关系。信息库需要记录这些关系。

例如，某个数字通过文档生成等功能写进了某个文字材料中，当这个数字发生变化时，利用这种关系从这个文字材料中找出这个数字并进行相应的修改；除此之外，历史信息的处理也是信息库管理的另一个难点。从开发工具的需要来讲，历史信息应尽可能保留。由于这些信息数量太大，而且格式往往不一致，其处理难度较大。

### 3. 文档生成与代码生成

除了通过屏幕对话之外，使用者从软件开发工具得到的主要帮助是生成代码和文档。文档生成器、代码生成器是早期开发工具的主体，在一体化的工具中也是不可缺少的组成部分。

图 2-2 是代码生成器（code generator）的基本轮廓。生成代码依据三方面的材料：一是信息库中的资料，如系统的总体结构、各模块间的调用关系、基础的数据结构、屏幕的设计要求等；二是各种标准模块的框架和构件，如报表由表名、表头、表体、表尾、附录组成，报表生成器就预先设置了一个生成报表的框架；三是通过屏幕输入的信息，例如，生成一个报表，需要通过屏幕输入有关的名称、表的行数等参数。

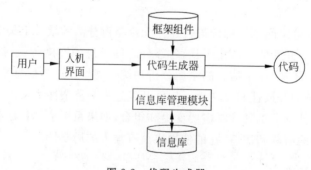

图 2-2　代码生成器

代码生成器输出的代码可以是某种高级程序设计语言的代码或某种机器语言环境下的代码。输出高级程序设计语言的代码,使用者可以进一步修改加工,形成自己需要的程序。输出机器语言代码可以直接运行,但不能修改,对计算机软硬件环境的依赖性很大,所以这种方式不如前一种方式使用得多。需要强调的是:工具只能发挥帮助和支持的作用,不能完全代替人的工作。

文档形成的功能比代码生成更复杂一些。文档是给人看的,必须符合人的工作习惯与要求,否则没有实用价值。文档有文章、表格、图形三大类。表格比较容易按信息库当前的内容输出。随着计算机绘图功能越来越强,画图也不是困难的问题了。文章最难处理。目前的文档生成器,大多数只能提供一个标准的框架,提醒人们完整地、准确地表达设计思想。

### 4. 项目管理与版本管理

项目管理与版本管理是跨生命周期的信息管理,关键是对历史信息的处理。在大型软件开发过程中,各个阶段的信息要求不同。例如,在系统分析时,重点是弄清系统的功能要求,往往容易忽视某些环境因素。到了系统设计阶段,可能发现某个因素对设计影响很大,但信息库中的内容不能满足要求,需要补充调查,这样,不仅影响进度,还必须对文档进行修改。针对这些情况,一些研究者提出了以项目数据库为中心来解决问题的思路。

项目管理包括范围管理、时间管理、成本管理、质量管理、人力资源管理、沟通管理、风险管理、采购管理和集成管理。

项目数据库记录项目进展的各种有关信息,如各阶段的预期进度和实际进展情况。项目负责人应随时掌握这些情况,发现问题,组织解决方案。

版本管理主要涉及档案集中管理,版本升级管理,文件更新保护和不同版本比较。

关于版本的信息,主要内容有各版本的编号、功能改变、模块组成、文档状况、产生时间、用户数量和用户反映等。它也可以作为项目数据库的一部分来处理。

## 2.3 工具分类

对软件开发工具可以从不同的角度来进行分类,其中比较普遍使用的有以下 4 种分类方法。

### 1. 基于工作阶段划分

软件工作是一个长期的、多阶段的过程,各个阶段对信息的需求不同,相应的工具也不相同。基于其工作阶段,可以分为需求分析工具、设计工具、编码工具、测试工具、运行维持工具和项目管理工具。

1) 需求分析工具

需求分析工具是在系统分析阶段用来严格定义需求规格的工具,能将应用系统的逻辑模型清晰地表达出来。由于系统分析是系统开发过程中最困难的阶段,它的成功与否往往是决定系统成败的关键,因此需求分析工具应包括对分析的结果进行一致性和完整性检查,发现并排除错误的功能。

属于系统分析阶段的工具主要包括数据流图(Data Flow Diagram,DFD)绘制与分析工具、图形化的 E-R 图编辑和数据字典的生成工具、面向对象的模型与分析工具以及快速原型构造工具等。例如,美国 Logic Works 公司的 ERwin 和 BPwin 就是基于数据结构设计方法的双向的数据库设计工具,它能进行 E-R 图的绘制,直接生成各种数据库的关系模式,还能从现有的数据库应用系统生成相应的 E-R 图。

2）设计工具

设计工具是用来进行系统设计的,将设计结果描述出来形成设计说明书,并检查设计说明书中是否有错误,然后找出并排除这些错误。

其中属于总体设计的工具主要是系统结构图的设计工具;详细设计的工具主要有 HIPO 图工具、PDL 支持工具、数据库设计工具及图形界面设计工具等。

3）编码工具

在程序设计阶段,编码工具可以为程序员提供各种便利的编程作业环境。

属于编码阶段的工具主要包括各种正文编辑器、常规的编译程序、链接程序、调试跟踪程序以及一些程序自动生成工具等,目前广泛使用的编程环境是这些工具的集成化环境。在数据库应用开发方面还有支持数据访问标准化的软件工具,例如,美国 INTERSOLV 公司的 ODBC（开放数据库互连方案）产品能支持多种异构数据源和各种操作系统,它提供的统一编程接口的开发环境避免了涉及访问和操作众多的 DBMS 的具体细节,使在某种平台上开发的 DBMS 应用可方便地移植到其他平台上并支持多达 35 种不同的数据源。

4）测试工具

软件测试历来是软件质量的保证,它是为了发现错误而执行程序的过程。测试工具应能支持整个测试过程,包括测试用例的选择、测试程序与测试数据的生成、测试的执行及测试结果的评价。而目前很多应用系统是 client/server（客户-服务器）环境,实际环境中每个客户机站点的软硬件配置可能不同,而且在运行过程中,服务器都被许多客户机并发访问,因此测试工具功能还应包括并发用户数对性能的影响、服务器数据量对性能的影响、多个客户端应用对相互之间的冲突和死锁及网络配置对应用的影响等。

属于测试阶段的工具有静态分析器、动态覆盖率测试器、测试用例生成器、测试报告生成器、测试程序自动生成器及环境模拟器等。在 Windows client/server 应用领域较出色的产品有美国 SQA 公司的 SQASuite,其中 SQATeamTest 提供客户端图形用户界面（GUI）应用的自动化测试手段,SQAclient/server 用于多用户并发运行情况下的测试。

5）运行维护工具

运行维护的目的不仅是要保证系统的正常运行,使系统适应新的变化,更重要的是发现和解决性能障碍。

属于软件运行维护阶段的工具主要包括支持逆向工程（Reverse-Engineering）或再造工程（Reengineering）的反汇编程序及反编译程序、方便程序阅读和理解的程序结构分析器、源程序到程序流程图的自动转换工具、文档生成工具及系统日常运行管理和实时监控程序等。

6）项目管理工具

软件项目管理贯穿系统开发生命周期的全过程,它包括对项目开发队伍或团体的组织和管理,以及在开发过程中各种标准、规范的实施。具体讲,有项目开发人员和成本估算、项目开发计划、项目资源分配与调度、软件质量保证、版本控制、风险分析及项目状态报告和跟踪等内容。

目前支持项目管理的常用工具有 PERT 图工具、Gantt 图工具、软件成本与人员估算建模及测算工具、软件质量分析与评价工具以及项目文档制作工具、报表生成工具等。在这个领域中 INTERSOLV 公司的产品 PVCS 就是一套标准的软件开发管理系统,它是一个集成环境,覆盖了开发管理领域的所有重要问题。

### 2. 基于集成程度划分的工具

目前,还应充分利用各种专用的软件开发工具。至于开发与应用集成化的软件开发工具是应当努力研究与探索的课题,而要集成化地、统一地支持软件开发全过程的工具,还是相当困难的。

集成化程度是用户接口一致性和信息共享的程度,是一个新的发展阶段。集成化的软件开发工具要求人们对于软件开发过程有更深入的认识和了解。开发与应用集成化的软件开发工具是应当努力研究与探索的课题,集成化的软件开发工具也常称为软件工作环境。

### 3. 基于硬件、软件的关系划分的工具

按与硬件和软件的关系,软件开发工具可分为以下两类:

(1) 依赖于特定计算机或特定软件(如某种数据库管理系统);

(2) 独立于硬件与其他软件的软件开发工具。

一般来说,设计工具多是依赖于特定软件的,因为它生成的代码或测试数据不是抽象的,而是具体的某一种语言的代码或该语言所要求的格式数据。例如,ORACLE 的 CASE 所生成的是 ORACLE 代码,HP/9000 机器上的 4GL 生成的是在 HP/9000 上可运行的代码。而分析工具与计划工具则往往是独立于机器与软件的,集成化的软件开发工具又常常是依赖于机器与软件的。

软件开发工具是否依赖于特定的计算机硬件或软件系统,对于应用的效果与作用是有直接影响的,因此,这个问题是研究与使用软件开发工具时必须注意的。

### 4. 基于应用领域划分的工具

按应用领域的不同,应用软件可分为事务处理、实时应用和嵌入式应用软件等。其中事务处理范围最广,从工资、仓库和会计等单项管理到具有决策能力的管理信息系统(MIS),还有收银处的各种计费软件、储蓄所使用的存款软件等,均属此类。

下面简单介绍一些实用的开发工具,主要是系统实施阶段用于程序编制的开发工具。

1) 可视化编程工具

可视化编程工具的典型代表有 VB(Visual Basic)、PB(Power Builder)和 Delphi,它们是 Windows 环境中最快的 Windows 用程序生成工具。可视语言和可视编程使用户只关心特定问题的解决,而不再被计算机及计算机语言所困扰,大大简化了程序员的编程。

VB 是第一个实用可视编程的工具。它除具有可视化编程环境的基本功能外,还包含功能强大的数据库管理功能,可以方便地创建数据库应用程序;它支持多用户,以面向事务方式对不同格式数据库进行存取,并率先支持对象链接与嵌入 OLE 及 32 位编程;它支持 ODBC,并可嵌入 SQL,大大减轻了编程工作。

PB 是一个图形化的应用程序开发环境。使用 PB 可以很容易地开发和数据库打交道的商业化应用软件。PB 开发的应用软件由窗口构成,窗口中不仅可以包含按钮、下拉列表框及单选按钮等标准的 Windows 控件,还可以有 PB 提供的特殊的控件。这些特殊控件可以使应用软件更容易使用,使应用软件的开发效率更高。例如,数据窗口就是 PB 提供的一个集成度很高的控件,使用该控件可以很方便地从数据库中提取数据。

Delphi 由 Borland Pascal 发展而来,继承其全功能平台特性,弥补不可视化与全功能平台之间的鸿沟。它具有编译效率高和可执行代码质量高等优点,在面向数据库基础上,可以开发出任何要求的应用程序,它可以同时与 ODBC 数据源(如 Oracle,Sybase 等)连接并访问数据,还可通过 ODBC 与其他一些数据连接。

2) 数据库管理系统开发工具及语言

常用的 DBMS 主要面向关系型数据库,即 RDBMS。RDBMS 产品经历了从集中式到分布式、从单机环境到网络环境、从支持信息管理和辅助决策到联机事务处理的发展过程。

目前各种 RDBMS 产品的工具都已进入 4GL 及图、文、声、像并举的时代,快捷的应用开发工具和生成工具唾手可得,第三方数据库开发工具也是应有尽有。常用产品有 Borland 公司推出的 dBASE 5.0 for Windows;Microsoft 公司的 Visual Foxpro 5.0、6.0、7.0 等中小型应用数据库。有 Oracle Ingress、Sybase、Informix 等功能完善、结构先进的大型 DBMS;还有 UNIFACE、Power Builder 等架构在前类 DBMS 产品之上的,能提供更丰富的开发环境的第三方数据库开发工具,这类产品还具有一定的互连各厂家数据库产品的功能。

dBASE 5.0 for Windows 在原有强大的数据库操作及编程能力的基础上,加入面向对象的开发环境,提供 client/server 应用程序开发能力,处理的数据类型包括声音、图像等二进制数据及 OLE 数据类型,可开发多媒体应用程序。它与 DOS 版的完全兼容,还提供工具将 DOS 应用程序转换为 Windows 应用程序。

Visual Foxpro 6.0 将可视化编程技术引入 4GL 语言编程环境,使数据库管理应用软件的开发更简捷。其面向对象编程技术的引入,增强了开发大型应用软件的能力,弥补了以前其他版本的缺陷。

Oracle 是世界领先的信息管理软件开发商,因其复杂的关系数据库产品而闻名。Oracle 数据库产品为财富排行榜上的前 1000 家公司所采用,许多大型网站也选用了 Oracle 系统。Oracle 的关系数据库是世界第一个支持 SQL 语言的数据库。1977 年,Lawrence J. Ellison 领着一些同事成立了 Oracle 公司,他们的成功强力反击了那些说关系数据库无法成功商业化的说法。现在,Oracle 公司的财产净值已经由当初的 2000 美元增值到了现在的年收入超过 97 亿美元。

Informix 是 IBM 公司出品的关系数据库管理系统(RDBMS)家族。作为一个集成解决方案,它被定位为作为 IBM 在线事务处理(OLTP)旗舰级数据服务系统。

美国 Sybase 公司研制的一种关系型数据库系统,是一种典型的 UNIX 或 Windows NT 平台上 client/server 环境下的大型数据库系统。Sybase 提供了一套应用程序编程接口和库,可以与非 Sybase 数据源及服务器集成,允许在多个数据库之间复制数据,适于创建多层应用。系统具有完备的触发器、存储过程、规则以及完整性定义,支持优化查询,具有较好的数据安全性。Sybase 通常与 Sybase SQL Anywhere 用于 client/server 环境,前者作为服务器数据库,后者为客户机数据库,采用该公司研制的 PowerBuilder 为开发工具,在我国大中型系统中具有广泛的应用。

其他各数据库厂商在自己的数据库产品上也提供有开发工具;但不具有普遍性,使用相对复杂,不灵活,针对性很强,所以应用面相对较窄。开发人员可以根据实际需求选择合适的产品,以完成应用系统的开发。

3) MIS 生成工具

在我国,随着计算机应用的深入普及,越来越多的单位希望能开发出适合本单位需求的计算机管理信息系统,但我们的 MIS 专业队伍不能满足日益扩大的需求,因此各种微机 MIS 应用生成工具大量涌现,如雅奇 MIS、王特 MIS 等,它们的出现既提高了专业人员的开发速度,也使非专业人员自行开发一些不太复杂的系统成为可能。

这些生成工具具有共同的特点,一般都是基于 DOS、Windows 数据库管理系统,用户采用快速原型开发模式,在面向对象的可视化交互设计环境中,把自己业务范围的相关数据和功能用生成工具建立成数据库,选择、生成相应的功能构件(如窗口界面元素、录入维护、查询统计、报表计算打印、代码维护、封面设计等),最后,用挂接技术将数据库和功能构件封装起来,就生成了一个数据库应用系统。这类 MIS 应用生成工具与国外的产品相比具有一些优点,如中文处理能力强,报表输出符合国情,价格低廉,简单易用等。对于结构化较强、静态数据占主导地位的业务流程相对单纯的小型系统来说,利用它们可以收到较好的效果。但对业务处理灵活,对数据库管理要求较高,或多个子系统关联密切的大型应用,目前的工具就不适用了。

4) 多媒体工具

Toolbook 软件由 Asymetric 公司开发,创始人为 Allan Paul(与 Bill Gates 一同创建微软)离开 Microsoft 后投资创建的。它提供一种完整的程序语言 Openscript,包含丰富的函数。但市场推广不利,在多媒体迅速发展的几年,Toolbook 一直不如 Director、Authorware 等工具的发展。后来 Asymetric 公司改名为 Click2learn,做专门提供给企业 Elearning 用的平台——Aspen,并在 NASDAQ 上了市。2004 年 Click2learn 又被 Sumtotal 收购。现在全球有上万家企业和组织选择了 ToolBook 作为它们的 Elearning 创作工具。顾客范围从新成立的公司到全球性 1000 强企业和跨国产业都有,涉及行业涵盖服务业、航空航天、制造业、金融、零售、军事、政府和教育等领域。

Authorware 是美国 Macromedia 公司开发的一种多媒体制作软件,在 Windows 环境下有专业版(Authorware Professional)与学习版(Authorware Star)。Authorware 是一个图标导向式的多媒体制作工具,使非专业人员快速开发多媒体软件成为现实,其强大的功能令人惊叹不已。它无需传统的计算机语言编程,只通过对图标的调用来编辑一些控制程序走向的活动流程图,将文字、图形、声音、动画、视频等各种多媒体项目数据汇在一起,就可达到多媒体软件制作的目的。Authorware 这种通过图标的调用来编辑流程图用以替代传统的计算机语言编程的设计思想,是它的主要特点。Authorware 最初是由 Michael Allen 于 1987 年创建的公司,而 Multimedia 正是 Authorware 公司的产品。20 世纪 70 年代,Allen 参加协助 PLATO 学习管理系统(Learning Management System,PLM)的开发。Authorware 是一种解释型、基于流程的图形编程语言。Authorware 被用于创建互动的程序,其中整合了声音、文本、图形、简单动画以及数字电影。1992 年,Authorware 跟

MacroMind-Paracomp 合并,组成了 Macromedia 公司。2005 年,Adobe 与 Macromedia 签署合并协议,新公司名仍旧名为 Adobe Systems。2007 年 8 月 3 日,Adobe 宣布停止在 Authorware 的开发计划,而且并没有为 Authorware 提供其他相关产品作替代。

Maya 2010Maya 是美国 Autodesk 公司出品的世界顶级的三维动画软件,应用对象是专业的影视广告、角色动画、电影特技等。Maya 功能完善,工作灵活,易学易用,制作效率极高,渲染真实感极强,是电影级别的高端制作软件。其售价高昂,声名显赫,是制作者梦寐以求的制作工具,掌握了 Maya,会极大地提高制作效率和品质,调节出仿真的角色动画,渲染出电影一般的真实效果,向世界顶级动画师迈进。Maya 集成了 Alias/Wavefront 最先进的动画及数字效果技术。它不仅包括一般三维和视觉效果制作的功能,而且还与最先进的建模、数字化布料模拟、毛发渲染、运动匹配技术相结合。Maya 可在 Windows NI 与 SGI IRIX 操作系统上运行。在目前市场上用来进行数字和三维制作的工具中,Maya 是首选解决方案。

Flash 是美国 Macromedia 公司所设计的一种二维动画软件。通常包括 Macromedia Flash,用于设计和编辑 Flash 文档,以及 Macromedia Flash Player,用于播放 Flash 文档。现在,Flash 已经被 Adobe 公司购买,最新版本为 Adobe Flash CS4。Flash 被大量应用于互联网网页的矢量动画文件格式。使用向量运算(Vector Graphics)的方式,产生出来的影片占用存储空间较小。使用 Flash 创作出的影片有自己的特殊档案格式(swf)。该公司声称全世界 97% 的网络浏览器都内建 Flash 播放器(Flash Player)。

3D Studio Max,常简称为 3DS Max 或 MAX,是 Autodesk 公司开发的基于 PC 系统的三维动画渲染和制作软件。其前身是基于 DOS 操作系统的 3D Studio 系列软件,最新版本是 2010。在 Windows NT 出现以前,工业级的 CG 制作被 SGI 图形工作站所垄断。3D Studio Max ＋ Windows NT 组合的出现一下子降低了 CG 制作的门槛,首选开始运用在电脑游戏中的动画制作,后更进一步开始参与影视片的特效制作,如 X 战警 II、最后的武士等。在应用范围方面,广泛应用于广告、影视、工业设计、建筑设计、多媒体制作、游戏、辅助教学以及工程可视化等领域。拥有强大功能的 3DS MAX 被广泛地应用于电视及娱乐业中,例如片头动画和视频游戏的制作,深深扎根于玩家心中的劳拉角色形象就是 3DS MAX 的杰作。在影视特效方面也有一定的应用。而在国内发展的相对比较成熟的建筑效果图和建筑动画制作中,3DS MAX 的使用率更是占据了绝对的优势。根据不同行业的应用特点对 3DS MAX 的掌握程度也有不同的要求,建筑方面的应用相对来说要局限性大一些,它只要求单帧的渲染效果和环境效果,只涉及比较简单的动画;片头动画和视频游戏应用中动画占的比例很大,特别是视频游戏对角色动画的要求要高一些;影视特效方面的应用则把 3DS MAX 的功能发挥到了极致。

PS 指 Photoshop,Photoshop 是 Adobe 公司旗下最为出名的图像处理软件之一。多数人对于 Photoshop 的了解仅限于"一个很好的图像编辑软件",并不知道它的诸多应用方面,实际上,Photoshop 的应用领域很广泛,在图像、图形、文字、视频、出版各方面都有涉及。可做平面设计、修复照片、广告摄影、影像创意、艺术文字、网页制作、建筑效果图后期修饰、绘画、绘制或处理三维贴图、婚纱照片设计、视觉创意、图标制作和界面设计。

Lightscape 是一个非常优秀的光照渲染软件,它特有的光能传递计算方式和材质属性所产生的独特表现效果完全区别于其他渲染软件。Lightscape 是一种先进的光照模拟和可视化设计系统，用于对三维模型进行精确的光照模拟和灵活方便的可视化设计。Lightscape 是世界上唯一同时拥有光影跟踪技术、光能传递技术和全息技术的渲染软件；它能精确模拟漫反射光线在环境中的传递，获得直接和间接的漫反射光线；使用者不需要积累丰富实际经验就能得到真实自然的设计效果。Lightscape 可轻松使用一系列交互工具进行光能传递处理、光影跟踪和结果处理。Lightscape 3.2 是 Lightscape 公司被 AutoDesk 公司收购之后推出的第一个更新版本。

Lightscape 于 1996 年由德塞公司引进中国，它是一款资质很老的渲染器，1997 年以后开始在国内逐渐流行，2000 年以后 Lightscape 软件已经在全国大规模的商业普及。Lightscape 3.2 是 AutoDesk 公司收购 Lightscape 公司后推出的第一个 Lightscape 改进版本。因此其用户界面与早期的 Lightscape 用户界面相比有很大的改变。最显著的就是 Lightscape 3.2 的用户界面与 AutoDesk 公司的其他产品的用户界面非常相似，如 AutoCAD、3DS MAX 等。不仅在工具栏中增加了许多快捷命令按钮，而且 Lightscape 3.2 中与 AutoCAD、3DS MAX 中功能相同的命令使用了同样的图标。如移动、旋转、环绕、全图、纹理、材料等。2005 年以后，Lightscape 被美国 AutoDesk 公司收购以后，停止了对 Lightscape 软件的研究开发，AutoDesk 公司将 Lightscape 3.2 的技术融入到 3DS MAX 软件之中，从此以后 Lightscape 3.2 软件不再升级，这让所有使用 Lightscape 软件的应用者们，感到非常痛心扼首。Lightscape 3.2 在无声无息中沉默了下来！如果 Lightscape 3.2 继续开发下去，一定能够弥补 Lightscape 3.2 显而易见的很多缺点。

## 2.4　集成化的 CASE 环境

### 1. CASE 集成环境的定义

"集成"的概念首先用于术语 IPSE（集成工程支持环境），而后用于术语 ICASE（集成计算机辅助软件工程）和 ISEE（集成软件工程环境）。工具集成是指工具协作的程度。集成在一个环境下的工具的合作协议，包括数据格式、一致的用户界面、功能部件组合控制和过程模型。

1）界面集成

界面集成的目的是通过减轻用户的认知负担而提高用户使用环境的效率和效果。为达到这个目的，要求不同工具的屏幕表现与交互行为要相同或相似。表现与行为集成，反映了工具间的用户界面在词法水平上的相似（如鼠标应用和菜单格式等）和语法水平上的相似（如命令与参数的顺序和对话选择方式等）。更为广义的表现与行为定义，还包含两个工具在集成情况下交互作用时，应该有相似的反映时间。

界面集成性的好坏还反映在不同工具在交互作用范式上是否相同或相似。也就是说，集成在一个环境下的工具，能否使用同样的比喻和思维模式。

2）数据集成

数据集成的目的是确认环境中的所有信息（特别是持久性信息）都必须作为一个整体数据能被各部分工具进行操作或转换。衡量数据的集成性，我们往往从通用性、非冗余性、一致性、同步性和交换性五个方面去考虑。

3) 控制集成

控制集成是为了能让工具共享功能。在此给出了两个属性来定义两个工具之间的控制关系。

供给：一个工具的服务在多大程度上能被环境中另外的工具所使用。

使用：一个工具对环境中其他工具提供的服务能使用到什么程度。

4) 过程集成

过程为开发软件所需要的阶段、任务和活动序列,许多工具都是服务于一定的过程和方法的。我们说的过程集成性,是指工具适应不同过程和方法的潜在能力有多大。很明显,那些极少做过程假设的工具(如大部分的文件编辑器和编译器)比起那些做过许多假设的工具(如按规定支持某一特定设计方法或过程的工具)要易于集成。在两个工具的过程关系上,具有三个过程集成属性:过程段、事件和约束。

**2. 集成 CASE 的框架结构**

这里给出的框架结构是基于美国国家标准技术局和欧洲计算机制造者协会开发的集成软件工程环境参照模型以及 Anthony Wasserman CASE 工具集成方面的工作。

1) 技术框架结构

一个集成 CASE 环境必须如它所支持的企业、工程和人一样,有可适应性、灵活性以及充满活力。在这种环境里,用户能连贯一致地合成和匹配那些支持所选方法的最合适的工具,然后他们可以将这些工具插入环境并开始工作。

我们采用了 NIST/ECMA 参考模型来作为描述集成 CASE 环境的技术基础。在参考模型里定义的服务有三种方式的集成:数据集成、控制集成和界面集成。数据集成由信息库和数据集成服务进行支持,具有共享设计信息的能力,是集成工具的关键因素。

控制集成由过程管理和信息服务进行支持,包括信息传递、时间或途径触发开关、信息服务器等。工具要求信息服务器提供三种通信能力,即工具-工具、工具-服务、服务-服务。

界面集成由用户界面服务进行支持,用户界面服务让 CASE 用户与工具连贯一致地相互作用,使新工具更易于学会和使用。

2) 组织框架结构

工具在有组织的环境下是最有效的。上述技术框架结构没有考虑某些特定工具的功能,工具都嵌入一个工具层,调用框架结构服务来支持某一特殊的系统开发功能。

组织框架结构就是把 CASE 工具放在一个开发和管理的环境中。该环境分成三个活动层次:①在企业层进行基本结构计划和设计;②在工程层进行系统工程管理和决策;③在单人和队组层进行软件开发过程管理。

组织框架结构,能指导集成 CASE 环境的开发和使用,指导将来进一步的研究,帮助 CASE 用户在集成 CASE 环境中选择和配置工具,是对技术框架的实际执行和完善。

**3. 集成 CASE 环境的策略**

集成 CASE 环境的最终目的是支持与软件有关的所有过程和方法。一个环境由许多工具和工具的集成机制所组成。不同的环境解决集成问题的方法和策略是不同的。Susan Dart 等给出了环境的 4 个广泛的分类。

（1）以语言为中心的环境，用一个特定的语言全面支持编程。

（2）面向结构的环境，通过提供的交互式机制全面地支持编程，使用户可以独立于特定语言而直接地对结构化对象进行加工。

（3）基于方法的环境，由一组支持特定过程或方法的工具所组成。

（4）工具箱式的环境，它由一套通常独立于语言的工具所组成。

这几种环境的集成，多采用传统的基于知识的 CASE 技术，或采用一致的用户界面，或采用共同的数据交换格式，来支持软件开发的方法和过程模型。目前，一种基于概念模型和信息库的环境设计和集成方法比较盛行，也取得了可喜的成果。

## 2.5　练习

### 一、名词解释

1. 信息库
2. CASE 集成环境
3. 总控部分及人机界面
4. 需求分析工具

### 二、简答

1. 软件开发工具有哪些基本功能？
2. 软件开发工具的四大技术要素有哪些？
3. 信息库存储系统开发过程涉及哪些信息？
4. 人机界面的设计原则是什么？

### 三、分析题

1. 请详细分析软件开发工具的不同分类。
2. 请分析集成 CASE 的框架结构。

# 第3章 软件开发环境与工具的选用

在软件工程应用中,计算机辅助软件工程(CASE)工具代表了支持软件开发、维护和管理技术的一个主要方面。在软件生存周期过程中,CASE工具辅助各个软件工程活动的实施,从软件的项目计划、需求分析、系统设计、编码调试、测试管理、运行维护,到支持软件的过程管理、质量保证等都发挥着越来越大的作用,大大提高了软件开发、维护和管理工作的效率,也使软件的质量得到了极大的提高。

在众多的CASE工具面前,如何对CASE工具进行技术评价? 软件组织如何选择适当的CASE工具? 选择和采用工具的依据是什么? 要考虑哪些因素? 这是软件组织迫切需要解决的问题。本章将从CASE工具的分类、评价与选择和CASE工具的采用等方面加以阐述。

## 3.1 软件工程过程

软件工程发展至今,已不仅仅是关注于软件开发和软件的各种生存周期模型的研究。自20世纪90年代初以来,人们开始更加强调软件开发的效率、软件的质量以及相关的软件管理问题,提出了软件工程过程的概念。

所谓软件工程过程,是为了获得软件产品或是为了完成软件工程项目需要完成的一系列有关软件工程的活动。ISO9000定义:软件工程过程是把输入转化为输出的一组彼此相关的资源和活动。

定义支持了软件工程过程的两方面内涵。

(1) 软件工程过程是指为获得软件产品,在软件工具支持下由软件工程师完成的一系列软件工程活动。基于这个方面,软件工程过程通常包含四种基本活动。

① P(Plan)——软件规格说明。规定软件的功能及其运行时的限制。

② D(Do)——软件开发。产生满足规格说明的软件。

③ C(Check)——软件确认。确认软件能够满足客户提出的要求。

④ A(Action)——软件演进。为满足客户的变更要求,软件必须在使用的过程中演进。

事实上,软件工程过程是一个软件开发机构针对某类软件产品为自己规定的工作步骤,它应当是科学的、合理的,否则必将影响软件产品的质量。

通常把用户的要求转变成软件产品的过程也叫做软件开发过程。此过程包括对用户的要求进行分析,解释成软件需求,把需求变换成设计,把设计用代码来实现并进行代码测试,有些软件还需要进行代码安装和交付运行。

（2）从软件开发的观点看，它就是使用适当的资源（包括人员、硬软件工具和时间等），为开发软件进行的一组开发活动，在过程结束时将输入（用户要求）转化为输出（软件产品）。

所以，软件工程的过程是将软件工程的方法和工具综合起来，以达到合理、及时地进行计算机软件开发的目的。软件工程过程应确定方法使用的顺序、要求交付的文档资料、为保证质量和适应变化所需要的管理、软件开发各个阶段完成的任务。

国际标准化组织和国际电工委员会在发布的国际标准 ISO/IEC12207《信息技术软件生存周期过程》中，把软件的生存周期过程划分为五个基本过程、八个支持过程和四个组织过程。其中每个过程分别划分为一组活动，每个活动又进一步分为一组任务，如图 3-1 所示。

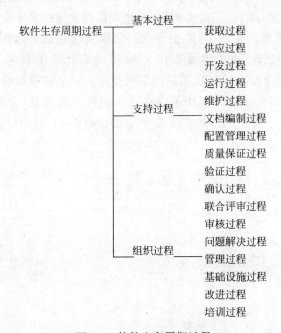

图 3-1 软件生存周期过程

软件生存周期中不仅含有软件的开发过程，还包括许多用于软件管理和软件支持的过程。每个软件开发组织可以根据自己的特点，规定适合自己的软件工程过程，针对不同的软件产品使用不同的软件工程过程。

## 3.2 工具的采用过程

CASE 工具作为对软件工程过程和活动的一种辅助支持手段，可以说各具特色。随着软件开发新技术、新方法和新概念的不断诞生、发展，结合了这些新思想的各种 CASE 工具也层出不穷。根据它们的功能，根据它们在软件过程各个活动中的使用，根据它们所支持的环境范围，可以进行多种分类。

由于大多数 CASE 工具仅支持软件生存周期过程中的特定活动，因此按软件过程的活动工具通常可分为以下几种。

支持软件开发过程的工具：如需求分析工具、需求跟踪工具、设计工具、编码工具、排错工具、测试和集成工具等。

支持软件维护过程的工具：如版本控制工具、文档工具、开发信息库工具、再工程工具（包括逆向工程工具、代码重构与分析工具）等。

支持软件管理和支持过程的工具：如项目计划工具、项目管理工具、配置管理工具、软件评价工具、度量和管理工具等。

通常，软件组织为提高工作效率，提高软件质量而选用 CASE 工具时，对需要什么样的工具，哪一种工具是最适合的，工具如何满足组织的目标，如何与组织的文化背景和应用环境相融合等问题常常是比较盲目的，缺乏充分依据，因而往往造成一些不必要的时间或资源的浪费。越来越多的实践表明，采用一种客观的 CASE 工具的评价、选择与采用机制，对软件组织选用合理的 CASE 工具，提高生产率，改进软件开发过程是十分必要的。

为了规范 CASE 工具的采用工作，指导软件组织成功地选择适用的工具，国际标准化组织和国际电工委员会于 1999 年发布了一项针对 CASE 工具采用的技术报告 ISO/IECTR14471：1999《信息技术 CASE 工具的采用指南》，就上述问题给出了一个推荐的采用过程。它全面、综合地研究了采用工作可能会遇到的各方面问题，考查了 CASE 工具的各种特性，将采用工作划分为 4 个主要过程、4 个子过程和 13 个活动。这 4 个主要过程包括（见图 3-2）以下几方面。

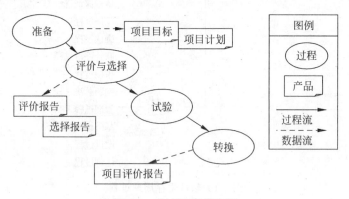

图 3-2    CASE 采用过程

### 1. 准备过程

其主要工作是定义采用 CASE 的目标，将诸如提高软件组织的竞争地位、提高生产率等高层的商业目标分解细化为改进软件过程、提高设计质量等具体的任务和目标，分析、确定经济和技术上的可行性和可测量性，制订一个具体的执行计划，包括有关里程碑、活动和任务的日程安排，对所需资源及成本的估算，以及监督控制的措施等内容。这一过程由下面四个活动组成：设定目标、验证可行性和可测量性、制定方针、制订计划。

在此过程中，需要考虑若干关键成功因素，比如采用过程的目标是否清晰并且是否可测量，管理层的支持程度，工具在什么范围内使用策略，是否制订了在组织内推广使用工具的计划，工具的典型用法能否调整为与软件组织现行的工作流程或工作方法一致，是否制订了与采用过程有关的员工的培训内容，以及新旧两种工作方式转换时能否平稳进行等。制定方针时,组织可以剪裁这些关键成功因素,以满足自己的商业目标。

### 2.评价和选择过程

该过程是为了从众多的候选工具中确定最合适的工具,以确保推荐的工具满足组织的要求。这是一个非常重要的过程。其中最关键的是要将组织对 CASE 工具的需求加以构造,列出属于 CASE 工具的若干特性或子特性,并对其进行评价和测量,软件组织根据对候选工具的评价结果决定选择哪一种工具。这一过程由四个子过程组成:起始过程、构造过程、评价过程、选择过程。

### 3.试验项目过程

该过程是帮助软件组织在它所要求的环境中为 CASE 工具提供一个真实的试验环境。在这个试验环境中运用选择的 CASE 工具,确定其实际性能是否满足软件组织的要求,并且确定组织的管理规程、标准和约定等是否适当。它由 4 个活动组成:起始试验、试验的性能、评价试验、下一步决策。

### 4.转换过程

该过程是为了从当前的工作流程或工作习惯转为在整个组织内推广使用新的 CASE 工具的过程。在此过程中,软件组织充分利用试验项目的经验,尽可能地减少工作秩序的混乱状况,以达到最大地获取 CASE 技术的回报,最小地减少 CASE 技术的投资风险的目的。这一过程由 5 个活动组成:始转换过程、培训、制度化、监控和持续支持、评价采用项目完成情况。

上述四个主要过程对大多数软件组织都是适用的,它覆盖了采用 CASE 工具所要考虑的各种情况和要求,并且不限于使用特定的软件开发标准、开发方法或开发技术。在具体实践中,软件组织可以结合自己的要求以及环境和文化背景的特点,对采用过程的一些活动进行适当地剪裁,以适应组织的需要。

## 3.3　CASE 工具的选择与评价

作为采用过程的重要一步——CASE 工具的评价与选择,是对 CASE 工具的质量特性进行测量和评级,以便为最终的选择提供客观的和可信赖的依据。

CASE 工具作为一种软件产品,不仅具有一般软件产品的特性,如功能性、可靠性、易用性、效率、可维护性和可移植性,而且还有其特殊的性质,如与开发过程有关的需求规格说明支持和设计规格说明支持、原型开发、图表开发与分析、仿真等建模子特性;与管理过程有关的进度和成本估算、项目跟踪、项目状态分析和报告等特性;与维护过程有关的过程或规程的逆向工程、源代码重构、源代码翻译等特性;与配置管理有关的跟踪修改、多版本定义与管理、配置状态计数和归档能力等特性,与质量保证过程有关的质量数据管理、风险管理特性等。所有这些特性与子特性都是 CASE 工具的属性,是能用来评定等级的可量化的指标。

早在 1995 年,国际标准化组织和国际电工委员会发布了一项国际标准,即 ISO/IEC14012《信息技术 CASE 工具的评价与选择指南》。它指出:软件组织若想在开发工作开始时选择一个最适当的 CASE 工具,有必要建立一组评价与选择 CASE 工具的过程和活动。评价和选择 CASE 工具的过程,实际上是一个根据组织的要求,按照 ISO/IEC9126《信息技术软件产品评价质量特性及其使用指南》中描述的软件产品评价模型所提供的软件产品的质量特性和子特性,以及 CASE 工具的特性进行技术评价与测量,以便从中选择最适合的 CASE 工具的过程。

技术评价过程的目的是提供一个定量的结果,通过测量为工具的属性赋值,评价工作的主要活动是获取这些测量值,以此产生客观的和公平的选择结果。评价和选择过程由 4 个子过程和 13 个活动组成。

### 1. 初始准备过程

这一过程的目的是定义总的评价和选择工作的目标和要求,以及一些管理方面的内容。它由 3 个活动组成。

1) 设定目标

提出为什么需要 CASE 工具? 需要一个什么类型的工具? 有哪些限制条件(如进度、资源、成本等方面)? 是购买一个、还是修改已有的,或者开发一个新的工具?

2) 建立选择准则

将上述目标进行分解,确定作出选择的客观和量化准则。这些准则的重要程度可用作工具特性和子特性的权重。

3) 制定项目计划

制定包括小组成员、工作进度、工作成本及资源等内容的计划。

### 2. 构造过程

构造过程的目的是根据 CASE 工具的特性,将组织对工具的具体要求进行细化,寻找可能满足要求的 CASE 工具,确定候选工具表。构造过程由 3 个活动组成。

1) 需求分析

了解软件组织当前的软件工程环境情况,了解开发项目的类型、目标系统的特性和限制条件、组织对 CASE 技术的期望,以及软件组织将如何获取 CASE 工具的原则和可能的资金投入等。

明确软件组织需要 CASE 工具做什么;希望采用的开发方法,如面向对象还是面向过程;希望 CASE 工具支持软件生存期的哪一阶段;以及对 CASE 工具的功能要求和质量要求等。

根据上述分析,将组织的需求按照所剪裁的 CASE 工具的特性与子特性进行分类,为这些特性加权。

2) 收集 CASE 工具信息

根据组织的要求和选择原则,寻找有希望被评价的 CASE 工具,收集工具的相关信息,为评价提供依据。

3) 确定候选的 CASE 工具

将上述需求分析的结果与找到的 CASE 工具的特性进行比较,确定要进行评价的候选工具。

### 3．评价过程

评价过程的目的是产生技术评价报告。该报告将作为选择过程的主要输入信息，对每个被评价的工具都要产生一个关于其质量与特性的技术评价报告。这一过程由 3 个活动组成。

1）评价的准备

最终确定评价计划中的各种评价细节，如评价的场合、评价活动的进度安排、工具子特性用到的度量、等级等。

2）评价 CASE 工具

将每个候选工具与选定的特性进行比较，依次完成测量、评级和评估工作。测量是检查工具本身特有的信息，如工具的功能、操作环境、使用和限制条件、使用范围等。可以通过检查工具所带的文档或源代码（可能的话）、观察演示、访问实际用户、执行测试用例、检查以前的评价等方法来进行。测量值可以是量化的或文本形式的。评级是将测量值与评价计划中定义的值进行比较，确定它的等级。评估是使用评级结果及评估准则对照组织选定的特性和子特性进行评估。

3）报告评价结果

评价活动的最终结果是产生评价报告。可以写出一份报告，涉及对多个工具的评价结果，也可以对每个所考虑的 CASE 工具分别写出评价报告。报告内容应至少包括关于工具本身的信息、关于评价过程的信息，以及评价结果的信息。

### 4．选择过程

选择过程应该在完成评价报告之后开始。其目的是从候选工具中确定最合适的 CASE 工具，确保所推荐的工具满足软件组织的最初要求。选择过程由 4 个活动组成。

1）选择准备

其主要内容是最终确定各项选择准则，定义一种选择算法。常用的选择算法有：基于成本的选择算法、基于得分的算法和基于排名的算法。

2）应用选择算法

把评价结果作为选择算法的输入，与候选工具相关的信息作为输出。每个工具的评价结果提供了该工具特性的一个技术总结，这个总结归纳为选择算法所规定的级别。选择算法将各个工具的评价结果汇总起来，给决策者提供了一个比较。

3）推荐一个选择决定

该决定推荐一个或一组最合适的工具。

4）确认选择决定

将推荐的选择决定与组织最初的目标进行比较。如果确认这一推荐结果，它将能满足组织的要求。如果没有一种合适的工具存在，也应能确定开发新的工具或修改一个现有的工具，以满足要求。

ISO/IEC14102 所提出的这一评价和选择过程，概括了从技术和管理需求的角度对 CASE 工具进行评价与选择时所要考虑的问题。在具体实践中软件组织可以按照这一思路进行适当地剪裁，选择适合自己特点的过程、活动和任务。不仅如此，该标准还可仅用于评价一个或多个 CASE 工具,而不进行选择。例如,开发商可用来进行自我评价;或者构造某些工具知识库时对所做的技术评价等。

## 3.4  工具的使用

软件工具的采购中可以采取招标和投标的方式。招标和投标是一种竞价方式。既可以用于拍卖,也可以用于采购。其中用于采购时,也有人将其称为反向拍卖。招标投标通常采取公开的形式,有大量投标人参与,使得招标人能够选择比较,选取最优方案。整个过程也利于监督审计。

各国对招标投标这种广泛采用的交易方式均制定了法律法规。我国有已经颁布实施很久的《招标投标法》,此外还有《招标投标法实施条例》。自从 2000 年 1 月 1 日,我国《招标投标法》实施以来,工程建设项目包括所需的货物和服务,均可按照这部法律进行招标采购。近年来,除特殊原因外,我国平均每年政府投资都在 2 万亿元左右,腐败现象亟待通过完整的法律包括招投标法律法规来杜绝。企业也可以按照法律进行招标投标,利用这种交易方式,同时保护自己的权益。

### 1. 招投标的基本法律主体

一般而言,招标投标作为当事人之间达成协议的一种交易方式,必然包括两方主体,即招标人和投标人。某些情况下,还可能包括他们的代理人,即招标投标代理机构。这三者共同构成了招标投标活动的参加人和招标投标法律关系的基本主体。

1) 招标人

招标人,也叫招标采购人,是采用招标方式进行货物、工程或服务采购的法人和其他社会经济组织。

(1) 招标人享有的权利一般包括:①自行组织招标或者委托招标代理机构进行招标;②自由选定招标代理机构并核验其资质证明;③委托招标代理机构招标时,可以参与整个招标过程,其代表可以进入评标委员会;④要求投标人提供有关资质情况的资料;⑤根据评标委员会推荐的候选人确定中标人。

(2) 招标人应该履行下列义务:①不得侵犯投标人的合法权益;②委托招标代理机构进行招标时,应当向其提供招标所需的有关资料并支付委托费;③接受招标投标管理机构的监督管理;④与中标人签订并履行合同。

2) 投标人

投标人是按照招标文件的规定参加投标竞争的自然人、法人或其他社会经济组织。投标人参加投标,必须首先具备一定的圆满履行合同的能力和条件,包括与招标文件要求相适应的人力、物力和财力,以及招标文件要求的资质、工作经验与业绩等。

(1) 投标人享有的权利一般包括:①平等地获得招标信息;②要求招标人或招标代理机构对招标文件中的有关问题进行答疑;③控告、检举招标过程中的违法行为。

(2) 投标人应该履行下列义务:①保证所提供的投标文件的真实性;②按招标人或招标代理机构的要求对投标文件的有关问题进行答疑;③提供投标保证金或其他形式的担保;④中标后与招标人签订并履行合同,未经招标人同意不得转让或分包合同。

3) 招标投标代理机构

招标投标代理机构,在我国是独立核算、自负盈亏的从事招标代理业务的社会中介组织。招标投标代理机构必须依法取得法定的招标投标代理资质等级证书,并依据其招标投标代理资质等级从事相应的招标代理业务。招标投标代理机构受招标人或投标人的委托开展招标投标代理活动,其行为对招标人或投标人产生效力。

(1) 作为一种民事代理人,招标投标代理机构享有的权利包括:①组织和参与招标投标活动;②依据招标文件规定,审查投标人的资质;③按照规定标准收取招标代理费;④招标人或投标人授予的其他权利。

(2) 招标代理机构也应该履行相应的义务:①维护招标人和投标人的合法权益;②组织编制、解释招标文件或投标文件;③接受招标投标管理机构和招标投标协会的指导、监督。

**2. 投标有效期**

招标生效后到投标截止日期,是招标的有效期。这个期限也是投标准备期。在投标有效期内,招标人不得随意撤回、修改或变更招标文件。招标有效期的长短,一般视招标项目的大小和复杂程度而定,总的要求是,要保证投标人有足够的时间准备投标文件。如欧盟采购规则中规定,招标人应在招标公告中规定投标截止日期,从招标公告发布之日起至提交投标截止日期止,不得少于 52 天。如果在此期间有大量的招标文件需要提供,或者承包商有必要勘察工程现场或审查招标文件,招标人应当展延投标截止日期。

招标人确定有效期,基本要求是要能保证在开标后有足够的时间进行评标、上报审批,中标人收到中标通知一般少则几天,多则几十天不等。投标生效后,遇有下列情形之一,投标失效,投标人不再受其约束:①投标人不符合招标文件的要求;②投标有效期届满;③投标人终止,如死亡、解散、被撤销或宣告破产等。

如何确定投标的有效期,一直有争议。由于我国有关法律无明文规定,因此在实践中便出现多种情况:有的到中标通知日止,有的到合同签订日止,有的到投标截止日后多少日止。有人认为,由于招标文件包含了订立合同的主要条款、技术规格、投标须知等重要内容,因而,根据我国的到达主义原则,招标生效应从投标人收到或购买到招标文件时开始。

为了明确招标投标各方当事人的权利义务,应明确规定投标有效期应至招标文件规定的一个有效日期止。这样规定,有利于约束招标人在投标有效期内,抓紧时间,认真评标,择优选定中标人;防止在评标和审批中举棋不定,无休止地争论和拖延,以保护投标人的利益;也有利于约束投标人在投标有效期内,保证不随意变更或撤销投标。

**3. 中标与合同成立**

民法学理论认为,合同成立的一般程序从法律上可以分为要约和承诺两个阶段。民法学界普遍认为,招标投标是当事人双方经过要约和承诺两阶段订立合同的一种竞争性程序。

招标是订立合同的一方当事人(招标人)通过一定方式,公布一定的标准和条件,向公众发出的以订立合同为目的的意思表示。招标人可以向相对的几个自然人、法人或其他经济组织发出招标的意思表示,通过投标邀请书的方式将自己的意思表达给相对的人;也可以向不特定的自然人、法人或其他经济组织发出招标的意思,通过招标公告的方式完成这种意思表达。前者为邀请招标或议标,招标人的选择范围有限;后者为公开招标,招标人的选择范围较大。

关于招标的法律性质,通常认为,由于招标只提出招标条件和要求,并不包括合同的全部主要内容,标底不能公开,因而招标一般属于要约引诱的性质,不具有要约的效力。但也有人认为不可一概而论,如果招标人在招标公告可投标邀请书中明确表示必与报价最优者签订合同,则招标人负有在投标后与其中条件最优者订立合同的义务,这种招标的意思表达可以视为要约。

投标是投标人按照招标人提出的要求,在规定期间内向招标人发出的以订立合同为目的的意思表示。就法律性质而言,通常认为投标属于要约,因此应具备要约的条件并发生要约的效力。所以,在投标文件送达招标人时生效,同时对招标人发挥效力,使其取得承诺的资格。但招标人无须承担与某一投标人订约的义务,除在招标公告或投标邀请书中有明确相反表示外,招标人可以废除全部投标,不与投标人中的任何一人订约。发生这种情况的主要原因有:①最低评标价大大超过标底或合同估价,招标人无力接受投标;②所有投标人在实质上均未响应招标文件的要求;③投标人过少,没达到预期。

### 4. 定标

定标是招标人从投标人中决定中标人。从法律性质上看,定标即招标人对投标人的承诺。但是,招标人的定标也可以不完全同意投标人的条件,需要与中标人就合同的主要内容进一步谈判、协商。此时,招标只是选定合同相对人的方式,定标不能视为承诺。一般认为:为了保证竞争的公平性,开标应公开进行。开标后,招标人须进行评标,从中评选出条件最优者,最终确定中标人。中标人之选定意味着招标人对该投标人的条件完全同意,双方当事人的意思表示完全一致,合同即告成立。

招标生效后,遇有下列情形之一的,招标失效,招标人不再受其约束:①招标文件发出后,在招标有效期内无任何人响应;②招标已圆满结束,招标人选定合适的中标人并与签订合同;③招标人终止,如死亡、解散、被撤销或宣告破产等。

### 5. 招标中需注意的问题

招标的采购方式给人以客观、公平、透明的印象,很多管理者认为采取招标方式,可以引入竞争,降低成本,也就万事大吉了。但有时候招标也不是"一招就灵"。为什么要招标?什么情况下该招标?还有什么情况可以采用更合适的采购方式?这涉及采购方式选择的问题。目前,常用的采购方式有很多。常用的主要有:招标采购、竞争性谈判、询价采购、单一来源采购等。

1) 招标采购

除了最终用户及相关法规要求必须实行招标的情况以外,在对采购内容的成本信息、技术信息掌握程度不够时,最好采用招标的方法,这样做的目的之一是获得成本信息和技术信息。

2) 竞争性谈判

招标时,可能会遇到这样的情况:或者投标人数量不够,或者投标人价格、能力等不理想,有时反复招标还是不成,是否继续招标,很是让人苦恼——招也不是,不招也不是。其实,这时我们没有必要非认准招标不可,也可以采取"竞争性谈判"的方式。竞争性谈判的方法与招标很接近,作用也相仿,但程序上更灵活,效率也更高一些,可以作为招标采购的补充。

3) 询价采购

如果已经掌握采购商品(包括物资或服务)的成本信息和技术信息,有多家供应商竞争,就可以事先选定合格供方范围,再在合格供方范围内用"货比三家"的询价采购方式。

4) 单一来源采购

如果已经完全掌握了采购商品的成本信息和技术信息,或者只有一两家供应商可以供应,公司就应该设法建立长期合作关系,争取稳定的合作、长期价格优惠和质量保证,在这个基础上可以采用单一来源采购的方式。合理运用多种采购方式,还可以实现对分包商队伍的动态管理和优化。例如,最初对采购内容的成本信息、技术信息不够了解,就可以通过招标来获得信息、扩大分包商备选范围。等到对成本、技术和分包商信息有了足够了解后,转用询价采购,不必再招标。再等到条件成熟,对这种采购商品就可以固定一两家长期合作厂家了。反过来,如果对长期合作厂家不满意,可以通过扩大询价范围或招标来调整、优化供应商或对合作厂家施加压力。

## 3.5　采购过程的监理

### 1. 信息系统监理概念

监理就是由建设方授权依照国家法律法规以及合同、行业标准、规范等对信息系统工程实施的监督和管理。在法律上是独立的第三方,与建设方签订委托合同。监理费用由建设方来承担。

依据信息产业部《信息系统工程监理暂行规定》,信息系统工程监理是指依法设立且具备相应资质的信息系统工程监理单位,受业主单位委托,依据国家有关法律法规、技术标准和信息系统工程监理合同,对信息系统工程项目实施的监督管理。

建立信息化建设的第三方监督对保证信息化建设的效益最大化至关重要。

### 2. 信息系统监理的产生

1) 建设工程监理的发展

监理工作、监理企业是我国在计划经济向市场经济转变的过程中在建设领域中应运而生的,并取得了有目共睹的显著成效,直接促进了工程监理业的繁荣发展,这也导致在通信业工程建设、信息系统建设等方面监理的出现。因此,回顾建设工程监理的发展,将有助于对信息系统监理的认识。

1988 年 7 月建设部发布了《关于开展建设监理工作的通知》,随后又于 1988 年 11 月印发了《关于开展建设监理试点问题的若干意见》,使得试点工作有章可循。1989 年,根据初步试点取得的经验,建设部制定了《建设监理试行规定》,这是我国第一个比较完备的关于工程建设监理的法规文件,勾画出具有我国特色的工程建设监理制度的初步框架。1991 年又分别制定颁发了《建设监理单位资质管理试行办法》和《监理工程师资格考试及注册试行办法》,建设监理法规制度进一步配套完善。1993 年,上海市开始了工程设备监理制度的试点工作。1998 年,国务院机构改革后赋予了国家质量技术监督局"协调建立设备工程监理制度"的职能要求,随后,国家质量技术监督局拟定了《协调建立设备工程监理制度的方案》,在国家发展计划委员会的指导和具体参与下,会同国务院有关部门,在国内有关技术及咨询机构的帮助、支持下,完成了设备监理制度中有关规章的起草工作。此间,世界银行、国家开发银行等亦曾规定,其贷款的有关项目要有监理公司监理,并作为申请贷款的项目单位获得贷款的基本条件。由此开始推行建设工程监理制度,监理事业得到持续快速发展,从而积累了一定经验,取得了积极成效。发展至今建立了一套比较完整的监理法规体系,组成了一支规模较大的监理队伍,监理出一批优良的工程项目,监理工作在工程建设中发挥了重要作用,得到了各级领导的支持,得到了社会的普遍认可,正逐步向规范化、制度化、科学化方向迈进。

我国工程监理事业经过十多年的发展,虽然取得了一定成绩,但也存在不少问题,如监理人员整体素质不高、监理工作缺位、监理经费普遍较低、监理市场竞争机制不健全、监理企业缺乏自我积累和发展能力、监理责任不明确、监理工作缺乏系统的理论研究、宣传工作滞后等。

2) 信息系统监理的发展

目前信息系统工程的现状类似于 20 世纪 80 年代以前建筑工程的状态。自 1988 年建设部颁布《关于开展建设监理工作的通知》以后,特别是 1996 年建设监理全面推行后,建筑工程的质量普遍提高,业主和承建商之间的纠纷普遍减少,凡是出问题的工程,监理也有问题。因此,要求参考建筑工程的管理办法对信息工程实施监理的呼声日益高涨,这既是信息工程用户(业主)的愿望,也是系统集成商的愿望,信息工程市场呼唤"第三方"——信息系统工程监理的出现。

早在 1995 年,原电子工业部就出台了《电子工程建设监理规定(试行)》。1996 年,深圳市成立了全国第一家信息工程质量监督机构——信息工程质量监督检验总站。1998 年,西安协同软件股份有限公司经西安技术监督局和西安市科委批准,获得"计算机管理信息系统工程监理"资质认证,成为国内第一家获此资格的公司。1999 年 6 月,深圳市政府在国内率先出台了包括实施信息工程监理条款在内的《深圳市信息工程管理办法》,并要求首届我国国际高新技术成果交易会信息网络工程实施监理。2000 年 7 月,深圳市信息化建设委员会办公室制订了《深圳市信息工程建设管理办法实施意见》,要求"市、区、镇人民政府及其所属部门使用财政性资金(包括预算内资金、预算外资金、事业收入等),投资规模在 100 万元以上的信息工程建设项目必须遵照本实施意见进行立项、招投标、监理、质量监督、验收。"2002 年 7 月,北京市信息化工作办公室制定了《北京市信息系统工程监理管理办法(试行)》,要求"本市推行信息系统工程监理制度,建设单位应当通过协议或者招标的方式优先选择具有相应资质等级的信息系统工程监理单位承担监理业务。各级财政全部补助或者部分补助以及为社会提供公共服务的重大信息化工程项目必须通过招标的方式选择信息系统工程监理单位,实行强制监理"。2002 年 11 月,国家质量监督检验检疫总局公布《设备监理单位资格管理办法》,在该管理办法的 21 类设备工程专业中,涉及信息工程的共有三类,即信息网络系统、信息资源开发系统和信息应用系统。最近,在国家信息办和国家标准管理委员会直接领导下,信息化系统监理规范化项目正在加紧制定中,并且是作为电子政务标准化项目的一个子项目而提出的。预计在今年年底,监理规范就要完成,经过试用和修改后,将上升为国家标准。2002 年 12 月,信息产业部在广泛征求意见和开展试点工作的基础上,正式颁布《信息系统工程监理暂行规定》,这标志着我国信息工程监理开始迈向科学化、专业化和规范化,也预示着在我国即将出现一个新的中介服务行业,将很快涌现一批监理机构和执业人员,从此信息系统工程监理工程师也将逐步成为国民经济和社会信息化的"警察"。

但我国的信息系统工程监理目前仅仅是处在起步阶段,事实上根据对国内信息化应用程度较高的行业部门(如银行、证券、保险、气象、社保、旅游等)和部分大型企业(如华北制药、哈尔滨轴承集团、哈尔滨飞机制造企业、跃进汽车集团、我国石化等)30 个样本作为调查对象的调查结果显示,对于大多数企业来说,项目监理是个新概念。只有 30% 的被调查者表示在某些信息化项目中使用过监理服务。在 70% 未使用过项目监理的被调查者中,5%表示听说过,95%表示知道建筑工程有监理,但在 IT 信息化项目中引入监理还是第一次听说。

目前,我国还没有一套完善的 IT 项目监理制度,相应的监理法规、监理内容、收费标准等也都没有制定。特别是收费标准问题,大多数用户采用协商解决。以北京城域网项目的监理费为例,其采用了建筑行业的监理服务收费标准(2%~10%),支付的服务费占整个项目资金支出的 2%。广大用户也反映,项目监理的标准如何才能做到公正、科学,项目监理的工作流程是否也应该规范,如何界定和权衡监理公司、用户、IT 厂商三方利益? 监理过程中出了问题,该怎么办? 这一系列问题都需要不断探索。原北京市信息中心主任华平澜表示,只有使监理更加规范化,才能更好地推进监理工作,才能使信息系统的建设更加顺利。事实上,与建筑等其他发展很成熟的行业的监理相比,对 IT 项目的监理要难得多。并且由于信息技术是一个新兴技术,它本身还在不断发展和完善,因此,即使制定出的监理的内容和标准也不能僵化,需要不断地变更和完善。

**3. 信息系统监理工作内容**

信息系统监理的中心任务是科学地规划和控制工程项目的投资、进度和质量三大目标;监理的基本方法是目标规划、动态控制、组织协调和合同管理;监理工作贯穿规划、设计、实施和验收的全过程。信息工程监理正是通过投资控制、进度控制、质量控制以及合同管理和信息管理来对工程项目进行监督和管理,保证工程的顺利进行和工程质量。

监理的工作可以概括为如下几个方面。

1) 成本控制

成本控制的任务,主要是在建设前期进行可行性研究,协助建设单位正确地进行投资决策;在设计阶段对设计方案、设计标准、总概(预)算进行审查;在建设准备阶段协助确定标底和合同造价;在实施阶段审核设计变更,核实已完成的工程量,进行工程进度款签证和索赔控制;在工程竣工阶段审核工程结算。

2) 进度控制

进度控制首先要在建设前期通过周密分析研究确定合理的工期目标,并在实施前将工期要求纳入承包合同;在建设实施期通过运筹学、网络计划技术等科学手段,审查、修改实施组织设计和进度计划,做好协调与监督,排除干扰,使单项工程及其分阶段目标工期逐步实现,最终保证项目建设总工期的实现。

3）质量控制

质量控制要贯穿在项目建设从可行性研究、设计、建设准备、实施、竣工、启用及用后维护的全过程。主要包括组织设计方案评比，进行设计方案磋商及图纸审核，控制设计变更；在施工前通过审查承建单位资质等；在施工中通过多种控制手段检查监督标准、规范的贯彻；以及通过阶段验收和竣工验收把好质量关等。

4）合同管理

合同管理是进行投资控制、工期控制和质量控制的手段。因为合同是监理单位站在公正立场采取各种控制、协调与监督措施，履行纠纷调解职责的依据，也是实施三大目标控制的出发点和归宿。

5）信息管理

信息管理包括投资控制管理、设备控制管理、实施管理及软件管理。

6）协调

协调贯穿在整个信息系统工程从设计到实施再到验收的全过程。主要采用现场和会议方式进行协调。

总之，三控两管一协调，构成了监理工作的主要内容。为完满地完成监理基本任务，监理单位首先要协助建设单位确定合理、优化的三大目标，同时要充分估计项目实施过程中可能遇到的风险，进行细致的风险分析与评估，研究防止和排除干扰的措施以及风险补救对策。使三大目标及其实现过程建立在合理水平和科学预测基础之上。其次要将既定目标准确、完整、具体地体现在合同条款中，绝不能有含糊、笼统和有漏洞的表述。最后才是在信息工程建设实施中进行主动的、不间断的、动态的跟踪和纠偏管理。

### 4. 信息系统监理师资格认证

信息系统监理师就是要借鉴建筑工程监理的管理模式，经过研究开始启动建立我国信息工程监理制度。作为一个制度的建立，首先要产生监理机构，就是有符合要求的监理公司，然后是确定监理的内容，明确监理究竟要干什么。再就是监理的从业人员，也就是监理工程师的业务知识培训。围绕信息系统工程监理制度，信息产业部首先制定公布了《信息系统工程监理暂行规定》，紧接着就发布《信息系统工程监理单位资质管理办法》、《信息系统工程监理工程师资格管理办法》等配套文件。信息产业部设有计算机信息系统集成资质认证工作办公室。

对信息系统进行监理需要具有一定的资格和条件。我国对于信息系统监理师提出了一些规范性要求，这些要求通过信息系统监理师资格考试体现出来。

目前信息系统监理师资格考试属于全国计算机技术与软件专业技术资格考试（简称计算机软件资格考试）中的一个级别层次。考试不设学历与资历条件，也不论年龄和专业，考生可根据自己的技术水平选择适合的级别、适合的资格，但一次考试只能报考一种资格。

信息系统监理师考试大纲要求考生掌握以下内容。

（1）理解信息系统、计算机技术、数据通信与计算机网络、软件与软件工程基础知识。

（2）掌握信息系统项目管理与监理的基本知识。

（3）掌握信息系统工程监理质量控制、进度控制、投资控制、变更控制、合同管理、信息管理、安全管理和组织协调的方法，以及信息网络系统和信息应用系统在监理中的应用。

（4）掌握信息系统工程监理中的测试要求与方法。

（5）熟悉信息系统主要应用领域的背景知识和应用发展趋势，包括电子政务、电子商务、企业信息化、行业信息化等。

（6）掌握信息系统工程监理的有关政策、法律、法规、标准和规范。

（7）熟悉信息系统工程监理师的职业道德要求。

（8）正确阅读并理解相关领域的英文资料。

其考试目标是让通过本考试的人员能掌握信息系统工程监理的知识体系，完整的监理方法、手段和技能；能运用信息技术知识和监理技术方法编写监理大纲、监理规划和监理细则等文档；能有效组织和实施监理项目；能具有工程师的实际工作能力和业务水平。其设置的科目包括信息系统工程监理基础知识和信息系统工程监理应用技术。

## 3.6　实际采购过程

采购是一个效益评价过程。只有预估自己收益大于付出时，才会去购买软件工具。而在采购时，有众多的系统及供应商可选择，甚至也可以自行开发。这时，不但要衡量效益，还要对这些效益进行比较，以取得利益最大化。

### 1. 了解商情

IT 企业对选中的软件工具进行采购时，可以采取招投标方式。首先要考察供应商情况。只有好的生产过程才能生产出好的产品。小作坊开发的软件不能买。在考察供应商时，要进行多次走访，到供应商那里看一看，转一转，尤其是不打招呼地转一转。

### 2. 收集信息

供应商的信息很重要，收集起来也很费劲，所以 IT 企业建立供应商信息库是非常必要的。在了解供应商后，就可以从中进行比较，选择候选供应商了。可以在同一时间选择一个供应商，也可以选择几个供应商组合供应一个系统的不同部分；还可以在不同时间选择不同的供应商。在选定供应商后，也要保持与其他供应商的良好关系，作为备份。有备份的供应商可以使我们与供应商后续合作中保持主动，也能促使当前供应商努力工作；此外，在必要时，也能更换供应商。

### 3. 过程管理

作为 IT 企业的高层管理人员，还要注意对企业采购过程和采购人员的管理。采购过程采用招投标方式能够使采购过程清晰、规范，能够使企业掌握主动权，在较低成本下找到最优方案。采购过程可以一个部门牵头，多部门参与。采购还宜制度化，重要文件存档，并不断检讨，改进采购制度。当然，对采购也要加强管理、控制并进行审计，防止出现吃回扣等腐败行为。

### 4. 过程监理

在软件工具采购的前期、中期和后期，都要跟踪采购过程。对软件工具效果要进行效益评价,对于拟购过程、在购过程和安装使用过程都要进行监理。

## 3.7　工具的使用

### 1. 系统切换的准备工作

1) 管理部门制定切换计划书

制定详细的系统切换计划书,包括系统切换各个阶段的进展时间、参与人员、设备到位、资金配备等。软件工具的切换涉及整个开发团队,甚至 IT 企业。在切换过程中,各个部门必须对所涉及的业务流程进行审核、模拟、确认和协调,所以在整个过程中要有企业权威的管理部门和领导负责,并且相关业务部门都要有专人参与进来。

2) 切换人员培训

在系统切换前,需要对整个开发团队从上到下进行动员,让每个员工了解新工具特点,及系统切换将会带来哪些变化和改善。新系统的使用人员中的大多数来自于原来的系统,他们熟悉原来的业务处理方式,但是缺乏对新系统的了解。因此,为了保障新系统的顺利转换和运行,必须对有关人员进行培训,使他们了解新系统能为他们提供什么服务以及个人应当对系统负什么责任,要真正从技术、心理、习惯上完全适应新系统。

3) 数据准备

数据准备是系统切换工作中的一项基础工作,也是一项艰巨的任务。首先要对老系统的数据进行备份,然后对重要数据要有专人进行核对,以杜绝老系统中的错误数据的导入及在老系统中导出过程中可能发生的意外,同时也对一些细节的数据进行检查。有的数据可能是旧系统没有的,需要手工录入;有的数据需要从旧系统经过合并、转换导入新系统。不管是哪种情况,都需要工作人员认真、细致地完成。否则,问题会在系统切换时集中爆发。

4) 制定系统切换的应急预案

该应急预案主要是为了处理在系统切换过程中可能发生的各种问题,一方面保障系统平稳切换,另一方面在新系统无法正常运行时快速切回老系统,以保障各项业务正常开展。

### 2. 工具的切换和运行方案选择

新工具开发完成或购买安装后,经过调试与测试,可以准备投入运行。这时,必须将所有的业务从原有的老系统切换到新建立的系统。从旧系统到新系统的切换问题,即系统切换。系统进行切换时,不纯粹是技术的问题,项目管理方面的问题也是系统切换必须注意的。对于一个大系统,可以根据各个子系统不同情况,采取不同的切换,通常有 3 种方法。

1) 直接切换

直接切换是在指定时刻,旧的信息系统停止使用,同时新的系统立即开始运行,没有过渡阶段。这种方案的优点是转换简便,节约人力、物力、时间。但是,这种方案是三种切换方案中风险最大的。一方面,新系统虽然经过调试和联调,但隐含的错误往往是不可避免的。因此,采用这种切换方案就是背水一战,没有退路可走,一旦切换不成功,将影响正常工作;另一方面,切换过程中数据准备、人员培训、技术更新等都可能造成切换失败。此外,任何一次新旧交替,都会面临来自多方面的阻力,许多人不愿抛弃已经得心应手的旧系统而去适应新系统。当新系统出现一些瑕疵,他们就会把抱怨、矛盾都转移到对新系统的使用上,这样,将大大降低系统切换成功的概率。为了降低直接切换的风险,除了充分做足准备工作之外,还应采取加强维护和数据备份等措施,必须做好应急预案,以保证在新系统切换不成功时可迅速切换回老系统。这种方式一般适用于一些处理过程不太复杂、数据不很重要的情况。直接切换如图 3-3 所示。

2) 并行切换

并行切换是在一段时间内,新、旧系统各自独立运行,完成相应的工作,并可以在两个系统间比对、审核,以发现新系统问题进行纠正,直到新系统运行平稳了,再抛弃旧系统。并行切换的优点是转换安全,系统运行的可靠性最高,切换风险最小。但是该方式需要投入双倍的人力、设备,转换费用相应增加。另外,对于不愿抛弃旧系统的人来说,他们使用新系统的积极性、责任心不足,会延长新旧系统并行的时间,从而加大系统切换代价。并行切换如图 3-4 所示。

图 3-3 直接切换      图 3-4 并行切换

3) 分段切换

分段切换是指分阶段、分系统地逐步实现新旧系统的交替。这样做既可避免直接方式的风险,又可避免并行运行的双倍代价,但这种逐步转换对系统的设计和实现都有一定的要求,否则是无法实现这种逐步转换的,同时,这种方式接口多,数据的保存也总是被分为两部分。分段切换如图 3-5 所示。

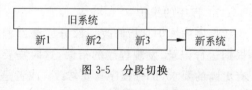

图 3-5 分段切换

## 3.8 工具的维护

软件开发工具投入运行之后了,就进入了系统运行与维护阶段。一般软件开发工具的使用寿命,短则 4～5 年,长则达到 10 年以上。在软件开发工具整个使用过程中,都将伴随着软件开发工具维护工作的进行。

### 1. 软件开发工具维护的必要性和目的

1) 必要性

软件开发工具需要在使用中不断完善,维护的必要性有:①经过调试的软件开发工具难免有不尽如人意的地方,或有的地方效率可以提高,或有使用不够方便的地方;②管理环境的新变化,对软件开发工具提出了新的要求。

2) 维护的目的

软件开发工具维护的目的是保证软件开发工具正常而可靠地运行,并能使软件开发工具不断得到改善和提高,以充分发挥作用。因此,软件开发工具维护就是为了保证系统中的各个要素随着环境的变化而始终处于最新的、正确的工作状态。

### 2. 软件开发工具维护的类型

按照每次进行维护的具体目标,维护可分为以下四类。

1) 完善性维护

完善性维护就是在软件开发工具使用期间为不断改善和加强系统的功能和性能,以满足用户日益增长的需求所进行的维护工作。在整个维护工作量中,完善性维护居第一位,约 50%。

2) 适应性维护

适应性维护是指为了让软件开发工具适应运行环境的变化而进行的维护活动。适应性维护工作量约占整个维护工作量的 25%。

3) 纠错性维护

纠错性维护的目的在于,纠正在开发期间未能发现的遗留错误。对这些错误的相继发现,并对它们进行诊断和改正的过程称为纠错性维护。这类维护约占总维护工作量的 21%。

4) 预防性维护

其主要思想是维护人员不应被动地等待用户提出要求才做维护工作。

### 3. 软件开发工具维护的内容

1) 程序的维护

程序的维护是指修改一部分或全部程序。在系统维护阶段,会有部分程序需要改动。根据运行记录,发现程序的错误,这时需要改正;或者是随着用户对软件工具的熟悉,用户有更高的要求,部分程序需要修改;或者是由于环境的变化,部分程序需要修改。

2) 数据文件的维护

数据是软件开发工具中最重要的资源,软件开发工具提供数据的全面、准确、及时程度是评价系统优劣的决定性指标。因此,要对软件开发工具中的数据进行不断更新和补充,如业务发生了变化,从而需要建立新文件,或者对现有文件的结构进行修改。

3) 代码的维护

随着软件开发工具环境的变化,旧的代码不能适应新的要求,必须进行改造,制定新的代码或修改旧的代码体系。代码维护困难不在于代码本身的变更,而在于对新代码的贯彻使用。当有必要变更代码时,应由代码管理部门讨论新的代码方案,确定之后用书面形式写出交由相关部门专人负责实施。

4) 机器、设备的维护

软件开发工具正常运行的基本条件之一,就是保持计算机及其外部设备的良好运行状态,这是软件开发工具运行的物质基础。机器、设备的维护包括机器、设备的日常维护与管理。一旦机器发生故障,要有专门人员进行修理,保证系统的正常运行。有时根据业务需要,还需对硬件设备进行改进或开发。同时,应该做好检修记录和故障登记的工作。

5) 机构和人员的变动

软件开发工具使用时,人工处理占有重要地位,为了使软件开发工具的流程更加合理,有时有必要对机构和人员进行重组和调整。

### 4. 软件开发工具维护的管理

软件开发工具的修改往往会"牵一发而动全身"。程序、文件、代码的局部修改,都可能影响软件开发工具的其他部分。因此,软件工具的维护必须有合理的组织与管理。

1) 提出修改要求

使用人员以书面形式向主管领导提出某项工作的维护要求。

2) 领导批准

主管领导进行一定的调查后,根据软件工具情况,考虑维护要求是否必要、是否可行,做出是否修改和何时修改的批示。

3) 分配任务

主管向有关维护人员下达任务,说明修改内容、要求及期限。

4) 验收成果

主管对修改部分进行验收。验收通过后,再将修改的部分加入到系统中,取代原有部分。

5) 登记修改情况

登记所做的修改,作为新的版本通报用户和操作人员,指明新软件开发工具的功能和修改的地方。

## 3.9　练习

一、名词解释

软件开发过程

二、简答

1. 软件工程过程包括哪些基本活动?

2. 软件过程包括哪些活动工具?

三、分析题

1. 分析 CASE 的采用过程。

2. 分析 CASE 的选择过程。

# 第4章 需求分析与设计工具

软件产业过去几十年的经验和教训已经证明了这样一个事实：软件需求的质量高低将决定软件产品的质量。高质量的需求分析过程一直是软件开发人员梦寐以求的目标。遗憾的是,在需求过程中往往会产生一些错误,许多错误并没有在需求阶段的初期被发现(实际上,这些错误是能够在其产生初期被需求人员检查出来的)。此外,在绝大多数情况下,需求分析也缺乏定量的验收标准来供需求分析人员对需求过程本身和需求结果进行客观、可靠的度量。由于客户在软件知识方面的匮乏,同时由于需求人员专业领域知识的贫乏,往往无法全面、正确地理解并获得用户的实际需求信息,因此所产生的需求产品——SRS(需求规格说明书)很难得到客户的认可。对于需求质量,需求人员往往只能给出"好"或是"不好"的模糊评价。此外,由于软件开发过程中软件错误的"放大效应",需求错误作为"放大效应"的源头会使最后交付的软件产品不能满足用户的实际需要而浪费大量的时间和金钱。最糟糕的结果可能会是客户与开发商之间的法律纠纷。据统计,软件中的错误大约有 15% 源于软件需求分析,软件开发失败大约有 50% 是需求的不合理所导致的。可以得出这样一个结论：完善的需求分析是软件开发成功的关键。

对高质量的需求分析的需求促使我们必须审视在软件需求分析过程中所采用的方法、技术以及过程的管理。这些概念实际上属于软件需求分析工程的范畴。

## 4.1 需求工程概述

### 1. 定义

需求工程是需求的供需双方采取被证明行之有效的原理、方法,通过使用适当的工具和符号体系,正确、全面地描述用户待开发系统的行为特征、约束条件的过程。需求工程的结果是对待开发系统给出清晰的、一致的、精确的、并且无二义性的需求模型(Model),并通常以 SRS 的形式来定义待开发系统的所有外部特征。该模型实际上是对用户在不同需求层次上的模拟性说明,是用户的"业务世界(可系统化业务对象)"向由软硬件组成的"电脑世界"建立一一映射的过程。

### 2. 开发人员

需求工程涉及的角色(不要与人相混淆,角色是指一种职责,同一个人可以担当多种角色)包括客户方(客户、系统使用者)、系统分析师、项目开发及管理人员。其中系统分析师起到桥梁工程师的作用,负责完成用户"业务世界(可系统化业务对象)"逻辑向由软硬件组成的"电脑世界"逻辑的获取和转换过程。

### 3. 需求工程

需求工程包括需求获取、需求生成和需求验证三个阶段。

在需求获取过程将归纳和整理用户提出的各种问题和需求,了解用户的需求驱动、从非形式需求陈述中提取用户的实际需求,由此确定系统的功能、性能、交互关系及约束条件、环境因素等。需求获取需要特定方法以及与特定需求方法相对应的需求分析工具的支持。目前常见的需求分析方法主要是面向对象的方法、原型化方法和传统的结构化需求方法。

在需求生成阶段,系统分析人员将利用特定的方法和工具将需求获取过程中所归纳和整理的各种问题和需求(具有不同的层次性)进行描述,产生需求产品——SRS 的过程,不过要指出的是,此时的产品尚未通过需求双方的验收。

### 4. 其他要求

还要指出的是,软件需求具有不同的层次性,即业务需求、用户需求和功能需求(当然也包括非功能需求)。

业务需求(Business Requirement)反映了用户对系统和产品的高层次的目标要求,它们是用户组织机构流程的再现和模拟,是从用户组织机构工作流程的角度进行的需求描述。CSAN 具有 BPwin、Microsoft Visio 和 Power Designer 为代表的 Business Process Diagram 可描绘客户的业务需求手段,此外 UML 中的活动图(Activity Diagram)也提供了基于工作流的描述机制。

用户需求(User Requirement)描述了用户使用产品必须要完成的任务,一般通过用例(Use Case)或方案脚本(Scenario)予以说明。它是从系统使用者的角度对待开发系统进行的需求描述。UML 中的用例图(Use Case Diagram)描述的正是该方面的需求。

功能需求(Functional Requirement)定义了开发人员必须实现的软件功能,从而使得用户能完成任务,满足其业务需求。功能需求针对的是系统开发人员,一般情况下大多通过文档对功能需求进行定义和说明。

需求验证是对需求的产品——SRS 的质量进行检验的过程,如果 SRS 仍然存在需求错误或者是需求遗漏的情况,则应该对相应部分再次进行需求工程,待完成后再行检验。一般说来,采用特定的验证方法和特定的验证工具能够提高需求验证的质量。

## 4.2 需求分析工具概述

需求分析工具应用于软件生命周期的第一个阶段,即软件开发的需求分析阶段。它是能够辅助系统分析人员对用户的需求进行提取、整理、分析并最终得到完整而正确的软件需求分析式样,从而满足用户对所构建的系统的各种功能、性能需求的辅助手段。它可以是符号、图形体系或是某个具体的软件(一般是 CASE 工具)。需求分析阶段对整个软件周期的作用至关重要,同样,需求分析工具的产品特性将直接影响到下一阶段工具的选择与使用。

### 1. 分类

需求分析工具可以从不同的角度来进行分类,下面是常见的几种分类方式。

(1) 从自动化程度来看,需求分析工具可以分为以下两类。

以人工方式为主的需求分析工具。人工方式为主的工具为系统分析师们提供了一种意义明确的技术(通常附有某种图形、符号的表示方式),该技术使得需求分析工作能够系统地进行。虽然该技术可以由一个或多个自动工具来协助实施,但是分析和规格说明却仍然要求人工实现。在这类工具中,结构化分析和设计技术(SADT——SofTech 公司的商标)是一种有代表性的工具。

以自动化方式为主的需求分析工具,在过去的 10 年中,对于需求规格说明已经有了一些自动工具。在证实人工描述系统的一致性和完善性的过程中所遇到的困难促使需求分析形成了一种自动方式。该方式通过保证需求信息的一致性和完整性来实现需求分析的自动化。不少工具还内建了用户的用语信息库或是流程信息库,日本著名的 Xupper 便是这类工具中的佼佼者。

(2) 从支持分析设计技术的角度,需求分析工具分为下面几类。

支持传统的结构化方法的需求分析工具。这类工具的共同特点是支持数据流程图的生成和分解,支持对数据流程图的索引,同时支持数据字典的生成和管理。不少工具还支持程序结构图的生成和分解。此外还有很多的此类软件支持美国军方的 IDEF(Integration Definition)系列的软件开发规范,典型代表如美国 CA 公司的 BPwin。

面向对象分析的需求分析 CASE 工具。这类工具支持 OMT、OOSE、Booch 等面向对象的方法。就目前来讲,不少市面上的面向对象分析的需求工具均支持 UML 的全部或是一部分(主要针对基于用例的面向对象方法),从内容上讲这类工具至少支持用例分解和描述,用例索引的生成等。典型的面向对象的需求分析产品代表如 Rational Rose 家族。

原型化分析的需求分析工具。该类工具支持画面的快速生成,能够较快地生成用户界面,不少工具自身内建了标准的代码模板,经过简单修改后能够生成系统的大致框架以供用户和系统分析师参考。原型化分析的需求工具特别适合于 RAD 开发。目前这类工具在日本市场比较受软件开发厂商的欢迎,典型代表有富士通的 Proness、QuiqPro for Web/VB 等。

基于其他方法的需求分析工具。这类工具往往针对特定的领域,因为在这些领域需要专有化的方法来进行需求分析。比如实时系统一般采用的 Petri 网技术就属于该类型。

(3) 根据需求工具和客户的业务领域的关系,需求分析工具划分为多类。

例如 ERP 领域需求分析工具、实时领域的需求分析工具和其他业务领域的需求分析工具等。

目前需求分析工具非常多,而且大多与设计、乃至代码生成工具组合在一起,从而使得开发人员使用时可以非常方便地从需求分析阶段平滑地过渡到设计阶段,然后再过渡到代码阶段。

### 2. 需求分析工具的功能特性和衡量标准

作为需求分析的 CASE 工具应当尽可能地满足下列特性。

1) 针对结构化方法

- 多种分析与设计方法(SA、SADT、面向数据结构等)。
- 作为采用结构化方法的需求分析工具应当支持 DFD(数据流程图)的编辑功能,包括图形、文字的添加删除、修改、块搬移、块复制等;数据字典自动生成与管理功能,即根据用户对数据及其相互关系的描述,自动生成数据字典,并最终生成数据关系图以及数据流程图。
- 一致性检查,即对涉及的所有数据项进行检查,防止产生数据项命名、重名、数据流向等错误。

2) 针对面向对象方法

- 支持典型的多种面向对象方法(如 OMT、Booch、OOSE、UML 等)。
- 支持类定义和类关系描述。
- 支持对象复用。
- 支持对象交互描述。
- 一致性检查,检查对象关系的逻辑一致性,防止产生对象重名、消息流向和关系标识误用等错误。

3) 一些共性

支持信息仓储(Repository),信息仓储对在开发人员间共享需求分析资料是必要的。两个以上的开发人员可以通过共享来进行需求的协同分析。

- 支持业务反向工程。
- 支持版本控制。工具应允许存储各种版本,以便后续迭代开始时,以前的版本仍然可以得到,并用于重建或保持基于该版本的原有资料。
- 脚本支持,用脚本编程是需求建模工具应该支持的另一个强大特性。有了脚本功能,用户可以定制和添加其他功能。
- 支持生成需求分析规格说明书。
- 能够改进用户和分析人员以及相关开发人员之间的通信状况。
- 方便、灵活、易于掌握的图形化界面。
- 需求分析工具产生的图形应易于理解并尽量符合有关业务领域的业界标准。
- 支持扩展标记语言(XML)。
- 支持多种文件格式的导出和导入。
- 有形式化的语法域表,可供计算机进行处理。
- 必须提供分析(测试)规格说明书的不一致性和冗余性的手段,并且应该能够产生一组报告指明对完整性分析的结果。

**3. 衡量一个需求分析 CASE 工具功能强弱的主要依据**

所支持的需求分析方法的类型与数量的多少。优秀的需求分析工具应支持尽可能多的分析方法和符号体系。

使用的方便程度。优秀的需求分析工具应支持图形用户界面(Graphical Vser Interface,GUI),并提供详细的帮助文档和示例,使用户易学易用。

与设计工具衔接的程度。优秀的结构化需求分析工具所产生的数据流程图和数据字典,优秀的面向对象的需求分析工具产生的用例图、对象交互图、类图等可以无任何阻碍地为后续的设计工具所使用。

所占资源,即系统开销的多少以及对硬件环境的需求程度。优秀的需求分析工具应当占用尽可能少的资源,并且对硬件环境的需求很低。

是否提供需求错误检测机制,好的需求分析工具应当提供不一致性和冗余性方面的校验甚至纠错的功能。

用户领域知识提示功能。针对专门领域建模的需求分析工具应当提供该领域的知识提示,并通过相应的用语信息库和流程信息库来帮助分析人员快速掌握客户领域的知识。

### 4. 需求分析 CASE 工具的选择

选择适合个人或者公司的需求分析 CASE 工具,应该遵循因地制宜的原则。首先从所从事的行业入手,分析该行业信息建模方面的关键所在,目前哪些方面极其需要用工具代替人工,这些工具应该支持哪些方面的业务(活动),支持的程度应该达到多少,有针对性地进行购买,切忌盲目听信媒体宣传;其次价格也是一个比较重要的因素,如果是一次性的项目,采用高昂的需求分析 CASE 工具会得不偿失,建议从该工具的复用度入手,分析需求分析 CASE 工具在功能满足度、价格、在其他项目中的复用程度以及与现有 CASE 工具间的可集成度等方面进行权衡。

## 4.3　需求分析方法与需求分析工具

### 1. 软件需求分析的方法与工具

软件需求分析的方法有很多,主要方法有自顶向下和自底向上两种,如图 4-1 所示。

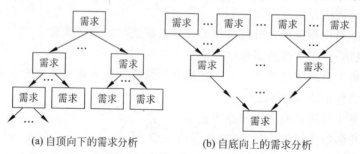

(a) 自顶向下的需求分析　　　　(b) 自底向上的需求分析

图 4-1　需求分析方法

其中自顶向下的分析方法(Structured Analysis,SA)是最简单实用的方法。SA 方法从最上层的系统组织机构入手,采用逐层分解的方式分析系统,用数据流图(DFD)和数据字典(Data Dictionary,DD)描述系统。

1) 数据流图

使用 SA 方法,任何一个系统都可抽象为图 4-2 所示的数据流图。

在数据流图中,用命名的箭头表示数据流,用圆圈表示处理,用矩形或其他形状表示存储。

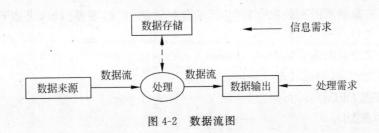

图 4-2 数据流图

一个简单的系统可用一张数据流图来表示。当系统比较复杂时,为了便于理解、控制其复杂性,可以采用分层描述的方法。一般用第一层描述系统的全貌,第二层分别描述各子系统的结构。如果系统结构还比较复杂,那么可以继续细化,直到表达清楚为止。在处理功能逐步分解的同时,它们所用的数据也逐级分解,形成若干层次的数据流图。数据流图表达了数据和处理过程的关系。

在 SA 方法中,处理过程的处理逻辑常常借助判定表或判定树来描述,而系统中的数据则是借助数据字典来描述。

2) 数据字典

数据字典是对系统中数据的详细描述,是各类数据结构和属性的清单。它与数据流图互为注释。

数据字典贯穿于数据库需求分析直到数据库运行的全过程,在不同的阶段其内容和用途各有区别。在需求分析阶段,它通常包含以下五部分内容。

(1) 数据项:数据项是数据的最小单位,其具体内容包括数据项名、含义说明、别名、类型、长度、取值范围、与其他数据项的关系。其中,取值范围、与其他数据项的关系这两项内容定义了完整性约束条件,是设计数据检验功能的依据。

(2) 数据结构:数据结构是数据项有意义的集合。内容包括数据结构名、含义说明,这些内容组成数据项名。

(3) 数据流:数据流可以是数据项,也可以是数据结构,它表示某一处理过程中数据在系统内传输的路径。内容包括数据流名、说明、流出过程、流入过程,这些内容组成数据项或数据结构。其中,流出过程说明该数据流由什么过程而来;流入过程说明该数据流到什么过程。

(4) 数据存储:处理过程中数据的存放场所,也是数据流的来源和去向之一。可以是手工凭证、手工文档或计算机文件。包括{数据存储名,说明,输入数据流,输出数据流,组成:{数据项或数据结构},数据量,存取频度,存取方式}。其中,存取频度是指每天(或每小时、或每周)存取几次,每次存取多少数据。存取方法指的是批处理还是联机处理;是检索还是更新;是顺序检索还是随机检索等。

(5) 处理过程:处理过程的处理逻辑通常用判定表或判定树来描述,数据字典只用来描述处理过程的说明性信息。处理过程包括{处理过程名,说明,输入:{数据流},输出:{数据流},处理,{简要说明}}。其中,简要说明主要说明处理过程的功能及处理要求。

功能是指该处理过程用来做什么(不是怎么做),处理要求是指该处理频度要求,如单位时间里处理多少事务、多少数据量、响应时间要求等,这些处理要求是后面物理设计的输入及性能评价的标准。

最终形成的数据流图和数据字典为"需求分析说明书"的主要内容，这是下一步进行概念设计的基础。

常用的需求分析图形工具有：

- UML(Unified Modeling Language)；
- 数据流图 DFD；
- 数据词典 DD；
- 判定表(Decision Table)；
- 判定树(Decision Tree)；
- 结构化高级分析语言；
- 层次图 HC(Hierarchy Chart)；
- 输入处理输出图 IPO(Input/Processing/Output)；
- Warnier 图；
- 结构化分析与设计技术 SADT(Structure Analysis & Design Technique)；
- 软件需求工程方法 SREM(Software Requirement Engineering Methodology)；
- 问题描述语言与问题描述分析器 PSL/PSA (Problem Statement and Problem Analyzer)等。

支持这些图形绘制的软件 CASE 工具常见的有 Microsoft Visio、CA 公司的 BPwin、Sybase 公司的 Power Designer、IBM 公司的 Rational rose 系列、Borland 公司的 Together 和开源的 ArgoUML 等。

### 2. 典型方法

#### 1) 结构化方法

历史悠久，比较成熟，并且已经形成了一整套规范、标准，涵盖了分析设计的各个方面，如分析设计的基本语言、分析设计的过程、分析设计的规范与分析设计工具的结合，甚至包括分析设计文档的标准。因而，结构化方法仍然具有强大的生命力。

#### 2) 面向对象编程技术

目前已比较成熟，但面向对象技术应用于软件分析设计阶段的时间还不是很长，UML 虽然已经成为事实上的工业标准，但是仍然处于不断发展、修正的过程中。并且，UML 是建模语言，它不是方法，也不包含应用的过程，尽管这使 UML 可以应用于任何过程之中，但这恰恰说明，从软件开发过程的角度来看，面向对象分析设计方法过程标准的形成还需要一定的时间。

#### 3) 产品线方法

与传统的单项目开发的主要不同在于关注点的转移。产品线工程对开发以重用和使用重用来开发有明确的区分。对比传统的重用，产品线基础设施包括产品开发周期的所有资产（框架、业务模块、开发计划，需求到测试阶段），而不只是在代码级的重用。产品线方法的四个主要原则是：可变性管理（每个产品都是核心资产的变体，必须系统化地管理产品的可变性，这对业务分析的要求就更高了）；商业驱动（产品线瞄准的是长期的商业战略，而不仅是走单）；架构驱动（产品线工程依赖一个通用的参考架构(Reference Architecture)，特定项目架构都基于参考架构进行开发）；两阶段生命周期（每个产品基于平台开发，产品和平台有各自的开发团队和开发生命周期）。

## 4.4 软件设计概述

软件设计决定了软件的质量,软件设计提供了可以进行质量评估的软件表示;软件设计是把用户需求准确转化为软件产品或者系统的唯一办法;软件设计是后续所有软件工程活动的基础。本章主要介绍软件设计的概念和原理、软件设计过程和模型。

### 1. 软件设计的概念

所谓设计指的是应用各种技术和原理对一个设备、一个过程或者一个系统做出足够详细的规定,使之能够在物理上得以实现。软件设计是一个把软件需求转化为软件表示的过程,也就是把它加工为在程序细节上非常接近于源程序的软件表示。

软件设计就是运用一些基本的设计概念和各种有效的方法和技术,把软件需求分析转化为软件表示,使系统能在机器上实现。

传统的软件设计可以分成系统的总体设计和过程设计。系统设计的主要任务是确定软件的体系结构;过程设计则是确定每一个功能模块算法和数据结构以及接口等。

软件设计是软件工程的重要阶段,是一个把软件需求转换为软件表示的过程。软件设计的基本目标是用比较抽象概括的方式确定目标系统如何完成预定的任务,即软件设计是确定系统的物理模型。

1) 软件设计的重要性

(1) 软件开发阶段(设计、编码、测试)占据软件项目开发总成本的绝大部分,是在软件开发过程中形成质量的关键环节。

(2) 软件设计是开发阶段最重要的步骤,是将需求准确地转化为完整的软件产品或系统的唯一途径。

(3) 软件设计做出的决策,最终影响软件实现的成败。

(4) 设计是软件工程和软件维护的基础。

2) 软件设计的要求

(1) 设计必须实现分析模型中所涉及的所有显式需求,必须与用户希望的所有隐式需求相适应。

(2) 设计对编程人员、测试人员和维护人员必须是可读、可理解的,以便于在将来的编程、测试、维护中作为指导。

(3) 从实现角度来看,设计应给出相关数据、功能及其行为相关的软件全貌。

软件设计者应将上述三点作为软件设计的要求,在设计过程中根据基本的设计原理,使用系统化的方法和完全的设计评审来建立良好的设计。

从技术观点来看,软件设计包括软件结构设计、数据设计接口设计、过程设计。其中,结构是定义软件系统各主要部件之间的关系;数据设计是将分析时创建的模块转化为数据结构的定义;接口设计用于描述软件内部、软件和协作系统之间以及软件与人之间如何通信;过程设计则是把系统结构部件转化为软件的过程性描述。

### 2. 软件设计的基本原理

软件设计遵循软件工程的基本目标和原则,建立了适用于在软件设计中应该遵循的基本原理和与软件设计有关的概念。

#### 1) 分解与抽象

大型软件往往非常复杂,控制软件复杂性的基本手段是"分解"。在系统分析过程中,无论系统有多么大,总可以有计划地把它分解成足够小的子问题。也就是说,系统增大,分析工作的复杂程度不会随之增大,只是工作量的增加罢了,这种思想方法依然可用于设计阶段,分解是处理复杂问题常用的方法。

抽象是一种思维工具,就是把事物本质的共同特性提取出来而不考虑其他细节。软件设计中考虑模块解决方案时,可以定出多个抽象级别。抽象的层次从概要设计到详细设计逐步降低。在软件概要设计中的模块分层也是由抽象到具体逐步分析和构造出来的。

#### 2) 模块化

模块是把一个待开发的软件分解成若干小的简单的部分,如高级语言中的过程、函数、子程序等。每个模块可以完成一个特定的子功能,各个模块可以按一定的方法组装起来成为一个整体,从而实现整个系统的功能。

模块化是指解决一个复杂问题时自顶向下逐层把软件系统划分成若干模块的过程。

为了解决复杂的问题,在软件设计中必须把整个问题进行分解来降低复杂性,这样就可以减少开发工作量并降低开发成本和提高软件生产率。但是划分模块并不是越多越好,因为这会增加模块之间接口的工作量,所以划分模块的层次和数量应该避免过多或过少。

我们可以借助于以下模块分解的五条标准来评价一种设计方法。

(1) 模块可分解性。如果一种设计方法提供了将问题分解成子问题的系统化机制,那么,它就能降低整个系统的复杂性,从而可以实现一种有效的模块化解决方案。

(2) 模块可组装性。如果一种设计方法能把现存的设计构件组装成一个新系统,那么,它就能提供一种不是一切从头开始的模块化解决方案。

(3) 模块的可理解性。如果一个模块不用参考其他模块可以作为一个独立的单位被理解,那么,它就易于构造和修改。

(4) 模块连续性。如果系统需要微小变更只导致单个模块的修改,那么,变更引起的副作用就会被最小化。

(5) 模块保护性。如果模块内出现异常情况,并且它的影响限制在该模块内部,那么,由错误引起的副作用就会被最小化。

#### 3) 信息隐蔽

信息隐蔽是指在一个模块内包含的信息(过程或数据),对于不需要这些信息的其他模块来说是不能访问的。

#### 4) 模块独立性

模块独立性是指每个模块只完成系统要求的独立的子系统,并且与其他模块的联系最少且接口简单。

模块的独立程度是评价设计好坏的重要度量指标。衡量软件的模块独立性使用耦合性和内聚性两个定性的度量标准。

(1) 内聚性：内聚性是一个模块内部各个元素间彼此结合的紧密程度的度量。内聚是从功能角度来度量模块内的联系。

内聚有如下种类，它们之间的内聚性由弱到强排列为：偶然内聚、逻辑内聚、时间内聚、过程内聚、通信内聚、顺序内聚和功能内聚。

① 偶然内聚：指一个模块内的各处理元素之间没有任何联系。

② 逻辑内聚：指模块内执行几个逻辑上相关的功能，通过参数确定该模块完成哪一个功能。

③ 时间内聚：把需要同时或顺序执行的动作组合在一起形成的模块称为时间内聚模块，如初始化模块，它顺序为变量置初值。

④ 过程内聚：如果一个模块处理元素相关的，而且必须以特定次序执行则称为过程内聚。

⑤ 通信内聚：指模块内所有处理功能都通过使用公用数据而发生关系。这种内聚也具有过程内聚的特点。

⑥ 顺序内聚：指一个模块中各个处理元素和同一个功能密切相关，而且这些处理必须顺序执行，通常前一个处理元素的输出就是下一个处理元素的输入。

⑦ 功能内聚：指模块内所有元素共同完成一个功能，缺一不可，模块已不再可分。这是最强的内聚。

内聚性是信息隐蔽和局部化概念的自然扩展。一个模块的内聚性越强则该模块的独立性越强。作为软件设计的设计原则，要求每一个模块的内部具有很强的内聚性，它的各个组成部分彼此都密切相关。

(2) 耦合性：耦合性是模块间互相连接的紧密程度的度量。

耦合性取决于各个模块间接口的复杂度、调用方式以及哪些信息通过接口。耦合可以分为下列几种，它们之间的耦合度由高到低排列。

① 内容耦合：如一个模块直接访问另一模块的内容，则这两个模块称为内容耦合。

② 公共耦合：如一组模块都访问同一全局数据结构，则它们之间的耦合称为公共耦合。

③ 外部耦合：一组模块都访问同一全局简单变量（而不是同一全局数据结构），且不通过参数表传递该全局变量的信息，则称为外部耦合。

④ 控制耦合：若一个模块明显地把开关量、名字等信息送入另一模块，控制另一模块的功能，则称为控制耦合。

⑤ 标记耦合：若两个以上的模块都需要其余某一数据结构的子结构时，不使用其余全局变量的方式而是用记录传递的方式，即两模块间通过数据结构交换信息，这样的耦合称为标记耦合。

⑥ 数据耦合：若一个模块访问另一个模块，被访问模块的输入和输出都是数据项参数，即两模块间通过数据参数交换信息，则这两个模块为数据耦合。

⑦ 非直接耦合：若两个模块没有直接关系，它们之间的联系完全是通过主模块的控制和调用来实现的，则称这两个模块为非直接耦合。非直接耦合独立性最强。

上面仅是对耦合机制进行的一个分类。可见，一个模块与其他模块的耦合性越强则该模块的模块独立性越弱。原则上讲，模块化设计总是希望模块之间的耦合表现为非直接耦合方式。但是,由于问题所有的复杂性和结构设计的原则,非直接耦合往往是不存在的。

耦合性与内聚性是模块的两个定性标准,耦合与内聚是相关的。在程序结构中,各模块的内聚性越强,则耦合性越弱。一般较优秀的软件设计,应尽量做到高内聚,低耦合,即减弱模块之间的耦合性和提高模块内的内聚性,有利于提高模块的独立性。

### 3. 软件设计过程和模型

软件设计的任务是把分析阶段产生的软件需求规格说明书转换为适当手段表示的软件设计文档。其设计过程如图 4-3 所示。

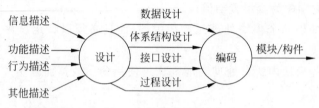

图 4-3　软件设计过程

需求规格说明包括信息描述、功能描述、行为描述、其他需求等,作为设计的输入。设计的输出结果是数据设计、体系结构设计、接口设计、过程设计等。

软件设计既是过程又是建立模型,如图 4-4 所示。

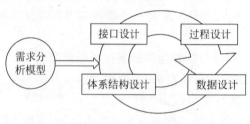

图 4-4　设计模型

软件设计是一系列设计迭代的过程,如图 4-4 所示,设计过程由接口设计、过程设计、数据设计和体系结构设计这四个子过程构成。

* 接口设计描述了软件内部、软件与协作系统、软件与使用者之间的通信方式。
* 过程设计将软件体系结构的结构性元素变换为对软件构件的过程性描述。
* 数据设计师将系统分析创建的信息域模型变换成软件所需的数据结构。
* 体系结构设计定义了软件的主要结构元素,也就是建立基于计算机的系统的框架,包括系统主要组件以及通信的识别。

## 4.5　结构化设计方法与工具

### 1. 概述

与结构化需求分析方法相对应的是结构化设计方法。结构化设计就是采用最佳的可能的方法设计系统的各个组成部分以及各成分之间的内部联系的技术。也就是说,结构化设计是这样的一个过程,它决定用哪些方法把哪些部分联系起来,才能解决好某个具体的问题。

结构化设计的基本思想是将软件设计成由相对独立、单一化功能的模块组成的结构。软件结构设计的一个目标就是得出一个系统化的程序结构。得出的这个结果为更进一步的详细设计活动设定了框架,并明确各个模块之间的控制关系。此外,还要通过定义界面,说明程序的输入/输出数据流,进一步协调程序结构和数据结构。

结构化设计方法给出一组帮助设计人员在模块层次上区分设计质量的原理与技术。它通常与结构化分析方法衔接起来使用,以数据流图为基础得到软件的模块结构。结构化设计方法尤其适用于变换型结构和事务型结构的目标系统。在设计过程中,它从整个程序的结构出发,利用模块结构图表述程序模块之间的关系。结构化设计的步骤如下:①评审和细化数据流图;②确定数据流图的类型;③把数据流图映射到软件模块结构,设计出模块结构的上层;④基于数据流图逐步分解高层模块,设计中下层模块;⑤对模块结构进行优化,得到更为合理的软件结构;⑥描述模块接口。

结构化设计方法的设计原则如下。

(1) 使每个模块执行一个功能(坚持功能性内聚)。

(2) 每个模块用过程语句(或函数方式等)调用其他模块。

(3) 模块间传送的参数作数据用。

(4) 模块间共用的信息(如参数等)尽量少。

**2. 结构化设计方法的基本概念**

软件设计的方法是指开发阶段设计软件时所使用的方法。注意区别:结构化分析方法是定义阶段需求分析过程中所使用的方法。

软件设计方法的种类有:结构化设计方法和面向对象的设计方法。

结构化设计方法(Structured Design,SD)是基于模块化、自顶向下细化、结构化程序设计等程序设计技术基础发展起来的。

基本思想:将软件设计成由相对独立且具有单一功能的模块组成的结构,分为概要设计和详细设计两个阶段。

结构化设计过程的概要设计阶段的描述工具是结构图(Structure Chart,SC)。

(1) 概要设计也称为结构设计或总体设计,主要任务是把系统的功能需求分配给软件结构,形成软件的模块结构图。

(2) 概要设计的基本任务。设计软件系统结构:划分功能模块,确定模块间调用关系;数据结构及数据库设计:实现需求定义和规格说明过程中提出的数据对象的逻辑表示;编写概要设计文档:包括概要设计说明书、数据库设计说明书、集成测试计划等;概要设计文档评审:对设计方案是否完整实现需求分析中规定的功能、性能的要求,设计方案的可行性等进行评审。

(3) 结构化设计的目的与任务。结构化设计的目的:使程序的结构尽可能地反映要解决的问题的结构。结构化设计的任务:把需求分析得到的数据流图 DFD 等变换为系统结构图。

### 3. 概要设计工具——结构图

(1) 作用。

结构图是概要设计阶段的工具。反映系统的功能实现以及模块与模块之间的联系与通信,即反映了系统的总体结构。

数据流图 DFD 是软件生命周期定义阶段中的需求分析方法中结构化分析方法的一种,此外还有数据字典、判定树和判定表,而 SC 是开发阶段中概要设计使用的方法。

(2) 结构图基本组成成分有:模块、数据和调用。

(3) 结构图基本图符。

(4) 结构图的基本术语。

- 深度:模块结构的层次数(控制的层数)。
- 宽度:同一层模块的最大模块数。
- 扇出:一个模块直接调用的其他模块数目。
- 扇入:调用一个给定模块的模块个数(被调用的次数)。

好的软件结构应该是顶层扇出比较多,中层扇出较少,底层扇入较多。

### 4. 概要设计任务的实现——数据流图到结构图的变换

在软件工程的需求分析阶段,信息流是一个关键考虑,通常用数据流图描绘信息在系统中加工和流动的情况,面向数据流的设计方法把信息流映射成软件结构,信息流的类型决定了映射的方法。典型的信息流类型:变换型和事务型。

1) 变换型

信息沿输入通路进入系统,同时由外部形式变换成内部形式,进入系统的信息通过变换中心,经加工处理以后再沿输出通路变换成外部形式离开软件系统,当数据流具有这些特征时,这种信息流就叫变换流。

2) 事务型

数据沿输入通路到达一个处理 T,这个处理根据输入数据的类型在若干个动作序列中选出一个来执行,当数据流图具有这些特征时,这种信息流称为事务流。

### 5. 详细设计及工具

1) 详细设计的目的

为软件结构图(SC)中的每一个模块确定采用的算法,模块内数据结构,用某种选定的表达工具(如 N-S 图等)给出清晰的描述。

2) 详细设计的设计工具种类

- 图形工具:程序流程图、N-S 图,问题分析图。
- 表格工具:类似于判定表。
- 语言工具:过程设计语言。

(1) 流程图(Program Flow Diagram,PFD):是用一些图框表示各种操作,直观形象,易于理解。它的特点是直观、清晰、易于掌握。

(2) 盒图(N-S 图)。为避免流程图在描述程序逻辑时的随意性与灵活性,1973 提出用方框代替传统的程序流程图,通常也把这种图称为 N-S 图,有五种控制结构。

盒图具有以下特点:过程的作用域明确;盒图没有箭头,不能随意转移控制;容易表示嵌套关系和层次关系;强烈的结构化特征。

(3) 问题分析图(Problem Analysis Diagram,PAD)是继流程图和方框图之后,又一种描述详细设计的工具,有五种结构。

(4) 过程设计语言(Process Design Language,PDL) 也称结构化的英语或伪码语言,它是一种混合语言,采用英语的词汇和结构化程序设计语言的语法,它描述处理过程怎么做,类似编程语言。

## 4.6 典型需求分析与设计工具

### 1. BPwin 简介

BPwin 是美国 Computer Association 公司出品的用于业务流程可视化、分析和提高业务处理能力的建模 CASE 环境。采用 BPwin 不但能降低与适应业务变化相关的总成本和风险,还使企业能识别支持其业务的数据并将这些信息提供给技术人员,保证他们在信息技术方面的投资与企业目标一致。因此,BPwin 作为信息化的业务建模工具被广泛地、成功地应用于许多位居财富榜 500 强的大企业、国防部及美国政府等其他部门。

BPwin 的特色体现在以下几个方面。

1) 提供功能建模、数据流建模和工作流建模

BPwin 可使项目分析员的分析结果从三大业务角度(功能、数据及工作流)满足功能建模人员、数据流建模人员和工作流建模人员的需要。功能建模人员可以利用 BPwin 系统地分析业务,着重于规律性执行的任务(功能),保证它们正常实施的控件,实施任务所需要的资源,任务的结果、任务实施的输入(原材料)等。数据流建模人员可将 BPwin 分析结果用于软件设计中,重点设计不同任务间的数据流动,包括数据如何存储,使可用性最大化及使反应时间最小化。工作流建模人员可用 BPwin 分析特殊的过程,分析涉及的个别任务以及影响它们过程的决定。

2) 将与建立过程模型有关的任务自动化

BPwin 可将与建立过程模型有关的任务自动化,并提供逻辑精度以保证结果的正确一致。BPwin 保留了图形间的箭头关联,因此当模型变更时它们仍会保持一致。高亮的动态对象可引导用户建立模型,并防止出现常见的建模错误。BPwin 还支持用户定义属性(User Defined Properties),以便让用户抓取所需要的相关信息。

3) 为复杂项目的项目分析小组成员提供统一的分析环境

BPwin 成员可方便地共享分析结果,且 BPwin 可利用内部策略机制,理解并判断业务过程分析结果,自动优化业务过程分析结果,对无效、浪费、多余的分析行为进行改进、替换或消除。

4) 可与模型管理工具 ModelMart 集成使用

不论从管理方面还是安全方面,BPwin 与 ModelMart 集成使用都会使得设计大型复杂软件的工作变得十分方便。Modelmart 会为 BPwin 分析行为增加用户安全性、检入(Check

In)、检出(Check Out)、版本控制和变更管理等功能。

5) 可与数据建模工具 ERin 集成使用

BPwin 可与数据库工具 ERwin 双向同步。使用 BPwin 可进一步验证 ERwin 数据模型的质量和一致性,抓取重要的细节,如数据在何处使用,如何使用,并保证需要时有正确的信息存在。这一集成保证了新的分布式数据库和数据仓库系统在实际中对业务需求的支持。

6) 符合美国政府 FIPS 标准和 IEEE 标准

支持美国军方系统的 IDEFO 和 IDEF3 方法,使开发人员能够从静态和动态角度对企业业务流程进行建模,支持传统的结构化分析方法并能根据 DFD 模型自动生成数据字典。此外 BPwin 还支持模型和模型中各类元素报告的自动生成,生成的文档能够被 Microsoft Word 和 Excel 等编辑。

7) 易于使用,支持 Unicode

可以在各种不同语言环境的 Windows 平台上使用。

## 2. Power Designer 简介

Power Designer 是 Sybase 公司的 CASE 工具集,使用它可以方便地对管理信息系统进行分析设计,它几乎包括了数据库模型设计的全过程。利用 Power Designer 可以制作数据流程图、概念数据模型、物理数据模型,可以生成多种客户端开发工具的应用程序,还可为数据仓库制作结构模型,也能对团队设计模型进行控制。它可与许多流行的数据库设计软件,例如,PowerBuilder、Delphi、VB 等配合使用来缩短开发时间和使系统设计更优化。

1) Power Designer 主要功能

DataArchitect 是一个强大的数据库设计工具,使用 DataArchitect 可利用实体-关系图为一个信息系统创建概念数据模型——(Conceptual Data Model,CDM)。并且可根据 CDM 产生基于某一特定数据库管理系统(例如 Sybase System 11)的物理数据模型 (Physical Data Model,PDM)。还可优化 PDM,产生为特定 DBMS 创建数据库的 SQL 语句并可以文件形式存储,以便在其他时刻运行这些 SQL 语句创建数据库。另外,DataArchitect 还可根据已存在的数据库反向生成 PDM,CDM 及创建数据库的 SQL 脚本。

ProcessAnalyst 用于创建功能模型和数据流图,创建处理层次关系。

AppModeler 为客户/服务器应用程序创建应用模型。

ODBC Administrator 用来管理系统的各种数据源。

2) Power Designer 的四种模型文件

(1) 概念数据模型 (CDM),CDM 表现数据库的全部逻辑的结构,与任何软件或数据储藏结构无关。一个概念模型经常包括在物理数据库中仍然不实现的数据对象。它给运行计划或业务活动的数据一个正式表现方式。

(2) 物理数据模型 (PDM),PDM 叙述数据库的物理实现。

(3) 面向对象模型 (OOM),一个 OOM 包含一系列包、类、接口和它们的关系。这些对象一起形成所有的 (或部分) 一个软件系统的逻辑的设计视图的类结构。一个 OOM 本质上是软件系统的一个静态的概念模型。使用 PowerDesigner 面向对象模型建立面向对象模型。

(4) 业务程序模型 (BPM),BPM 描述业务的各种不同内在任务和内在流程,而且客户如何以这些任务和流程互相影响。BPM 是从业务合伙人的观点来看业务逻辑和规则的概念模型,使用一个图表描述程序、流程、信息和合作协议之间的交互作用。

## 4.7 练习

**一、名词解释**

1. 需求工程
2. SA 方法
3. 软件设计
4. 模块化
5. 信息隐蔽
6. 模块独立性

**二、简答**

1. 需求工程包括哪些阶段?
2. 如何理解软件需求?
3. 如何定位软件设计的重要性?
4. 评价模块分解设计方法有哪些标准?
5. 结构化设计的基本思想是什么?

**三、分析题**

1. 如何衡量一个需求分析 CASE 工具功能的强弱?
2. 请简单分析软件设计过程。

# 第5章 数据库设计与开发工具

数据库设计工具就是协助与数据库开发相关的人员在一个给定的应用环境中,通过合理的逻辑设计和有效的物理设计,构造较优的数据库模式,建立数据库及其应用系统,满足用户的各种信息需求的辅助手段。在本章中,我们所讨论的数据库设计工具是指为了提高数据库设计的质量和效率,从需求分析、概念设计、物理设计、数据库实施等各个阶段对数据库设计工作提供支持的软件系统(即 CSAE 工具)。

## 5.1 数据库设计方法

### 1. 数据库设计

数据库设计(Database Design)是指根据用户的需求,在某一具体的数据库管理系统上,设计数据库的结构和建立数据库的过程。具体地说,是指对于一个给定的应用环境,构造最优的数据库模式,建立数据库及其应用系统,使之能有效地存储数据,满足用户的信息要求和处理要求。也就是把现实世界中的数据,根据各种应用处理的要求,加以合理地组织,满足硬件和操作系统的特性,利用已有的 DBMS 来建立能够实现系统目标的数据库。

数据库设计包括数据库的结构设计和数据库的行为设计两方面的内容。

一般,数据库的设计过程大致可分为 6 个步骤,如图 5-1 所示。

1) 需求分析

调查和分析用户的业务活动和数据的使用情况,弄清所用数据的种类、范围、数量以及它们在业务活动中交流的情况,确定用户对数据库系统的使用要求和各种约束条件等,形成用户需求规约。

2) 概念设计

对用户要求描述的现实世界(可能是一个工厂、一个商场或者一个学校等),通过对其中住处的分类、聚集和概括,建立抽象的概念数据模型。这个概念模型应反映现实世界各部门的信息结构、信息流动情况、信息间的互相制约关系以及各部门对信息储存、查询和加工的要求等。所建立的模型应避开数据库在计算机上的具体实现细节,用一种抽象的形式表示出来。以扩充的实体-联系模型方法为例,第一步先明确现实世界各部门所含的各种实体及其属性、实体间的联系以及对信息的制约条件等,从而给出各部门内所用信息的局部描述(在数据库中称为用户的局部视图);第二步再将前面得到的多个用户的局部视图集成为一个全局视图,即用户要描述的现实世界的概念数据模型。

3) 逻辑设计

主要工作是将现实世界的概念数据模型设计成数据库的一种逻辑模式,即适应于某种特定数据库管理系统所支持的逻辑数据模式。与此同时,可能还需为各种数据处理应用领域产生相应的逻辑子模式。这一步设计的结果就是所谓"逻辑数据库"。

4) 物理设计

根据特定数据库管理系统所提供的多种存储结构和存取方法等依赖于具体计算机结构的各项物理设计措施,对具体的应用任务选定最合适的物理存储结构(包括文件类型、索引结构和数据的存放次序与位逻辑等)、存取方法和存取路径等。这一步设计的结果就是所谓"物理数据库"。

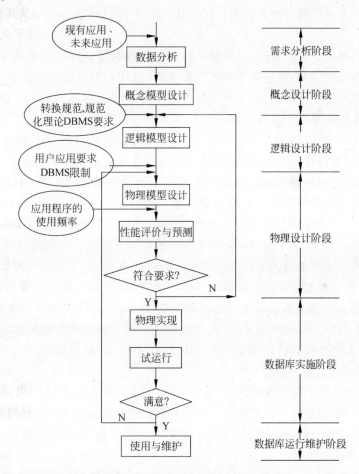

图 5-1　数据库设计步骤

5) 验证设计

在上述设计的基础上,收集数据并具体建立一个数据库,运行一些典型的应用任务来验证数据库设计的正确性和合理性。一般一个大型数据库的设计过程往往需要经过多次循环反复。当设计的某步发现问题时,可能就需要返回到前面去进行修改。因此,在做上述数据库设计时就应考虑到今后修改设计的可能性和方便性。

6）运行与维护设计

在数据库系统正式投入运行的过程中，必须不断地对其进行调整与修改。

至今，数据库设计的很多工作仍需要人工来做，除了关系型数据库已有一套较完整的数据范式理论可用来部分地指导数据库设计之外，尚缺乏一套完善的数据库设计理论、方法和工具，以实现数据库设计的自动化或交互式的半自动化设计。所以数据库设计今后的研究发展方向是研究数据库设计理论，寻求能够更有效地表达语义关系的数据模型，为各阶段的设计提供自动或半自动的设计工具和集成化的开发环境，使数据库的设计更加工程化、更加规范化和更加方便易行，使得在数据库的设计中充分体现软件工程的先进思想和方法。

### 2. 数据库设计方法

数据库设计方法目前可分为四类：直观设计法、规范设计法、计算机辅助设计法和自动化设计法。

直观设计法也叫手工试凑法，它是最早使用的数据库设计方法。这种方法依赖于设计者的经验和技巧，缺乏科学理论和工程原则的支持，设计的质量很难保证，常常是数据库运行一段时间后又发现各种问题，这样再重新进行修改，增加了系统维护的代价。因此这种方法越来越不适应信息管理发展的需要。

为了改变这种情况，1978 年 10 月，来自三十多个国家的数据库专家在美国新奥尔良 (New Orleans)市专门讨论了数据库设计问题，他们运用软件工程的思想和方法，提出了数据库设计的规范，这就是著名的新奥尔良法，它是目前公认的比较完整和权威的一种规范设计法。新奥尔良法将数据库设计分成需求分析(分析用户需求)、概念设计(信息分析和定义)、逻辑设计(设计实现)和物理设计(物理数据库设计)。目前，常用的规范设计方法大多起源于新奥尔良法，并在设计的每一阶段采用一些辅助方法来具体实现。

下面简单介绍几种常用的规范设计方法。

1）基于 E-R 模型的数据库设计方法

基于 E-R 模型的数据库设计方法是由 P.P.S.chen 于 1977 年提出的数据库设计方法，其基本思想是在需求分析的基础上，用 E-R 图构造一个反映现实世界实体之间联系的企业模式，然后再将此企业模式转换成基于某一特定的 DBMS 的概念模式。

2）基于 3NF 的数据库设计方法

基于 3NF 的数据库设计方法是由 S.Atre 提出的结构化设计方法，其基本思想是在需求分析的基础上，确定数据库模式中的全部属性和属性间的依赖关系，将它们组织在一个单一的关系模式中，然后再分析模式中不符合 3NF 的约束条件，将其进行投影分解，规范成若干个 3NF 关系模式的集合。

其具体设计步骤分为 5 个阶段：①设计企业模式，利用规范化得到的 3NF 关系模式设计出企业模式；②设计数据库的概念模式，把企业模式转换成 DBMS 所能接受的概念模式，并根据概念模式导出各个应用的外模式；③设计数据库的物理模式(存储模式)；④对物理模式进行评价；⑤实现数据库。

3）基于视图的数据库设计方法

此方法先从分析各个应用的数据着手，其基本思想是为每个应用建立自己的视图，然后再把这些视图汇总起来合并成整个数据库的概念模式。合并过程中要解决以下问题：①消除命名冲突；②消除冗余的实体和联系；③进行模式重构，在消除了命名冲突和冗余后，需要对整个汇总模式进行调整，使其满足全部完整性约束条件。除了以上三种方法外，规范化设计方法还有实体分析法、属性分析法和基于抽象语义的设计方法等，这里不再详细介绍。

规范设计法从本质上来说仍然是手工设计方法，其基本思想是过程迭代和逐步求精。

计算机辅助设计法是指在数据库设计的某些过程中模拟某一规范化设计的方法，并以人的知识或经验为主导，通过人机交互方式实现设计中的某些部分。目前许多计算机辅助软件工程(CASE)工具可以自动或辅助设计人员完成数据库设计过程中的很多任务。如Sysbase公司的PowerDesigner和Oracle公司的Design 2000。

## 5.2 数据库设计工具分类

数据库设计工具可以从不同的角度进行分类，下面是常见的几种分类方式。

### 1. 从工具所支持的设计阶段分类

(1) 需求分析工具：主要用来帮助数据库设计人员进行需求调研和需求管理方面的工作。

(2) 概念设计工具：协助设计人员从用户的角度来看待系统的处理要求和数据要求，并产生一个能够反映用户观点的概念模型(一般采用E-R图形式)。

(3) 逻辑设计工具：把概念模型中的E-R图转换成为具体的DBMS产品所支持的数据模型。

(4) 物理设计工具：主要用来帮助数据库开发人员根据DBMS特点和处理的需要，进行物理存储安排，建立索引，实施具体的代码开发、测试工作(例如PL/SQL Developer、Object Browser for Oracle等)。

### 2. 从工具的集成程度分类

如早期专门用于数据流图绘制的流程图和面向数据库设计整个过程的数据库设计工具，如近年来广泛使用的Power Designer、ERwin数据库设计工具集。

### 3. 根据工具和软硬件的关系分类

一般来说，需求分析和概念设计工具通常是独立于硬件和软件的，但是物理设计工具通常是依赖于特定的硬件和软件的，这是因为物理设计工具通常具有自动生成代码的功能，而这些程序的代码是需要特定的软件和硬件环境支持的。

## 5.3 数据库设计工具功能和性能

数据库设计工具的目的是为数据库设计工作提供便利、快捷的帮助，所以数据库设计工具的功能、性能和信息需求是由数据库设计的过程决定的。我们首先来回顾一下数据库设计的过程。

### 1. 需求分析阶段的功能和性能

1）需求分析阶段

由于大多数用户对于计算机所能提供的功能并不熟悉，所以，在大多数情况下，用户提出的初始需求是无法直接作为数据库概念设计的依据的。需求分析人员必须在用户需求的初始描述的基础上进行整理、归类和进一步的调研，然后才能够抽象出数据库的数据需求、完整性约束条件和安全性等方面的要求。在需求分析阶段，在与客户沟通的过程中通常会使用组织机构图、数据流图和业务流程图等工具作为与用户进行沟通的手段。需求分析可以分为3个步骤。

（1）收集需求。需求收集也就是我们通常所说的需求调研。做好需求调研的要点是在调研前进行充分的准备，明确调研的目的、调研的内容和调研的方式。

（2）需求的分析和整理。由于客户通常不具备计算机方面的专业知识，所以，第一步所收集到的需求往往不能作为数据库工程师开发的依据。为了让这些信息能够作为概念设计的依据，必须首先对这些需求进行归类和整理。需求的分析和整理工作通常包含业务流程分析和编写需求说明书两项工作。

（3）评审分析结果。这项工作的目的是确认需求分析阶段的工作已经保质保量地完成了。在实际工作中，许多软件公司常会省略这个步骤，这种做法是不对的。因为需求分析是信息系统设计的基础。为了保证能够生成符合用户需要的系统，必须对需求分析阶段的成果进行严格评审。

2）概念设计阶段

在这个阶段，设计人员从用户的角度来看待系统的处理要求和数据要求，并产生一个反应用户的观点的概念模型。概念模型的设计结果通常使用 E-R 图来表示。概念模型的设计过程是，首先对系统中的信息进行抽象。然后设计局部概念模式最后将局部概念模式整合成为整体概念模式。

3）逻辑结构设计阶段

这个阶段的目的是把概念模型中的 E-R 图转换成为 RDBMS 所支持的关系模型。

4）物理设计阶段

这个环节的工作是为逻辑设计阶段设计的逻辑模型选择符合应用要求的存储结构和存取方法的过程。一个数据库系统的物理模型和具体的计算机软硬件系统是密切相关的。这个阶段工作的目标有提高系统的存储效率、提高系统的安全性、加快系统的存取速度和加强系统的安全性等。

5）数据库实施阶段

根据逻辑设计和物理设计的结果，生成可以为目标数据库接受的脚本，进而产生目标数据库。在数据库实施的3个环节中，需要注意的是，在数据装载的过程中，必须注意数据库的转储和恢复工作。因为系统刚刚建立，很多环节都可能引起数据库的毁坏。

6）数据库的运行和维护

数据库的投入运行，并不意味着数据库设计工作的结束。数据库维护不仅要维持系统的正常运行，而且是对原有设计结果的改进。这个阶段的主要工作有维持数据库的安全性和完整性、改善系统性能、增加新的功能、修改错误等。

**2. 设计阶段的功能和性能**

1) 数据库设计过程中的困难

软件开发工作是一项充满挑战性的工作。对于个体的软件开发工作而言,他们所面临的困难主要是用户和软件技术人员之间理解的鸿沟。在我们的生活中同一个单词、同一句话,对不同行业的人会有截然不同的理解。正是这些生活背景和理解方式的差异造成了软件开发工作的巨大困难。解决这个问题的办法是使用标准的方法和直观的图形化工具来描述目标系统。但是对于一个数据库设计团队而言,他们遇到的问题比个体开发时更多也更加复杂,比较常见的有以下几种。

(1) 无法保证不同的模型之间,一个模型的不同子模型之间信息的一致性。造成这种情况的原因是多方面的。有团队成员不同的生活背景、经验和习惯的问题,有数据库设计过程中不同阶段间反复,迭代所造成的版本控制困难,也有用户需求随环境的变化而变化的原因。

(2) 对于大型系统而言测试更加困难,通常的情况是牵一发而动全身。

(3) 工作进度难于控制。造成这种困难的原因有两个方面。一是对于软件开发这种智力活动而言,不易准确估计工作量;二是团队设计的过程中协调和沟通困难。

(4) 文档编制困难。软件开发过程中需要将不同的文档交给不同的用户审阅。要保证不同文档间信息的一致性,以及文档和代码之间的信息的一致性就变得非常困难。

(5) 版本控制困难。数据库设计过程本身的复杂性和多变性,造成了版本的控制极其困难。

2) 数据库设计工具的功能需求

通过以上对数据库设计的过程以及难点的分析,我们可以发现在这个阶段的功能要求如下。

(1) 认识和描述客观世界的能力。由于需求分析在软件开发中的地位至关重要,是数据库设计的依据,所以,数据库设计工具对客观世界的描述能力是评价其优劣重要标准。

(2) 管理和存储数据库设计过程中产生的各类信息。如成员沟通的信息、需求变更的信息等。

(3) 根据用户的物理设计,自动生成创建数据库的脚本和测试数据。

(4) 根据用户的需要,将数据库设计过程中产生的各类信息自动组织成文档,从而最大程度地减少数据库设计人员花在编写文档方面的时间和成本,并保证文档之间信息的一致性。

(5) 为数据库设计的过程提供团队协同工作的帮助。为团队成员之间提供信息共享和信息沟通的机制;为项目经理提供对项目进度、成本和质量进行监控的手段。

3) 数据库设计的性能需求

功能是指能做什么,性能指的是做得怎么样。对数据库设计工具而言,以下几个方面的性能是需要我们特别注意的。

4) 工具的表达能力

即保持信息一致性的能力。目前软件的规模越来越大,仅仅靠人的大脑是无法有效控制数据库信息的一致性的。数据库设计工具在这个方面可以帮助用户的程度是我们选择数据库设计工具的重要依据之一。

5）使用可靠程度

由于在数据库设计工具中保存的都是软件设计过程中最重要的信息，设计工具如果崩溃将会对整个软件开发工作造成致命的影响，所以设计工具的可靠程度是至关重要的。

6）对软硬件环境的要求

如果一个数据库设计工具对于软硬件的运行环境要求过高，就会影响到这种工具的使用成本。一般来说，数据库设计工具对软硬件环境的要求应该略低于实际的应用系统所运行的系统平台。

7）数据库设计的信息需求

数据库设计工具是用来向用户提供信息管理和信息处理支持的软件系统，在数据库设计过程中会用到的信息可以分为以下几类。

（1）用户需求方面的信息。这类信息由用户提出，并由需求分析人员归类整理以后作为数据库概念设计的依据。

（2）有关数据库概念设计、逻辑设计和物理设计的信息。它们是由需求分析人员根据需求分析的结果形成的。一般来说也都存放在数据库中。

（3）数据库实施和维护期间由维护人员收集和整理的信息，包括用户的需求，概念模型、逻辑模型和物理模型方面的变更记录。

对于以上信息的管理工作通常有以下两个方面。一是对于需要长期保存、反复使用的信息提供方便的维护和查询功能，并维持各类信息之间的一致性和完整性；二是为人与人之间的信息交流提供渠道，并保存交流的内容以便以后使用。总的来说，数据库设计工具就是为以上4类工具提供有效管理，并为顺畅的流通环境提供支持。

# 5.4　典型数据库设计工具

## 1. 数据建模工具

数据建模的方法很多，其中最流行的是由 IEEE 认证的 ANSUIEEE1320.2.1 标准和概念数据建模语言标准 IDEFIX（Object97），已经成为业界公认的数据建模标准。在 IDEFIX 方法中用不同层次描述系统数据模型，主要包括两个层次：逻辑模型和物理模型。逻辑模型面向业务，描述信息（即数据）的结构和业务规则，不考虑物理实现的问题；物理模型从数据库设计和物理实现的角度描述数据结构，并针对特定的 DBMS 进行优化。

应用 IDEFIX 方法构造系统数据模型，其步骤如下所述。

（1）构造实体-关系图（Entity Relationship Diagram），概要显示系统中的主要实体和关系，不定义详细的属性和码。

（2）创建基于码的模型（Key-based Model），构造所有实体和主键以及一些非码属性。KB 模型与 ERD 范围相同，但提供了更多的细节。

（3）创建完整属性模型（Fully Attributed Model），指定了所有属性，构造满足第三范式的数据模型。

（4）创建转换模型（Transformation Model），为数据库管理员创建物理数据库提供了足够的信息,并按特定数据库对模型进行优化,标识数据库限制条件。

(5) 生成数据库管理系统模型(DBMS Model),为最终建立物理数据库做好准备。

采用规范、标准的 IDEFIX 方法构造数据模型,可以方便地生成数据库设计文档,极大地帮助了开发人员在此基础上进行软件开发。一个 IDEFIX 模型由一个或多个视图以及视图中的实体和域的定义组成。IDEFIX 模型需要对为什么建立模型提供目标说明;对模型的内容提供范围说明,并对设计者在构造模型的过程中使用的所有假定提供假设说明。

### 2. 数据库设计工具 Power Designer

Power Designer 是最具集成特性的设计工具集,用于创建高度优化和功能强大的数据库、数据仓库和数据敏感的组件。Power Designer 系列产品提供了一个完整的建模解决方案,业务或系统分析人员、设计人员、数据库管理员 DBA 和开发人员可以对其裁剪以满足他们的特定的需要;而其模块化的结构为购买和扩展提供了极大的灵活性,从而使开发单位可以根据其项目的规模和范围来使用他们所需要的工具。Power Designer 灵活的分析和设计特性允许使用一种结构化的方法有效地创建数据库或数据仓库,而不要求严格遵循一个特定的方法学。Power Designer 提供了直观的符号表示使数据库的创建更加容易,并使项目组内的交流和通讯标准化,同时能更加简单地向非技术人员展示数据库和应用的设计。

Power Designer 不仅加速了开发的过程,也向最终用户提供了管理和访问项目的信息的一个有效的结构。它允许设计人员不仅创建和管理数据的结构,而且开发和利用数据的结构针对领先的开发工具环境快速地生成应用对象和数据敏感的组件。开发人员可以使用同样的物理数据模型查看数据库的结构和整理文档,以及生成应用对象和在开发过程中使用的组件。应用对象生成有助于在整个开发生命周期提供更多的控制和更高的生产率。

Power Designer 是一个功能强大而使用简单工具集,提供了一个复杂的交互环境,支持开发生命周期的所有阶段,从处理流程建模到对象和组件的生成。Power Designer 产生的模型和应用可以不断地增长,适应并随着组织的变化而变化。

Power Designer 包含 6 个紧密集成的模块,允许个人和开发组的成员以合算的方式最好地满足他们的需要。这六个模块如下。

(1) Power Designer ProcessAnalyst,用于数据发现。

(2) Power Designer DataArchitect,用于双层,交互式的数据库设计和构造。

(3) Power Designer AppModeler,用于物理建模和应用对象及数据敏感组件的生成。

(4) Power Designer MetaWorks,用于高级的团队开发,信息的共享和模型的管理。

(5) Power Designer WarehouseArchitect,用于数据仓库的设计和实现。

(6) Power Designer Viewer,用于以只读的、图形化方式访问整个企业的模型信息。

## 5.5　数据库开发工具

### 1. Oracle 数据库

Oracle 数据库是一种大型数据库系统,一般应用于商业、政府部门,它的功能很强大,能够处理大批量的数据,在网络方面也用的非常多。Oracle 数据库管理系统是一个以关系型和面向对象为中心管理数据的数据库管理软件系统,其在管理信息系统、企业数据处理、因特网及电子商务等领域有着非常广泛的应用。因其在数据安全性与数据完整性控制方面的优越性能,以及跨操作系统、跨硬件平台的数据互操作能力,使越来越多的用户将 Oracle 作为其应用数据的处理系统。Oracle 数据库是基于"客户端/服务器"模式结构。客户端应用程序执行与用户进行交互的活动。其接收用户信息,并向服务器端发送请求。服务器系统负责管理数据信息和各种操作数据的活动。

### 2. SQL Server 数据库

SQL Server 数据库是一个关系数据库管理系统。它最初是由 Microsoft Sybase 和 Ashton-Tate 三家公司共同开发的,于 1988 年推出了第一个 OS/2 版本。Microsoft SQL Server 2005 是一个全面的数据库平台,使用集成的商业智能(BI)工具提供了企业级的数据管理,它的数据库引擎为关系型数据和结构化数据提供了更安全可靠的存储功能,使您可以构建和管理用于业务的高可用和高性能的数据应用程序。Microsoft SQL Server 2005 数据引擎是本企业数据管理解决方案的核心。SQL Server 2008 是一个可信任的、高效的、智能的数据平台,旨在满足目前和将来管理与使用数据的需求。SQL Server 2008 是一个重要的产品版本,它推出了许多新的特性和关键的改进。SQL Server 2008 进一步增加了部分特性和安全性。

### 3. DB2 数据库

DB2 数据库是 IBM 公司研制的一种关系型数据库系统。DB2 主要应用于大型应用系统,具有较好的可伸缩性,可支持从大型机到单用户环境,应用于 OS/2、Windows 等平台下。DB2 提供了高层次的数据利用性、完整性、安全性、可恢复性,以及小规模到大规模应用程序的执行能力,具有与平台无关的基本功能和 SQL 命令。DB2 采用了数据分级技术,能够使大型机数据很方便地下载到 LAN 数据库服务器,使客户机/服务器用户和基于 LAN 的应用程序可以访问大型机数据,并使数据库本地化及远程连接透明化。它以拥有一个非常完备的查询优化器而著称,其外部连接改善了查询性能,并支持多任务并行查询。DB2 具有很好的网络支持能力,每个子系统可以连接十几万个分布式用户,可同时激活上千个活动线程,对大型分布式应用系统尤为适用。除了它可以提供主流的 OS/390 和 VM 操作系统,以及中等规模的 AS/400 系统之外,IBM 还提供了跨平台(包括基于 UNIX 的 Linux,HP-UX,SunSolaris,以及 SCO UnixWare;还有用于个人电脑的 OS/2 操作系统,以及微软的 Windows 2000 和其早期的系统)的 DB2 产品。DB2 数据库可以通过使用微软的开放数据库连接(ODBC)接口,Java 数据库连接(JDBC)接口,或者 CORBA 接口代理被任何的应用程序访问。

### 4. Sybase 数据库

1984 年,Mark B. Hiffman 和 Robert Epstern 创建了 Sybase 公司,并在 1987 年推出了 Sybase 数据库产品。Sybase 主要有三种版本,一是 UNIX 操作系统下运行的版本;二是 Novell Netware 环境下运行的版本;三是 Windows NT 环境下运行的版本。对 UNIX 操作系统目前广泛应用的为 Sybase 10 及 Sybase 11 for SCO UNIX。Sybase 数据库主要由三部分组成：①进行数据库管理和维护的一个联机的关系数据库管理系统 Sybase SQL Server；②支持数据库应用系统的建立与开发的一组前端工具 Sybase SQL Toolset；③可把异构环境下其他厂商的应用软件和任何类型的数据连接在一起的接口 Sybase Open Client/Open Server。

### 5. Informix 数据库

Informix 在 1980 年成立，目的是为 Unix 等开放操作系统提供专业的关系型数据库产品。公司的名称 Informix 便是取自 Information 和 Unix 的结合。Informix 第一个真正支持 SQL 语言的关系数据库产品是 Informix SE(StandardEngine)。InformixSE 是在当时的微机 Unix 环境下主要的数据库产品。它也是第一个被移植到 Linux 上的商业数据库产品。

### 6. MySQL 数据库

MySQL 是一个小型关系型数据库管理系统，开发者为瑞典 MySQL AB 公司。在 2008 年 1 月 16 号被 Sun 公司收购。目前 MySQL 被广泛地应用在 Internet 上的中小型网站中。由于其体积小、速度快、总体拥有成本低，尤其是开放源码这一特点，许多中小型网站为了降低网站总体拥有成本而选择了 MySQL 作为网站数据库。

### 7. ACCESS 数据库

Access 是微软公司推出的基于 Windows 的桌面关系数据库管理系统，是 Office 系列应用软件之一。它提供了表、查询、窗体、报表、页、宏、模块 7 种用来建立数据库系统的对象；提供了多种向导、生成器、模板，把数据存储、数据查询、界面设计、报表生成等操作规范化；为建立功能完善的数据库管理系统提供了方便，也使得普通用户不必编写代码，就可以完成大部分数据管理的任务。

### 8. Visual FoxPro 数据库

Visual FoxPro 原名 FoxBase，最初是由美国 Fox Software 公司于 1988 年推出的数据库产品，在 DOS 上运行，与 xBase 系列兼容。FoxPro 是 FoxBase 的加强版，最高版本曾出过 2.6。之后于 1992 年，Fox Software 公司被 Microsoft 收购，加以发展，使其可以在 Windows 上运行，并且更名为 Visual FoxPro。FoxPro 比 FoxBASE 在功能和性能上又有了很大的改进，主要是引入了窗口、按钮、列表框和文本框等控件，进一步提高了系统的开发能力。

## 5.6　练习

**一、名词解释**
1. 数据库设计
2. 直观设计法
3. 计算机辅助设计法

**二、简答**
1. 数据库的设计方法有哪几类？

2. 请介绍几种规范的数据库设计方法,并作对比。

3. 根据支持的设计阶段,数据库设计可分为哪几类?

4. 需求分析阶段包括哪些步骤?

5. 数据库设计过程涉及哪些信息?

### 三、分析题

1. 请简单分析数据库设计的过程。

2. 请分析数据库设计过程中所面临的困难。

3. 请分析数据库设计过程中,对数据库设计工具有哪些需求?

# 程序设计工具

## 6.1 计算机语言的种类

计算机语言的种类非常多,总的来说可以分成机器语言、汇编语言、高级语言三大类。

### 1. 机器语言

机器语言是用二进制代码表示的计算机能直接识别和执行的一种机器指令的集合。它是计算机的设计者通过计算机的硬件结构赋予计算机的操作功能。机器语言具有灵活、直接执行和速度快等特点。

用机器语言编写程序,编程人员要首先熟记所用计算机的全部指令代码和代码的含义。手编程序时,程序员得自己处理每条指令和每一数据的存储分配和输入输出,还得记住编程过程中每步所使用的工作单元处在何种状态。这是一件十分烦琐的工作,编写程序花费的时间往往是实际运行时间的几十倍或几百倍。而且,编出的程序全是 0 和 1 的指令代码,直观性差,还容易出错。现在,除了计算机生产厂家的专业人员外,绝大多数程序员已经不再去学习机器语言了。

### 2. 汇编语言

为了克服机器语言难读、难编、难记和易出错的缺点,人们就用与代码指令实际含义相近的英文缩写词、字母和数字等符号来取代指令代码(如用 ADD 表示运算符号"＋"的机器代码),于是就产生了汇编语言。所以说,汇编语言是一种用助记符表示的仍然面向机器的计算机语言。汇编语言亦称符号语言。汇编语言由于是采用了助记符号来编写程序,比用机器语言的二进制代码编程要方便些,在一定程度上简化了编程过程。汇编语言的特点是用符号代替了机器指令代码,而且助记符与指令代码一一对应,基本保留了机器语言的灵活性。使用汇编语言能面向机器并较好地发挥机器的特性,得到质量较高的程序。

汇编语言中由于使用了助记符号,用汇编语言编制的程序送入计算机,计算机不能像用机器语言编写的程序一样直接识别和执行,必须通过预先放入计算机的"汇编程序"的加工和翻译,才能变成能够被计算机识别和处理的二进制代码程序。用汇编语言等非机器语言书写好的符号程序称源程序,运行时汇编程序要将源程序翻译成目标程序。目标程序是机器语言程序,它一经被安置在内存的预定位置上,就能被计算机的 CPU 处理和执行。

汇编语言像机器指令一样,是硬件操作的控制信息,因而仍然是面向机器的语言,使用起来还是比较烦琐费时,通用性也差。汇编语言是低级语言。但是,汇编语言用来编制系统软件和过程控制软件,其目标程序占用内存空间少,运行速度快,有着高级语言不可替代的优点。

### 3. 高级语言

不论是机器语言还是汇编语言都是面向硬件的具体操作的,语言对机器的过分依赖,要求使用者必须对硬件结构及其工作原理都十分熟悉,这对非计算机专业人员是难以做到的,对于计算机的推广应用是不利的。计算机事业的发展,促使人们去寻求一些与人类自然语言相接近且能为计算机所接受的语意确定、规则明确、自然直观和通用易学的计算机语言。这种与自然语言相近并为计算机所接受和执行的计算机语言称高级语言。高级语言是面向用户的语言。无论何种机型的计算机,只要配备上相应的高级语言的编译或解释程序,则用该高级语言编写的程序就可以通用。

高级语言主要是相对于汇编语言而言,它并不是特指某一种具体的语言,而是包括了很多编程语言,如目前流行的 VB、VC、FoxPro、Delphi 等,这些语言的语法、命令格式都各不相同。

高级语言所编制的程序不能直接被计算机识别,必须经过转换才能被执行,按转换方式可将它们分为两类。

(1) 解释类:执行方式类似于我们日常生活中的"同声翻译",应用程序源代码一边由相应语言的解释器"翻译"成目标代码(机器语言),一边执行,因此效率比较低,而且不能生成可独立执行的可执行文件,应用程序不能脱离其解释器,但这种方式比较灵活,可以动态地调整、修改应用程序。

(2) 编译类:编译是指在应用源程序执行之前,就将程序源代码"翻译"成目标代码(机器语言),因此其目标程序可以脱离其语言环境独立执行,使用比较方便、效率较高。但应用程序一旦需要修改,必须先修改源代码,再重新编译生成新的目标文件( * . obj)才能执行,只有目标文件而没有源代码,修改很不方便。现在大多数的编程语言都是编译型的,如Visual C++、Visual Foxpro、Delphi 等。

## 6.2　4GL 第四代语言

### 1. 程序设计语言的划代观点

程序设计语言阶段的划代远比计算机发展阶段的划代复杂和困难。目前,对程序设计语言阶段的划代有多种观点,有代表性的是将其划分为 5 个阶段。

第一代语言 1GL——机器语言。

第二代语言 2GL——编程语言。

第三代语言 3GL——高级程序设计语言,如 FORTRAN、ALGOL、PASCAL、BASIC、LISP、C、C++、Java 等。

第四代语言 4GL——更接近人类自然语言的高级程序设计语言,如 ADA、MODULA-2、

SMALLTALK-80 等。

第五代语言 5GL——用于人工智能,人工神经网络的语言。

### 2. 4GL 第四代语言简介

第四代语言(Fourth Generation Language,4GL)的出现是出于商业需要。4GL 这个词最早是在 20 世纪 80 年代初期出现在软件厂商的广告和产品介绍中的。因此,这些厂商的 4GL 产品不论从形式上看还是从功能上看,差别都很大。但是人们很快发现这一类语言由于具有“面向问题”、“非过程化程度高”等特点,可以成数量级地提高软件生产率,缩短软件开发周期,因此赢得了很多用户。1985 年,美国召开了全国性的 4GL 研讨会,也正是在这前后,许多著名的计算机科学家对 4GL 展开了全面研究,从而使 4GL 进入了计算机科学的研究范畴。

4GL 以数据库管理系统所提供的功能为核心,进一步构造了开发高层软件系统的开发环境,如报表生成、多窗口表格设计、菜单生成系统、图形图像处理系统和决策支持系统,为用户提供了一个良好的应用开发环境。它提供了功能强大的非过程化问题定义手段,用户只需告知系统做什么,而无需说明怎么做,因此可大大提高软件生产率。

进入 20 世纪 90 年代,随着计算机软硬件技术的发展和应用水平的提高,大量基于数据库管理系统的 4GL 商品化软件已在计算机应用开发领域中获得广泛应用,成为了面向数据库应用开发的主流工具,如 Oracle 应用开发环境、Informix-4GL、SQL Windows、Power Builder 等。它们为缩短软件开发周期,提高软件质量发挥了巨大的作用,为软件开发注入了新的生机和活力。

第四代语言是一种编程语言或是为了某一目的的编程环境,例如为了商业软件开发目的的。在演化计算中,第四代语言是在第三代语言基础上发展的,且概括和表达能力更强。而第五代语言又是在第四代语言的基础上发展的。

第三代语言的自然语言和块结构特点改善了软件开发过程。然而第三代语言的开发速度较慢,且易出错。第四代语言和第五代语言都是面向问题和系统工程的。所有的第四代语言设计都是为了减少开发软件的时间和费用。第四代语言常被与专门领域软件比较,因此,有些研究者认为第四代语言是专门领域软件的子集。

4GL 具有简单易学,用户界面良好,非过程化程度高,面向问题的特点。4GL 编程代码量少,可成倍提高软件生产率。4GL 为了提高对问题的表达能力和语言的使用效率,引入了过程化的语言成分,出现了过程化的语句与非过程化的语句交织并存的局面。

4GL 已成为目前应用开发的主流工具,但也存在着以下不足:①4GL 语言抽象级别提高以后,丧失了 3GL 一些功能,许多 4GL 只面向专项应用;②4GL 抽象级别提高后不可避免地带来系统开销加大,对软硬件资源消耗加重;③4GL 产品花样繁多,缺乏统一的工业标准,可移植性较差;④目前 4GL 主要面向基于数据库应用的领域,不宜于科学计算、高速的实时系统和系统软件开发。

由于近代软件工程实践所提出的大部分技术和方法并未受到普遍的欢迎和采用,软件供求矛盾进一步恶化,软件的开发成本日益增长,导致了所谓“新软件危机”。这既暴露了传统开发模型的不足,又说明了单纯以劳动力密集的形式来支持软件生产,已不再适应社会信息化的要求,必须寻求更高效、自动化程度更高的软件开发工具来支持软件生产。4GL 就是在这种背景下应运而生并发展壮大的。

确定一个语言是否是一个 4GL，主要应从以下标准来进行考察。

(1) 生产率标准：4GL 一出现，就是以大幅度提高软件生产率为己任的，4GL 应比 3GL 提高一个数量级以上生产率。

(2) 非过程化标准：4GL 基本上应该是面向问题的，即只需告知计算机"做什么"，而不必告知计算机"怎么做"。当然 4GL 为了适应复杂的应用，而这些应用是无法"非过程化"的，就允许保留过程化的语言成分，但非过程化应是 4GL 的主要特色。

(3) 用户界面标准：4GL 应具有良好的用户界面，应该简单、易学、易掌握，使用方便、灵活。

(4) 功能标准：4GL 要具有生命力，不能适用范围太窄，在某一范围内应具有通用性。

### 3. 第四代语言的分类

按照 4GL 的功能可以将它们划分为以下几类。

1) 查询语言和报表生成器

查询语言是数据库管理系统的主要工具，它提供用户对数据库进行查询的功能。报表生成器为用户提供自动产生报表的工具，它提供非过程化的描述手段让用户很方便地根据数据库中的信息来生成报表。

2) 图形语言

图形信息较之一维的字符串、二维的表格信息更为直观、鲜明。我们在软件开发过程中所使用的数据流图、结构图、框图等均是图形。人们自然要设想，是否可以用图形的方式来进行软件开发呢？可见视屏、光笔、鼠标器的广泛使用为此提供了良好的硬件基础，Windows 和 X-Window 为我们提供了良好的软件平台。目前较有代表性的是 Gupta 公司开发的 SQL Windows 系统。它以 SQL 语言为引擎，让用户在屏幕上以图形方式定义用户需求，系统自动生成相应的源程序（还具有面向对象的功能），用户可修改或增加这些源程序，从而完成应用开发。

3) 应用生成器

应用生成器是重要的一类综合的 4GL 工具，它用来生成完整的应用系统。应用生成器按其使用对象可以分为交互式和编程式两类。属于前者的有 FOCUS、RAMIS、MAPPER、UFO、NOMAD、SAS 等。它们服务于维护、准备和处理报表，允许用户以可见的交互方式在终端上创立文件、报表和进行其他的处理。目前较有代表性的有 Power Builder 和 Oracle 的应用开发环境。Oracle 提供的 SQL FORMS、SQL MENU、SQL REPORTWRITER 等工具建立在 SQL 语言基础之上，借助了数据库管理系统强大的功能，让用户交互式地定义需求，系统生成相应的屏幕格式、菜单和打印报表。编程式应用生成器是为建造复杂系统的专业程序人员设计的，如 NATURAL、FOXPRO、MANTIS、IDEAL、CSP、DMS、INFO、LINC、FORMAL、APPLICATION FACTORY 以及作者设计的 OO-HLL 等即属于这一类。这一类 4GL 中有许多是程序生成器（Program Generator），如 LINC 生成 COBOL 程序，FORMAL 生成 PASCAL 程序等。为了提供专业人员建造复杂的应用系统，有的语言具有很强的过程化描述能力。虽然语句的形式有差异，其实质与 3GL 的过程化语句相同，如 Informix-4GL 和 Oracle 的 PROC。

4）形式规格说明语言

为避免自然语言的歧义性、不精确性引入软件规格说明中。形式的规格说明语言则很好地解决了上述问题，且是软件自动化的基础。从形式的需求规格说明和功能规格说明出发，可以自动或半自动地转换成某种可执行的语言。这一类语言有 Z、NPL、SPECINT 以及作者设计的 JAVASPEC。

**4．第四代语言的应用前景**

在今后相当一段时期内，4GL 仍然是应用开发的主流工具。但其功能、表现形式、用户界面、所支持的开发方法将会发生一系列深刻的变化。主要表现在以下几个方面。

1）4GL 与面向对象技术将进一步结合

面向对象技术所追求的目标和 4GL 所追求的目标实际上是一致的。目前有代表性的 4GL 普遍具有面向对象的特征，随着面向对象数据库管理系统研究的深入，建立在其上的 4GL 将会以崭新的面貌出现在应用开发者面前。

2）4GL 将全面支持以 Internet 为代表的网络分布式应用开发

随着 Internet 为代表的网络技术的广泛普及，4GL 又有了新的活动空间。出现类似于 Java，但比 Java 抽象级更高的 4GL 不仅是可能的，而且是完全必要的。

3）4GL 将出现事实上的工业标准

目前 4GL 产品很不统一，给软件的可移植性和应用范围带来了极大的影响。但基于 SQL 的 4GL 已成为主流产品。随着竞争和发展，有可能出现以 SQL 为引擎的事实上的工业标准。

4）4GL 将以受限的自然语言加图形作为用户界面

目前 4GL 基本上还是以传统的程序设计语言或交互方式为用户界面的。前者表达能力强，但难于学习使用；后者易于学习使用，但表达能力弱。在自然语言理解未能彻底解决之前，4GL 将以受限的自然语言加图形作为用户界面，以大大提高用户界面的友好性。

5）4GL 将进一步与人工智能相结合

目前 4GL 主流产品基本上与人工智能技术无关。随着 4GL 非过程化程度和语言抽象级的不断提高，将出现功能级的 4GL，必然要求人工智能技术的支持才能很好地实现，使 4GL 与人工智能广泛结合。

6）4GL 继续需要数据库管理系统的支持

4GL 的主要应用领域是商务。商务处理领域中需要大量的数据，没有数据库管理系统的支持是很难想象的。事实上大多数 4GL 是数据库管理系统功能的扩展，它们建立在某种数据库管理系统的基础之上。

7）4GL 要求软件开发方法发生变革

由于传统的结构化方法已无法适应 4GL 的软件开发，工业界客观上又需要支持 4GL 的软件开发方法来指导他们的开发活动。预计面向对象的开发方法将居主导地位，再配之以一些辅助性的方法，如快速原型方法、并行式软件开发、协同式软件开发等，以加快软件的开发速度，提高软件的质量。

# 6.3　典型编程工具的特点

### 1. Basic 语言与 Visual Basic

1）优点

（1）Basic 简单易学，很容易上手。

（2）Visual Basic 提供了强大的可视化编程能力。

（3）众多的控件让编程变得像垒积木一样简单。

（4）Visual Basic 的全部汉化环境。

2）缺点

（1）Visual Basic 不是真正的面向对象的开发文具。

（2）Visual Basic 的数据类型太少，而且不支持指针，这使得它的表达能力很有限。

（3）Visual Basic 不是真正的编译型语言，它产生的最终代码不是可执行的，是一种伪代码。它需要一个动态链接库去解释执行，这使得 Visual Basic 的编译速度大大变慢。

综述：适合初涉编程的朋友，它对学习者的要求不高，几乎每个人都可以在一个比较短的时间里学会 VB 编程，并用 VB 做出自己的作品。对于那些把编程当作游戏的朋友来说，VB 是最佳的选择。

### 2. Pascal 语言与 Delphi

1）优点

（1）Pascal 语言结构严谨，可以很好地培养一个人的编程思想。

（2）Delphi 是一门真正的面向对象的开发工具，并且是完全的可视化。

（3）Delphi 使用了真编译，可以让你的代码编译成为可执行的文件，而且编译速度非常快。

（4）Delphi 具有强大的数据库开发能力，可以让你轻松地开发数据库。

2）缺点

Delphi 几乎可以说是完美的，只是 Pascal 语言的过于严谨让人感觉有点烦。

综述：方案二比较适合那些具有一定编程基础并且学过 Pascal 语言的朋友。

### 3. C 语言与 Visual C++

1）优点

（1）C 语言灵活性好，效率高，可以接触到软件开发比较底层的东西。

（2）微软的 MFC 库博大精深，学会它可以随心所欲地进行编程。

（3）VC 是微软制作的产品，与操作系统的结合更加紧密。

2）缺点

对使用者的要求比较高，既要具备丰富的 C 语言编程经验，又要具有一定的 Windows 编程基础，它的过于专业使得一般的编程爱好者学习起来会有不小的困难。

综述：VC 是程序员用的东西。如果你是一个永不满足的人，而且可以在编程上投入很大的精力和时间，那么学习 VC 一定不会后悔。

### 4．C++语言与 C++ Builder

1）优点

(1) C++语言的优点全部得以继承。

(2) 完全的可视化。

(3) 极强的兼容性，支持 OWL、VCL 和 MFC 三大类库。

(4) 编译速度非常快。

2）缺点

由于推出的时间太短，关于它的各种资料还不太多。

综述：可以说 C++ Builder 是最好的编程工具。它既保持了 C++语言编程的优点，又做到了完全的可视化。

### 5．Power Builder

1）优点

(1) 支持应用系统同时访问多种数据库。

(2) 完全可视化的数据库开发工具。

(3) 适合初学者快速学习，又可以适用于有经验的开发人员开发。

(4) 客户/服务器开发的完全的可视化开发环境。

(5) 跨平台开发。

2）缺点

(1) 熟悉 PB 的人相对较少。

(2) 资料不多。

### 6．Java 语言

1）优点

(1) 平台无关性。

(2) 安全性。

(3) 分布式

(4) 健壮性。

2）缺点

(1) 指针。C 语言的指针操作是很重要的，因为指针能够支持内存的直接操作。Java 完整地限制了对内存的直接操作。

(2) 垃圾回收。是 Java 对于内存操作的限制之一，这大大解放了程序员的手脚，但是也正是这样的一个"内存保姆"的存在导致 Java 程序员在内存上几乎没有概念。一个纯粹的 Java 程序员对于内存泄露这样的问题是从来没有概念的。

## 6.4　编程工具之间的比较

### 1. Java 与 C/C++语言

Java 提供了作为一种功能强大语言的所有功能,但几乎没有一点含混特征。C++安全性不好,但 C 和 C++被大家接受,所以 Java 设计成 C++形式,让大家很容易学习。Java 去掉了 C++语言的许多功能,让 Java 的语言功能很精炼,并增加了一些很有用的功能,如自动收集碎片。

Java 的前身 Oak 是在 C++的基础上开发的,而 C++是在 C 的基础上开发的。因此,Java 和 C、C++具有许多相似之处,它继承了 C、C++的优点,增加了一些实用的功能,并让 Java 语言更加精炼;摒弃了 C、C++的缺点,去掉了 C、C++的指针运算、结构体定义、手工释放内存等容易引起错误的功能和特征,增强了 Java 的安全性,也让 Java 更容易被接受和学习。

虽然 Java 是在 C++的基础上开发的,但并不是 C++的增强版,也不是用来取代 C++的。Java 与 C++既不向上兼容,也不向下兼容,两者将长时间共存。Java 在理论和实践上都与 C++有着重要的不同点。Java 是独立于平台的、面向 Internet 的分布式编程语言,Java 对 Internet 编程的影响如同 C 和 C++对系统编程的影响。Java 的出现改变了编程方式,但 Java 并不是孤立存在的一种语言,而是计算机语言多年来演变的结果。

Java 实现了 C++的基本面向对象技术并有一些增强,Java 处理数据方式和用对象接口处理对象数据方式一样。

Java 与 C++语法的不同主要包括以下几点。

(1) 全局变量:Java 程序不能定义程序的全局变量,而类中的公共、静态变量就相当于这个类的全局变量。这样就使全局变量封装在类中,保证了安全性,而在 C/C++语言中,由于不加封装的全局变量往往会由于使用不当而造成系统的崩溃。

(2) 条件转移指令:C/C++语言中用 goto 语句实现无条件跳转,而 Java 语言没有 goto 语言,通过例外处理语句 try、catch、finally 来取代之,提高了程序的可读性,也增强了程序的鲁棒性。

(3) 指针:指针是 C/C++语言中最灵活、但也是最容易出错的数据类型。用指针进行内存操作往往造成不可预知的错误,而且,通过指针对内存地址进行显示类型转换后,可以访问类的私有成员,破坏了安全性。在 Java 中,程序员不能进行任何指针操作,同时 Java 中的数组是通过类来实现的,很好地解决了数组越界这一 C/C++语言中不做检查的缺点。但也不是说 Java 没有指针,虚拟机内部还是使用了指针,只是外人不得使用而已。这有利于 Java 程序的安全。

(4) 内存管理:在 C 语言中,程序员使用库函数 malloc()和 free()来分配和释放内存,C++语言中则是运算符 new 和 delete。再次释放已经释放的内存块或者释放未被分配的内存块,会造成系统的崩溃,而忘记释放不再使用的内存块也会逐渐耗尽系统资源。在 Java 中,所有的数据结构都是对象,通过运算符 new 分配内存并得到对象的使用权。无用内存回收机制保证了系统资源的完整,避免了内存管理不善而引起的系统崩溃。Java 程序中所有的对象都是用 new 操作符建立在内存堆栈上，这个操作符类似于 C++ 的 new 操作符。

（5）数据类型的一致性：在 C/C++ 语言中，不同的平台上，编译器对简单的数据类型如 int、float 等分别分配不同的字节数。在 Java 中，对数据类型的位数分配总是固定的，而不管是在任何的计算机平台上。因此保证了 Java 数据的平台无关性和可移植性。

（6）类型转换：在 C/C++ 语言中，可以通过指针进行任意的类型转换，不安全因素大增加。而在 Java 语言中系统要对对象的处理进行严格的相容性检查，防止不安全的转换。在 C++ 中有时出现数据类型的隐含转换，这就涉及了自动强制类型转换问题。例如，在 C++ 中可将一浮点值赋予整型变量，并去掉其尾数。Java 不支持 C++ 中的自动强制类型转换，如果需要，必须由程序显式进行强制类型转换。

### 2. JSP 与 ASP 的比较

JSP 与 Microsoft 的 ASP 技术非常相似。两者都提供在 HTML 代码中混合某种程序代码、由语言引擎解释执行程序代码的能力。在 ASP 或 JSP 环境下，HTML 代码主要负责描述信息的显示样式，而程序代码则用来描述处理逻辑。普通的 HTML 页面只依赖于 Web 服务器，而 ASP 和 JSP 页面需要附加的语言引擎分析和执行程序代码。程序代码的执行结果被重新嵌入到 HTML 代码中，然后一起发送给浏览器。ASP 和 JSP 都是面向 Web 服务器的技术，客户端浏览器不需要任何附加的软件支持。

ASP 的编程语言是 VBScript 之类的脚本语言，JSP 使用的是 Java。

ASP 与 JSP 两种语言引擎用完全不同的方式处理页面中嵌入的程序代码。在 ASP 下，VBScript 代码被 ASP 引擎解释执行；在 JSP 下，代码被编译成 Servlet 并由 Java 虚拟机执行，这种编译操作仅在对 JSP 页面的第一次请求时发生。

执行 JSP 代码需要在服务器上安装 JSP 引擎。

JSP 和 ASP 技术明显的不同点：开发人员在对两者各自软件体系设计的深入了解的方式不同。JSP 技术基于平台和服务器的互相独立，输入支持来自广泛的、专门的各种工具包，服务器的组件和数据库产品由开发商所提供。相比之下，ASP 技术主要依赖微软的技术支持。

JSP 技术依附于一次写入，之后可以运行在任何具有符合 Java TM 语法结构的环境。取而代之过去依附于单一平台或开发商，JSP 技术能够运行在任何 Web 服务器上并且支持来自多家开发商提供的各种各样工具包。

由于 ASP 是基于 Activex 控件技术提供客户端和服务器端的开发组件，因此 ASP 技术基本上是局限于微软的操作系统平台之上。ASP 主要工作环境是微软的 IIS 应用程序结构，又因 Activex 对象具有平台特性，所以 ASP 技术不能很容易地实现在跨平台的 Web 服务器的工作。尽管 ASP 技术通过第三方提供的产品能够得到组件和服务实现跨平台的应用程序，但是 Activex 对象必须事先放置于所选择的平台中。

从开发人员的角度来看：ASP 和 JSP 技术都能使开发者实现通过点击网页中的组件制作交互式的，动态的内容和应用程序的 Web 站点。ASP 仅支持组件对象模型 COM，而 JSP 技术提供的组件都是基于 Javabeans TM 技术或 JSP 标签库。由此可以看出两者虽有相同之处，但其区别是很明显的。

### 3..net 和 Java 的区别

1) 相同点

(1) 它们都是面向对象的,语言又比较简单。

(2) 背后都有大公司为它们撑腰。

2) 不同点

(1) Java 是从 C++演变而来。

(2) .net 是从 Java 演变而来。

(3) 它们的应用领域不同。

(4) .net 主要应用在中小型公司网站开发及桌面应用程序开发。

(5) Java 主要应用在大中型企业网站开发,银行网站开发及手机嵌入式游戏开发。

(6) 在学习方面.net 相对较为简单。

(7) Java 偏难,不容易掌握。

(8) 但不目前市场工资而言 Java 的偏高些。

(9) 而在找工作方面.net 和 Java 都面临着艰难,不过.net 要求稍微低了一些。

还有之所以.net 没有很大程度上普及主要是微软的垄断,它们的软件不是开源的,这样两国一旦交战可能会影响到我们整个国家,所以很多大企业联合抵制.net。

不过在小型企业中.net 的确不错,比 JSP 简单。

Java 还有一次编译可处处运行的优点。

另外,跨平台和开源也是它的一个比较大的优点。

## 6.5　练习

### 一、名词解释

1. 机器语言

2. 汇编语言

3. 高级语言

4. 4GL

### 二、简答

1. 简要介绍五代计算机语言。

2. 如何确定一种语言是 4GL?

3. 4GL 有哪几类?

### 三、分析题

1. 请分析 4GL 的发展和应用前景。

2. 请介绍一种典型的编程工具,并分析它的优缺点。

# 用户界面设计工具

用户界面设计对一个系统的成功至关重要,如果界面信息的表达方式混乱或容易误解,可能导致用户操作失误而引起数据的破坏,甚至导致灾难性系统失败。本章主要对用户界面设计做了简单的介绍,并具体介绍了平面设计软件和网页设计工具的选取。

## 7.1 用户界面设计概述

通常,接口又称为界面,接口设计主要包含三方面的描述。

(1) 软件构件与构件之间的接口设计。例如,构件之间的参数传递等。

(2) 软件内部与协作系统之间的接口设计。例如,构件与其他外部实体的接口等。

(3) 软件与使用者之间的通信方式。例如,用户界面设计等。

随着产品屏幕操作的不断普及,用户界面已经融入我们的日常生活。一个良好设计的用户界面,可以大大提高工作效率,使用户从中获得乐趣,减少由于界面问题而造成用户的咨询与投诉,减轻客户服务的压力,减少售后服务的成本。因此,用户界面设计对于任何产品/服务都极其重要。

### 1. 用户界面设计的内容

用户界面是人机之间交流、沟通的层面。从深度上分为两个层次:感觉的和情感的。感觉层次指人和机器之间的视觉、触觉、听觉层面;情感层次指人和机器之间由于沟通所达成的融洽关系。总之,用户界面设计是以人为中心,使产品达到简单使用和愉悦使用的目的。在国外,用户界面设计人员有了一个新的称谓:Information Architecture,信息建筑师。它不仅仅是指美工,而是具有心理学、软件工程学、设计学等综合知识的人。

用户界面设计在工作流程上分为结构设计、交互设计、视觉设计 3 个部分。

1) 结构设计(Structure Design)

结构设计也称为概念设计 (Conceptual Design),是界面设计的骨架。通过对用户研究和任务分析,制定出产品的整体架构。基于纸质的低保真原型(Paper Prototype)可提供用户测试并进行完善。在结构设计中,目录体系的逻辑分类和语词定义是用户易于理解和操作的重要前提。如西门子手机设置闹钟的词条是"重要记事",让用户很难找到。

2) 交互设计(Interactive Design)

交互设计的目的是让用户能简单使用产品。任何产品功能的实现都是通过人和机器的交互来完成的。因此,人的因素应作为设计的核心被体现出来。交互设计的原则如下。

(1) 有清楚的错误提示。误操作后,系统提供有针对性的提示。

(2) 让用户控制界面。如"下一步"、"完成"等,面对不同层次提供多种选择,给不同层次的用户提供多种可能性。

(3) 允许兼用鼠标和键盘。同一种功能,同时可以用鼠标和键盘,提供多种可能性。

(4) 允许工作中断。例如,用手机写新短信的时候,收到短信或电话,完成后回来仍能够找到刚才正写的新短信。

(5) 使用用户的语言,而非技术的语言。

(6) 提供快速反馈。给用户心理上的暗示,避免用户焦急。

(7) 方便退出。如手机的退出,是按一个键完全退出,还是一层一层的退出。提供两种可能性。

(8) 导航功能。随时转移功能,很容易从一个功能跳到另外一个功能。

(9) 让用户知道自己当前的位置,使其做出下一步行动的决定。

3) 视觉设计(Visual Design)

在结构设计的基础上,参照目标群体的心理模型和任务达成进行视觉设计,包括色彩、字体、页面等。视觉设计要达到用户愉悦使用的目的。视觉设计的原则如下。

(1) 界面清晰明了。允许用户定制界面。

(2) 减少短期记忆的负担。让计算机帮助记忆,如 User Name、Password、IE 进入界面地址可以让机器记住。

(3) 依赖认知而非记忆。如打印图标的记忆、下拉菜单列表中的选择。

(4) 提供视觉线索。图形符号的视觉的刺激;GUI(图形界面设计):Where、What、Next Step 等。

(5) 提供默认(Default)、撤销(Undo)、恢复(Redo)的功能。

(6) 提供界面的快捷方式。

(7) 尽量使用真实世界的比喻。如电话、打印机的图标设计,尊重用户以往的使用经验。

(8) 完善视觉的清晰度。条理清晰;图片、文字的布局和隐喻不要让用户去猜。

(9) 界面的协调一致。如手机界面按钮排放,左键肯定;右键否定;或按内容摆放。

(10) 同样功能用同样的图形。

(11) 色彩与内容。整体软件不超过 5 个色系,尽量少用红色、绿色。近似的颜色表示近似的意思。

**2. 用户界面设计问题**

用户界面设计的目标是定义一组界面对象和行为,通常,用户界面设计主要包括系统响应时间、用户帮助、出错处理、命令交互功能 4 个问题。

1) 系统响应时间

系统响应时间指从用户完成某个控制动作,到软件给出预期的响应之间的这段时间。其两个重要的属性是响应时间的长度和易变性。

系统时间长会让用户感到不安和沮丧，相反，系统响应时间短，也可能迫使用户加快操作节奏，从而导致错误。

2）用户帮助

常见的帮助设施有集成式和附加式两类。集成式帮助设施一般在软件设计同时完成，它通常对用户工作内容是敏感的，即用户选择的求助词与正在的操作密切相关，显然，用户获得的帮助快捷，界面友好；附加式帮助设施是在系统建成后再附加到软件中的，通常，它实际上是一种查询能力比较弱的联机用户手册，用户往往在许多无关的信息中查找所需的主题。

具体设计帮助设施时，还要考虑帮助的范围、途径、信息的显示、返回到正常的交互方式和帮助信息的构造方式等问题。

3）出错信息

出错信息和警告信息，是指系统出现问题时提交的"坏信息"。出错信息设计不恰当，将向用户提供无用的或误导的信息。

通常，系统给出的错误信息或警告信息应该具有几个特征。

（1）以用户可以理解的术语描述问题。

（2）提供有助于从错误中恢复的建设性意见。

（3）指出错误可能导致哪些负面后果，便于用户检查是否出现问题以及如何改正。

（4）在显示信息时应该同时发出警告声，或者用闪烁方式显示信息，或者用表示出错的明显的颜色显示信息。

（5）不可以责怪用户。

4）命令交互

一般情况下，系统都提供菜单和键盘命令来调用软件功能。

在设计命令交互方式时，必须考虑以下问题。

（1）每个菜单选项是否都提供相对应的命令？

（2）是否提供复合控制键操作、功能键和键盘输入命令的方式？

（3）如何学习和记忆命令，命令忘记了怎么办？

（4）用户可以定制或缩写命令吗？

**3．用户界面设计的原则**

为了设计出一个友好、高效的用户界面，我们总结出众多设计者的经验和遵循的一些用户界面设计原则规范。

1）易用性原则

按钮名称应该易懂，用词准确，没有模棱两可的字眼，要与同一界面上的其他按钮易于区分，如能望文知意最好。理想的情况是用户不用查阅帮助就能知道该界面的功能并进行相关的正确操作。

2）规范性原则

通常界面设计都按 Windows 界面的规范来设计，即包含"菜单条、工具栏、工具箱、状态栏、滚动条、右键快捷菜单"的标准格式，可以说界面遵循规范化的程度越高，则易用性相应就越好。小型软件一般不提供工具箱。

3）帮助设施原则

系统应该提供详尽而可靠的帮助文档，在用户使用产生迷惑时可以自己寻求解决方法。

4）合理性原则

屏幕对角线相交的位置是用户直视的地方，正上方四分之一处为易吸引用户注意力的位置，在放置窗体时要注意利用这两个位置。

5）美观与协调性原则

界面大小应该适合美学观点，感觉协调舒适，能在有效的范围内吸引用户的注意力。如长宽比例适中、布局合理、前景与背景色搭配协调等。界面风格要保持一致，字的大小、颜色、字体要相同，除非是需要艺术处理或有特殊要求的地方。

6）菜单位置原则

菜单是界面上最重要的元素，菜单位置按照功能来组织。如菜单通常采用"常用-主要-次要-工具-帮助"的位置排列，符合流行的 Windows 风格、一组菜单的使用有先后要求或有向导作用时，应该按先后次序排列、没有顺序要求的菜单项按使用频率和重要性排列，常用的放在开头，不常用的靠后放置；重要的放在开头，次要的放在后边等。

7）独特性原则

如果一味地遵循业界的界面标准，则会丧失自己的个性。在框架符合以上规范的情况下，设计具有自己独特风格的界面尤为重要。尤其是在商业软件流通中有着很好的潜移默化的广告效用。公司的系列产品要保持一致的界面风格，如背景色、字体、菜单排列方式、图标、安装过程、按钮用语等应该大体一致。

8）快捷方式的组合原则

在菜单及按钮中使用快捷键可以让喜欢使用键盘的用户操作得更快一些。在西文 Windows 及其应用软件中快捷键的使用大多是一致的。

9）排错性考虑原则

在界面上通过下列方式来控制出错几率，会大大减少系统因用户人为错误所引起的破坏。开发者应当尽量周全地考虑到各种可能发生的问题，使出错的可能所降至最小。如应用出现保护性错误而退出系统，这种错误最容易使用户对软件失去信心。因为这意味着用户要中断思路，并费时费力地重新登录，而且已进行的操作也会因没有存盘而全部丢失。

### 4. 用户界面设计过程

用户界面设计的过程主要有以下几项活动。

（1）用户界面分析与建模。

（2）用户界面设计。

（3）用户界面实现。

（4）用户界面评估。

用户界面设计可以采用原型法，首先创建一个界面模型，并由用户试用和评估，然后根据用户的意见进行修改，经过若干有限次修改后获得一个友好界面的目标。用户界面原型建立后，就应该对它进行评估。评估可以是正式的，也可以是非正式的。

## 7.2　平面设计软件介绍

### 1. 平面设计软件的分类

随着人们的需求和技术的发展,市场上出现了众多的平面设计软件。这些平面设计软件基本可以分为三类。

1) 第一类图像处理

第一类以图像处理为主,最流行的就数 Adobe 的 Photoshop(行业简写为 PS),6.0 版为划时代的版本,目前是 9.0(即 CS2 版)。市面上 PS6、PS7、PSCS1 三个版本都比较通用。

2) 第二类图形绘制

第二类则以图形绘制为主,这类软件比较多些,基本上是 Corel 公司的 CorelDram、Acromedia 公司的 Freehand 和 Adobe 公司的 Illustrator 三足鼎立,三个界面的主要功能基本一致,在效果处理上,CorelDraw 比较突出,所以广告公司采用得比较广泛些,不过以我们的使用经验,稳定性稍差一些,还有就是版本更新太快,已经是 12 版了,一些制版公司、广告设计大都还用 9.0 版本的。

Illustrator 在印前制版领域使用得较多,主要是它保存格式支持 EPS 的缘故,且稳定性较好,缺点就是不支持多页编排。目前的主要版本是 10、CS、CS2。

Freehand 则重点突出的是基本的绘图能力,效果功能不突出,在多页编排方面操作简练。

3) 第三类排版软件

第三类则是排版软件。目前主要有 PageMeker、InDesign、方正飞腾、QuarkXPress 等几个。InDesign 也是一个 Adobe 出品的软件,它是 PageMaker 下一代升级软件,PageMaker 在 7.0 版本之后已经不再推出新版本,Adobe 今后的排版软件方向已转向 InDesign 软件,这一点从 Adobe 的 CS 软件包里就可以看出,它里面已经不再包括 PageMaker。

实际上 PageMaker 严格地说,只能算是一个商用排版软件,而不是专业排版软件。关于商用与专业的区别,在排版效果上并不明显,但在输出方面有严格的定义,商用的主要输出设备为打印机,而专业的排版软件则应该兼备打印和 RIP 的输出功能。这一点,PageMaker 单独是无法完成的,需要借助 Acrobat 来完成,而 InDesign 则可以直接保存为 RIP 支持的 EPS 格式或 PDF 格式。

在平面设计领域,图像、图形、文字是三种基本元素,对三种元素的操作方面,不同的软件各有千秋,不过对于任何一位设计人员,熟练掌握一个图像处理软件(Photoshop 是不二的选择)和一个图形绘制软件(一般的排版软件都兼备绘图及文字排版的基本功能,广告设计人员可选 CorelDraw、制版人员可选 Illustrator)是必需的,当然也要对排版软件和输出格式等有比较深入的了解。

### 2. 几种常用的平面设计软件

现在平面设计软件众多,其中最为常用的软件是 Photoshop、Illustrator、CorelDraw、PageMaker。

1) Photoshop

Photoshop 是由 Adobe 公司开发的图形处理系列软件之一,主要应用于图像处理、广告设计的一种电脑软件。最先只是在 Apple 机(MAC)上使用,后来也开发出了 for Windows 的版本。Photoshop 是点阵设计软件,由像素构成,分辨率越大图像越大,Photoshop 的优点是丰富的色彩及超强的功能,无人能及;缺点是文件过大,放大后清晰度会降低,文字边缘不清晰。

从功能上看,Photoshop 可分为图像编辑、图像合成、校色调色及特效制作部分。

图像编辑是图像处理的基础,可以对图像做各种变换,如放大、缩小、旋转、倾斜、镜像、透视等。也可进行复制、去除斑点、修补、修饰图像的残损等。在婚纱摄影、人像处理制作中有非常大的用场,去除人像上不满意的部分,进行美化加工,得到让人非常满意的效果。

图像合成则是将几幅图像通过图层操作、工具应用合成完整的、传达明确意义的图像,这是美术设计的必经之路。Photoshop 提供的绘图工具让外来图像与创意很好地融合,可能使图像的合成天衣无缝。

校色调色是 Photoshop 中深具威力的功能之一,可方便快捷地对图像的颜色进行明暗、色偏的调整和校正,也可在不同颜色之间进行切换以满足图像在不同领域如网页设计、印刷、多媒体等方面的应用。

特效制作在 Photoshop 中主要由滤镜、通道及工具综合应用完成。包括图像的特效创意和特效字的制作,如油画、浮雕、石膏画、素描等常用的传统美术技巧都可由 Photoshop 特效完成。而各种特效字的制作更是很多美术设计师热衷于 Photoshop 的原因。

多数人对于 Photoshop 的了解仅限于"一个很好的图像编辑软件",并不知道它的诸多应用方面,实际上,Photoshop 的应用领域很广泛,在图像、图形、文字、视频、出版各方面都有涉及。

2) Illustrator

Illustrator 是美国 Adobe 公司推出的专业矢量绘图工具,是出版、多媒体和在线图像的工业标准矢量插画软件。无论您是生产印刷出版线稿的设计者和专业插画家、生产多媒体图像的艺术家,还是互联网页或在线内容的制作者,都会发现 Illustrator 不仅仅是一个艺术产品工具,它能适合大部分小型设计到大型的复杂项目。

作为全球著名的图形软件 Illustrator,以其强大的功能和体贴用户的界面已经占据美国 MAC 机平台矢量软件的 97% 以上的市场份额。尤其是基于 Adobe 公司专利的 PostScript 技术的运用,Illustrator 在桌面出版领域发挥了极大的优势。

Illustrator 具有以下功能特性。

(1) 即时色彩。使用"即时色彩"探索、套用和控制颜色变化;"即时色彩"可让您选取任何图片,并以互动的方式编辑颜色,且能立即看到结果。使用"色彩参考"面板以快速选择色调、色相或调和色彩组合。

(2) Adobe Flash 整合。将原生 Illustrator 档案汇入 Flash CS3 Professional,或复制 Illustrator 的图稿并贴在 Flash 上,其路径、锚点、渐层、剪裁遮色片和符号均保持不变。此外也会保留图层、群组和物件名称。

(3) 绘图工具和控制项。比以往更快速和流畅地在 Illustrator 中绘图。以更容易、更有弹性的方式选取锚点,加上作业效能的提升以及全新的"橡皮擦工具",均可帮助您有效地以直觉化方式建立图稿。

(4) 橡皮擦工具。使用"橡皮擦工具"可快速移除图片中的区域，就像在 Photoshop 中擦除像素一样简单，而且可以完全控制擦除的宽度、形状和平滑度。

(5) 分离模式。将物件分成一组进行编辑，不干扰图稿的其他部分。轻松选取难以寻找的物件，而不必重新堆叠、锁定或隐藏图层。

(6) Flash 符号。使用"符号"让重复的物件成为动画，并同时维持档案大小不致过大。定义并命名符号物件属性，并在将图稿带入 Flash CS3 Professional 进行进一步的编辑时保留这些属性。

(7) 新增文件描述档。选取所有类型媒体预先编译的描述档，让您轻松建立图稿，此外储存可指定设定参数的自订描述档，例如画板尺寸、样式和颜色空间。

(8) 裁切区域工具。以互动的方式定义要打印或汇出的裁切区域。选择含安全区域的预设网页比例或视讯格式，并以直觉方式设定裁切标记。视需要定义多个裁切区域，并轻松地在这些区域间移动。

(9) 提升的作业效能。主要作业的效能提升，包括更快速的荧幕重绘、物件移动、移动检视、移位、缩放和变形功能，让您享受更迅速的绘图和编辑作业。

若 Illustrator 再与 Adobe 的另一软件 Photoshop 配合使用，可以创造出让人叹为观止的图像效果。

3）CorelDraw

CorelDraw Graphics Suite 是一款由世界顶尖软件公司之一的加拿大的 Corel 公司开发的图形图像软件。其非凡的设计能力广泛地应用于商标设计、标志制作、模型绘制、插图描画、排版及分色输出等诸多领域。其被喜爱的程度可用事实说明，用于商业设计和美术设计的 PC 电脑上几乎都安装了 CorelDraw。CorelDraw 最大的优点是放大到任何程度都能保持清晰，特别是标志设计、文字、排版特别出色；MAC 应用不多，多见于 PC。

CorelDraw Graphics Suite 的支持应用程序，除了获奖的 CorelDraw（矢量与版式）、Corel PHOTO-PAINT（图片与美工）两个主程序之外，CorelDraw Graphics Suite 还包含以下极具价值的应用程序和整合式服务。

CorelDraw 让您轻松应对创意图形设计项目。市场领先的文件兼容性以及高质量的内容可帮助您将创意变为专业作品：从与众不同的徽标和标志到引人注目的营销材料以及令人赏心悦目的 Web 图形，应有尽有。

CorelDraw 界面设计友好，空间广阔，操作精微细致。它提供了设计者一整套的绘图工具包括圆形、矩形、多边形、方格、螺旋线，等等，并配合塑形工具，对各种基本工具可以作出更多的变化，如圆角矩形、弧、扇形、星形等。同时也提供了特殊笔刷如压力笔、书写笔、喷洒器等，以便充分地利用电脑处理信息量大、随机控制能力高的特点。

为便于设计需要，CorelDraw 提供了一整套的图形精确定位和变形控制方案。这给商标、标志等需要准确尺寸的设计带来极大的便利。

颜色是美术设计的视觉传达重点；CorelDraw 的实色填充提供了各种模式的调色方案以及专色的应用、渐变、图纹、材质、网格的填充，颜色变化与操作方式更是其他软件所不能及的。而 CorelDraw 的颜色管理方案更让显示、打印和印刷达到颜色一致。

CorelDraw 的文字处理与图像的输出/输入构成了排版功能。文字处理是迄今为止所有软件中最为优秀的。其支持了绝大部分图像格式的输入与输出。几乎与其他软件可畅行无阻地交换共享文件。所以大部分使用 PC 机作美术设计的都直接在 CorelDraw 中排版，然后分色输出。

CorelDraw 深受全球各地使用者与企业的信赖，以专业的效果完美展现他们的构思，提升商业效益。

4）PageMaker

PageMaker 是由创立桌面出版概念的公司之一——Aldus 于 1985 年推出，后来在升级至 5.0 版本时，被 Adobe 公司在 1994 年收购。

PageMaker 提供了一套完整的工具，用来产生专业、高品质的出版刊物。它的稳定性、高品质及多变化的功能特别受到使用者的赞赏。另外，在 6.5 版中添加的一些新功能，让我们能够以多样化、高生产力的方式，通过印刷或是 Internet 来出版作品。还有，在 6.5 版中为了与 Adobe Photoshop 5.0 配合使用提供了相当多的新功能，PageMaker 在界面及使用上就如同 Adobe Photoshop，Adobe Illustrator 及其他 Adobe 的产品一样，可以让我们更容易地运用 Adobe 的产品。最重要的一点是，在 PageMaker 的出版物中，置入图的方式可谓是最好的了。通过链接的方式置入图，可以确保印刷时的清晰度，这一点在彩色印刷时尤其重要。

PageMaker 6.5 可以在 WWW 中传送 HTML 格式及 PDF 格式的出版刊物，同时还能保留出版刊物中的版面、字体以及图像等。在处理色彩方面也有很大的改进，提供了更有效的出版流程。而其他的新增功能也同时提高了与其他公司产品的相容性。

PageMaker 操作简便但功能全面。借助丰富的模板、图形及直观的设计工具，用户可以迅速入门。作为最早的桌面排版软件，PageMaker 曾取得过不错的业绩，但在后期与 QuarkXPress 的竞争中一直处于劣势。

由于 PageMaker 的核心技术相对陈旧，在 7.0 版本之后，Adobe 公司便停止了对其的更新升级，而代之以新一代排版软件 InDesign。PageMaker 可以通过 Trados 的 Story Collector for PageMaker 辅助进行本地化排版工作。

不过随着 PageMaker 软件的淡出，本地化中 PageMaker 的项目也日益减少。PageMaker 是平面设计与制作人员的理想伙伴，本软件主要用来处理图文编辑，菜单全中文化，界面及工具的使用十分简洁灵活，对于初学者来说很容易上手。因此目前诸多的广告公司、报社、制版公司、印刷厂等都采用 Pagemaker 作为图文编排的首选软件；Pagemaker 的使用把以前落后粗糙的徒手设计-上色-手工制版的繁重过程，简化到了设计人员在电脑上一步即可完成，而且同时又给设计节省出大量的宝贵时间，思维空间也得以开拓。而制作人员也从繁重的体力劳动中得以解脱，真可谓是两全其美的软件。

由 PageMaker 设计制作出来的产品在我们的生活中随处可见，如说明书、杂志、画册、报纸、产品外包装、广告手提袋、广告招贴等。它将为您的生活开拓出一片崭新的天地。

## 7.3　网页设计工具的选用

设计一个好的网页绝非易事，它涉及到众多领域的知识，体现了设计者的基本素质和综合能力。对于不同网页制作基础的制作者，可以考虑选取不同的网页设计工具。本节主要针对网页制作初学者和具有一定制作基础的制作者推荐几种可以使用的网页设计工具。

**1．入门软件**

对于网页制作初学者，可以选择以下几种网页设计工具。

1) Microsoft FrontPage 2000

制作功能强大的网页。只要对 Word 很熟悉，那么用 FrontPage 98 进行网页设计就不会有什么问题。使用 FrontPage 2000 制作网页，能够真正体会到"功能强大，简单易用"的含义。页面制作由 FrontPage 2000 中的 Editor 完成，其工作窗口由三个标签页组成，分别是"所见即所得"的编辑页、HTML 代码编辑页和预览页。FrontPage 2000 带有图形和 GIF 动画编辑器，支持 CGI 和 CSS。向导和模板都能使初学者在编辑网页时感到更加方便。

FrontPage 2000 最强大之处是其站点管理功能。在更新服务器上的站点时，不需要创建更改文件的目录。FrontPage 2000 可以跟踪文件并复制那些新版本文件。FrontPage 2000 是现有网页制作软件中唯一既能在本地计算机上工作，又能通过 Internet 直接对远程服务器上的文件进行工作的软件。

2) Netscape 编辑器

制作简单的网页。Netscape Communicator 和 Netscape Navigator Gold 3.0 版本都带有网页编辑器。如果喜欢用 Netscape 浏览器上网，使用 Netscape 编辑器则会非常简单方便！当用 Netscape 浏览器显示网页时，单击"编辑"按钮，Netscape 就会把网页存储在硬盘中，然后就可以开始编辑了。也可以像使用 Word 那样编辑文字、字体、颜色，改变主页作者、标题、背景颜色或图像，定义描点，插入链接，定义文档编码，插入图像，创建表格等，是不是与 FrontPage 2000 还有些像？但是，Netscape 编辑器对复杂的网页设计就显得功能有限了，它不支持表单创建、多框架创建。

Netscape 编辑器是网页制作初学者很好的入门工具。如果网页主要是由文本和图片组成，Netscape 编辑器将是一个轻松的选择。如果用户对 HTML 语言有所了解的话，能够使用 Notepad 或 Ultra Edit 等文本编辑器来编写少量的 HTML 语句，也可以弥补 Netscape 编辑器的一些不足。

3) Adobe Pagemill 3.0

制作多框架、表单和 Image Map 图像的网页。Pagemill 功能不算强大，但使用起来很方便，适合初学者制作较为美观、而不是非常复杂的主页。如果你的主页需要很多框架、表单和 Image Map 图像，那么 Adobe Pagemill 3.0 的确是你的首选。

Pagemill 另一大特色是有一个剪贴板，可以将任意多的文本、图形、表格拖放到里面，需要时再打开，很方便。

4) Claris Home Page 3.0

快速创建动态的网页。如果使用 Claris Home Page 软件，你可以在几分钟之内创建一个动态网页。这是因为它有一个很好的创建和编辑 Frame（框架）的工具，不必花费太多的力气就可以增加新的 Frame（框架）。而且 Claris Home Page 3.0 集成了 FileMaker 数据库，增强的站点管理特性还允许你检测页面的合法连接。不过界面设计过于粗糙，对 Image Map 图像的处理也不完全。

**2. 提高级软件**

如果你对网页设计已经有了一定的基础，对 HTML 语言又有一定的了解，那么可以选择下面的几种软件来设计网页，它们一定会为你的网页添色不少。

1) DreamWeaver

自制动态 HTML 动画的网页。DreamWeaver 是一个很酷的网页设计软件，它包括可视化编辑、HTML 代码编辑的软件包，并支持 ActiveX、JavaScript、Java、Flash、ShockWave 等特性，而且它还能通过拖拽从头到尾制作动态的 HTML 动画，支持动态 HTML（Dynamic HTML）的设计，使得页面没有 plug-in 也能够在 Netscape 和 IE 4.0 浏览器中正确地显示页面的动画。同时它还提供了自动更新页面信息的功能。

DreamWeaver 还采用了 Roundtrip HTML 技术。这项技术使得网页在 DreamWeaver 和 HTML 代码编辑器之间可以自由进行转换，HTML 句法及结构不变。这样，专业设计者可以在不改变原有编辑习惯的同时，充分享受到可视化编辑带来的益处。DreamWeaver 最具挑战性和生命力的是它的开放式设计，这项设计使任何人都可以轻易扩展它的功能。

2) HotDog Professional 5

制作要加入多种复杂技术的网页。HotDog 是较早基于代码的网页设计工具，其最具特色的是提供了许多向导工具，能帮助设计者制作页面中的复杂部分。HotDog 的高级 HTML 支持插入 marquee，并能在预览模式中以正常速度观看。这点非常难得，因为即使首创这种标签的 Microsoft 在 FrontPage 98 中也未提供这样的功能。HotDog 对 plug-in 的支持也远远超过其他产品，它提供的对话框允许以手动方式为不同格式的文件选择不同的选项。但对中文的处理不是很方便。

HotDog 是一个功能强大的软件，对于那些希望在网页中加入 CSS、Java、RealVideo 等复杂技术的高级设计者，是一个很好的选择。

3) HomeSite 4.5

制作可完全控制页面进程的网页。Allaire 的 HomeSite 3.0 是一个小巧而全能的 HTML 代码编辑器，有丰富的帮助功能，支持 CGI 和 CSS 等，并且可以直接编辑 perl 程序。HomeSite 工作界面繁简由人，根据习惯，可以将其设置成像 Notepad 那样简单的编辑窗口，也可以在复杂的界面下工作。

HomeSite 更适合那些比较复杂和精彩页面的设计。如果你希望能完全控制你制作的页面的进程，HomeSite 3.0 是最佳选择。不过对于生手过于复杂。

4) HotMetal Pro 4.0

制作具有强大数据嵌入能力的网页。HotMetal 既提供"所见即所得"图形的制作方式，又提供代码编辑方式，是一个令各层次设计者都不至于失望的软件。但是初学者需要熟知 HTML，才能得心应手地使用这个软件。HotMetal 具有强大的数据嵌入能力，利用它的数据插入向导，可以把外部的 Access、Word、Excel 以及其他 ODBC 数据提出来，放入页面中。而且 HotMetal 能够把它们自动转换为 HTML 格式，是不是很棒？此外它还能转换很多老格式的文档（如 WordStar 等），并能在转换过程中把这些文档里的图片自动转换为 GIF 格式。

HotMetal 为用户提供了"太多"的工具，而且它还可以用网状图或树状图表现整个站点文档的链接状况。

5）Fireworks

第一款彻底为 Web 制作者们设计的软件。Fireworks 是专为网络图像设计而开发的，全方位地支持网络出版功能，比如 Fireworks 能够自动切图、生成鼠标动态感应的 JavaScript。而且 Fireworks 具有十分强大的动画功能和一个几乎完美的网络图像生成器（Export 功能）。它增强了与 DreamWeaver 的联系，可以直接生成 DreamWeaver 的 Libaray，甚至能够导出为配合 CSS 式样的网页及图片。

6）Flash

Flash 是用在互联网上动态的、可互动的 Shockwave。它的优点是体积小，可边下载边播放，这样就避免了用户长时间的等待。可以用其生成动画，还可在网页中加入声音。这样就能生成多媒体的图形和界面，而使文件的体积却很小。Flash 虽然不能像一门语言那样进行编程，但用其内置的语句并结合 JavaScripe，这样就可以做出互动性很强的主页来。

## 7.4 练习

**一、名词解释**

结构设计

**二、简答**

1. 交互设计有哪些原则？

2. 视觉设计要遵循哪些原则？

3. 界面设计包括哪些内容？

4. 用户界面设计应遵循哪些原则？

**三、分析题**

应如何根据需求选用适当的网页设计工具？

# 第8章 多媒体开发工具

## 8.1 典型多媒体开发工具的特点

### 1. 多媒体开发工具简介

多媒体符合现代信息社会的应用需求。目前,多媒体应用系统丰富多彩、层出不穷,已经深入到人类学习、工作和生活的各个方面。其应用领域从教育、培训、商业展示、信息咨询、电子出版、科学研究到家庭娱乐,特别是多媒体技术与通信、网络相结合的远程教育、远程医疗、视频会议系统等新的应用领域给人类带来了巨大的变革。

与此同时,多媒体制作的开发工具也得到快速发展。多媒体开发工具是基于多媒体操作系统基础上的多媒体软件开发平台,可以帮助开发人员组织编排各种多媒体数据及创作多媒体应用软件。这些多媒体开发工具综合了计算机信息处理的各种最新技术,如数据采集技术、音频视频数据压缩技术、三维动画技术、虚拟现实技术、超文本和超媒体技术等,并且能够灵活地处理、调度和使用这些多媒体数据,使其能和谐工作,形象逼真地传播和描述要表达的信息,真正成为多媒体技术的灵魂。

### 2. 多媒体开发工具的类型

基于多媒体创作工具的创作方法和结构特点的不同,可将其划分为如下几类。

1) 基于时基的多媒体创作工具

基于时基的多媒体创作工具所制作出来的节目,是以可视的时间轴来决定事件的顺序和对象上演的时间。这种时间轴包括许多行道或频道,以使安排多种对象同时展现。它还可以用来编程控制转向一个序列中的任何位置的节目,从而增加了导航功能和交互控制。通常基于时基的多媒体创作工具中都具有一个控制播放的面板,它与一般录音机的控制面板类似。在这些创作系统中,各种成分和事件按时间路线组织。

优点:操作简便,形象直观,在一时间段内,可任意调整多媒体素材的属性,如位置、转向等。

缺点:要对每一素材的展现时间作出精确安排,调试工作量大。

典型代表:Director 和 Action。

2) 基于图标或流线的多媒体创作工具

在这类创作工具中,多媒体成分和交互队列(事件)按结构化框架或过程组织为对象。

它使项目的组织方式简化而且多数情况下是显示沿各分支路径上各种活动的流程图。创作多媒体作品时,创作工具提供一条流程线,供放置不同类型的图标使用。多媒体素材的展现是以流程为依据的,在流程图上可以对任一图标进行编辑。

优点:调试方便,在复杂的航行结构中,流程图有利于开发过程。

缺点:当多媒体应用软件规模很大时,图标及分支增多,进而复杂度增大。

典型代表:Authorware 和 IconAuthor。

3) 基于卡片或页面的多媒体创作工具

基于页面或卡片的多媒体创作工具提供一种可以将对象连接于页面或卡片的工作环境。一页或一张卡片便是数据结构中的一个节点,它类似于教科书中的一页或数据袋内的一张卡片。只是这种页面或卡片的结构比教科书上的一页或数据袋内的一张卡片的数据类型更为多样化。在基于页面或卡片的多媒体创作工具中,可以将这些页面或卡片连接成有序的序列。这类多媒体创作工具以面向对象的方式来处理多媒体元素,这些元素用属性来定义,用剧本来规范,允许播放声音元素及动画和数字化视频节目。在结构化的导航模型中,可以根据命令跳至所需的任何一页,形成多媒体作品。

优点:组织和管理多媒体素材方便。

缺点:在要处理的内容非常多时,由于卡片或页面数量过大,不利于维护与修改。

典型代表:ToolBook 和 HyperCard。

4) 以传统程序语言为基础的多媒体创作工具

需要用户编程量较大,而且重用性差、不便于组织和管理多媒体素材、调试困难,例如VB、VC、Delphi 等。

### 3. 多媒体开发工具的功能

基于应用目标和使用对象的不同,多媒体创作工具的功能将会有较大的差别。归纳起来,多媒体创作工具的功能如下。

1) 优异的面向对象的编辑环境

多媒体创作工具能够向用户提供编排各种媒体数据的环境,也就是说能够对媒体元素进行基本的信息和信息流控制操作,包括条件转移、循环、算术运算、逻辑运算、数据管理和计算机管理等。多媒体创作工具还应具有将不同媒体信息输入程序能力、时间控制能力、调试能力、动态文件输入与输出能力等。编程方法主要利用:流程结构式,先设计流程结构图,再组织素材,如 Authorware;卡片组织式,如 ToolBook。

2) 具有较强的多媒体数据 I/O 能力

媒体数据制作由多媒体素材编辑工具完成,在制作过程中经常使用原有的媒体素材或加入新的媒体素材,因此要求多媒体创作工具应具备数据输入输出能力和处理能力。另外对于参与创作的各种媒体数据,可以进行即时展现和播放,以便能够对媒体数据进行检查和确认。其主要能力表现在:能输入/输出多种图像文件,如 BMP、PCX、TIF、GIF、TAG 等;能输入/输出多种动态图像及动画文件,如 AVS、AVI、MPG 等,同时把图像文件互换;能输入/输出多种音频文件,如 Waveform、CD-Audio、MIDI 等;具有 ODBC 数据库文件功能。

3) 动画处理能力

为了制作和播放简单动画,利用多媒体创作工具可以通过程序控制实现显示区的位块移动和媒体元素的移动。多媒体创作工具也能播放由其他动画软件生成的动画的能力,以及通过程序控制动画中的物体的运动方向和速度,制作各种过渡等,如移动位图、控制动画的可见性、速度和方向;其特技功能指淡入淡出、抹去、旋转、控制透明及层次效果等。

4) 超链接能力

超链接能力是指一个对象跳到另一个对象、程序跳转、触发、连接的能力。从一个静态对象跳到另一个静态对象,允许用户指定跳转链接的位置,允许从一个静态对象跳到另一个基于时间的数据对象。

5) 应用程序的链接能力

多媒体创作工具能将外界的应用控制程序与所创作的多媒体应用系统链接。也就是一个多媒体应用程序可激发另一个多媒体应用程序并加载数据,然后返回运行的多媒体应用程序。多媒体应用程序能够调用另一个函数处理的程序。

(1) 可建立程序级通信(Dynamic Data Exchange,DDE)。

(2) 可运用对象的链接和嵌入(Object Lingking and Embedding,OLE)。

6) 模块化和面向对象

多媒体创作工具应能让开发者编成模块化程序,使其能"封装"和"继承",让用户能在需要时使用。通常的开发平台都提供一个面向对象的编辑界面,使用时只需根据系统设计方案就可以方便地进行制作。所有的多媒体信息均可直接定义到系统中,并根据需要设置其属性。总之,应具有能形成安装文件或可执行文件的功能,并且在脱离开发平台后能运行。

7) 友好的界面,易学易用

多媒体创作工具应具有友好的人机交互界面。屏幕展现的信息要多而不乱,即多窗口、多进程管理。应具备必要的联机检索帮助和导航功能,使用户在上机时尽可能不凭借印刷文档就可以掌握基本使用方法。多媒体创作工具应该操作简便,易于修改,菜单与工具布局合理,且具有强大的技术支持。

### 4. 多媒体开发工具的特征

多媒体开发工具有如下特征。

1) 编辑特性

在多媒体创作系统中,常包括一些编辑正文和静态图像的编辑器。

2) 组织特性

多媒体的组织、设计与制作过程涉及编写脚本及流程图。某些创作工具提供可视的流程图系统,或者在宏观上用图表示项目结构的工具。

3) 编程特性

多媒体创作系统通常提供下述方法:提示和图标的可视编程、脚本语言编程、传统的工具,如 Basic 语言或 C 语言编程;文档开发工具。

借助图符进行可视编程大多数是最简单和最容易的创作过程。如果用户打算播放音频或者把一个图片放入项目中,只要把这些元素的图符"拖进"播放清单中即可,或者把它拖出来以删除它。像 Action、Authorware、IconAuthor 这样一些可视创作工具对放幻灯片和展示特别有用。创作工具提供脚本语言供导向控制之用,并使用户的输入功能更强,如 HyperCard、SuperCard、Macromedia、Director 及 Tool 一样。脚本语言提供的命令和功能越多,创作系统的功能就越强。HyperCard是一种基本的脚本创作语言。

功能很强的文档参照与提交系统是某些项目的关键部分。某些创作系统提供预格式化的正文输入、索引功能、复杂正文查找机构,以及超文本链接工具。

4) 交互式特性

交互式特性使项目的最终用户能够控制内容和信息流。创作工具应提供一个或多个层次的交互特性。

简单转移:通过按键、鼠标或定时器超时等,提供转移到多媒体产品中另外一部分的能力。

条件转移:根据if-then的判定或事件的结果转移,支持goto语句。

结构化语言:支持复杂的程序设计逻辑,如嵌套的if-then、子程序、事件跟踪,以及在对象和元素中传递信息的能力。

5) 性能精确特性

复杂的多媒体应用常常要求事件精确同步。因为用于多媒体项目开发和提交的各种计算机性能差别很大,要实现同步是有难度的。某些创作工具允许用户把产品播放的速度锁死到某一个特定的计算机上,但其他什么功能也不提供。在很多情况下,我们需要使用自己创作的脚本语言和传统的编程工具,再由处理器构成系统的定时和定序。

6) 播放特性

在制作多媒体项目的时候,要不断地装配各种多媒体元素并不断测试它,以便检查装配的效果和性能。

创作系统应具有建立项目的一个段落或一部分并快速测试的能力。测试时就好像用户在实际使用它一样,一般需要花大量的时间在建立和测试间反复进行。

7) 提交特性

提交项目的时候,可能要求使用多媒体创作工具建立一个运行版本。

运行版本允许播放用户的项目,而不需要提供全部创作软件及其所有的工具和编辑器。通常,运行版本不允许用户访问或改变项目的内容、结构和程序。出售的项目就应是运行版本的形式。

## 8.2 多媒体开发工具之间的比较

### 1. Authorware

Authorware Professional的著作环境主要是由11个图符组成的图符界面,这些图符用来操作媒体和设置应用程序的逻辑。

Display:将文本和图形放在屏幕上。

Animation:在屏幕上沿直线或曲线路径移动图像。

Erase:将屏幕上的项去掉。

Wait、Decision、Interaction:控制应用程序的流程,包括分支、循环和延时。

Calculation:完成数学计算,管理系统变量,也可用来调用包括用户定义的过程在内的特殊函数,或跳到其他文件或应用程序。

Map：将流程图的一段紧缩为一个单独的图形。

Movie、Sound、Video：操作多媒体对象，还可用在不被多媒体 Windows 支持的外设上。

这 11 个图符很小，并且是黑白的，这种精简的形象化表示具有强大的功能。其工作方式是通过选择这些图符构成应用程序的流程图来制作产品。

Authorware 不提供滚动条，故所设计的流程图不超过一屏，但这并不妨碍用户插入更多的图符，这是因为有 Map icon 的缘故，它是 Authorware 能够生成含标准组件的应用程序的强有力的工具。在制作过程中，可将流程图中的一段紧缩为一个单独的图形，方法是指定一段流程图，再在屏幕左边选 Map icon，即完成紧缩；需要查看其内容时，在这个图形上双击就打开一个新窗口释放该图形的内容。这不仅方便用户概要地观察自己的应用程序，重要的是它可生成标准的组件存起来，可在其他应用程序中复用。因此，Authorware 要求用户仅操作一个大的应用程序的小的、可管理的部分，而非同时管理所有细节，这种方式更有利于应用程序的开发。

Authorware 的另一独特性能是可将一应用程序编译为一个独立的、可在 Windows 下运行的 .exe 文件。

Authorware Professional 的售价很高，是一个产业级的著作工具；它易学，无需编程，便于制作和管理。由于按流程图的方式制作，要求用户有一定的程序设计经验。

### 2. IconAuthor

与 Authorware 一样，IconAuthor 也采用一种形象化的方法在 PC 上制作多媒体产品，其过程是先建立结构（即流程图），再往结构中添加内容。IconAuthor 的图符有 50 个之多。

例如，若应用程序需要在屏上显示一图像，就在屏幕左边的滚动条上选 Display icon，将它拖到工作区后放下；还可加一个 Input icon 让应用程序在进行到下一步之前等待按键。这个过程自动地将所添加的图形连接成应用程序的形象化流程图。流程图上可继续添加新图符或删除图符，也可把一段图定义为一个块，进行删除、复制、拼贴等块操作。

流程图定义了多媒体元素的流动过程。在图形上添加内容时，在该图符上连点击两下，就可打开一对话盒，定义诸如暂停时间长度、启动下一活动的事件类等内容。

IconAuthor 有足够的工具用来开发交互式应用程序。IconAuthor 的 50 个图形表示为 7 个功能组，用纸夹表示，它们分别是：Flow、Input、Output、Data、Multimedia、Custom 和 Extensions。

Flow 夹包括典型的程序流控制的图形，如 menus、if-then branches 和 loops。

Input 图形可用于设计配合用户输入的应用程序。

Output 图形则管理在屏幕上显示图像、图形、文本，在打印机或硬盘上输出等。

Data 夹含有管理变量的图形，如读写磁盘文件上的值，处理 dBase 文件和变量系统。

Multimedia 夹不仅包含支持多媒体 Windows 的图形，其中对多媒体 Windows 的支持仅有一个 MCI icon，其他图形处理 IconAuthor 直接支持的视频和音频功能。

Custom 夹包含一组预制的 MCI 程序，可用于添加访问 CD-audio，MIDI 和 Waveform 音频元素的序列。

Extensions 夹包含的图形有下列功能：DDE 和 DLL 支持，控制通过串行口的扩展外设和管理子程序。

在开发应用程序的过程中,IconAuthor 的菜单选项还提供很有帮助的工具。例如,可用 Zoom 来移进移出流程图,若流程图较屏幕过宽或过长的话,就会出现滚动条;开发时还可在同时打开一个以上的应用程序流程图,两个窗口之间可进行图形块的复制、拼贴。

Aim Tech 提供一个运行时模式供应用程序运行时使用。

IconAuthor 无疑是一个高级的、功能丰富的著作工具。由于它价格也相对高,适合有大量应用程序开发的大单位使用。IconAuthor 也同样要求用户有一定的程序设计经验。

### 3. Action

与前两个著作工具截然不同,Action 是一个典型的基于场景设计(即基于卡片的)的著作工具。Action 的用户界面十分友好,很容易掌握。用 Action 制作的多媒体应用程序称为作品,作品由一幕幕的场景(Scence)构成,场景的展现顺序由用户定义,场景之间是一种超链接的关系。

在它的工具箱中,列出了能加到场景中的对象(Object),包括文本、图形、图表、声音、动画和视频等。特别要指出的是,像文本、图形、图表这样的静态对象,在 Action 中可以被施以动作,达到炫目的视觉效果,例如,用户可以定义一段文字以某种特技动作进入场景、以什么方式显示在屏幕上,还可以定义文字退出场景时的特技动作。此特性可以令用户制作出更为生动有趣的作品,这也许是该工具所以被称为 Action 的原因吧。

此外,在场景中还可以加入交互类对象,如按钮,这样就能够让最终的用户自己控制演示过程,这在制作培训/教育类的应用程序时是十分必要的。

多媒体应用程序所要解决的一个重要问题是如何定义多媒体对象间的时序关系,Action 很好地解决了这一问题。在 Action 中有一个叫做"Timeline(时间轴)"的窗口,它是用来直观的编辑多媒体对象间的时序关系的。窗口中每一个矩形代表一个多媒体对象,矩形左边代表该对象进入时间,右边代表退出时间。在作品播放过程中,若某个对象的进入时间到了,就开始播放这个对象,若退出时间到了,就停止播放这个对象,用户可以在时间轴上拖动对象来定义对象出现的时序。

### 4. ToolBook

ToolBook 是一个高水平的基于 Windows 的编程环境,是制作超文本应用的良好工具。Multimedia ToolBook 是美国 Asymetrix 公司推出的 ToolBook 的扩充版,主要是利用多媒体 Windows,加入了访问 CD-ROM、sound、video、animator files 的命令。

开始使用 Multimedia ToolBook 时,会感到其界面相当容易,但要掌握其原理就颇费一番功夫。其基本概念是:在屏幕上画出各种各样的对象,然后生成潜在的"脚本"——它在给定对象以某种方式被选中或触发时引发一个或多个结果。这些脚本事实上是用 OpenScript 编写的小段程序,OpenScript 是 ToolBook 的编程语言。

Multimedia ToolBook 按书的结构组织应用程序,每一屏被描述为一页,在每页内可有多级的对象,它们被进一步分为前景和背景,背景的设置在用户想使生成的一系列页(屏)共享一些通用元素,如一个图像或像 Next、Quit 这样的命令按钮时,会显得很方便、有用。

举个例子,应用程序中有一段是:按一个按钮后程序进到下一页,用 Multimedia ToolBook 的著作过程是:①生成一个按钮,可以简单地从工具盒中选择 Button 工具,将它画到屏幕上,然后编辑此对象(按钮)的性能/参数,包括按钮的类型(如三维、阴影等)和用以标记按钮的其上面的文字;②为按钮建一脚本,用 Button Up 句柄来触发此脚本运行,脚本如下:

```
to handle Button Up
send next
end Button Up
```

此脚本很简单,复杂的要写好几屏。

Multimedia ToolBook 擅长超文本应用,因为它有生成热词等的特殊性能。因为有热词,在一页的文本中选一个单词或词组并为它写一脚本,就可制作可触发术语的弹出式解释这种形式的应用程序。

Multimedia ToolBook 提供通过 MCI 函数调用对多媒体 Windows 性能的访问,但必须了解和理解它们,因为必须在脚本里写有关调用,且无提示,况且语法和序列也不全是直观的。

因为需要掌握 OpenScript,这点会使非程序员却步。

ToolBook 也有一运行时软件包。

Multimedia ToolBook 是一个灵活、通用的开发系统,面向那些懂一点编程但又不愿花时间用 C 那样完整的语言的人。

### 5. Ark

清华大学计算机科学与技术系承担的有关国家科技攻关任务涉及多媒体著作工具的研究,先后研制出 DOS、Windows 3.1 和 Windows 95 环境下的著作工具,其中 1996 年研制的 PWindows 95 下的著作工具 Ark 在数据管理、对象同步、用户界面等方面有着较为充分的考虑。

Ark 首先应用于国家八五科技公关成果多媒体演示系统的制作。八五结束前夕,按以往(如七五结束时)的做法,将举办大型展览会进行成果汇报,这种做法耗资巨大,前往参观的人数和展览持续的时间都很有限,因此,国家计委决定采用多媒体技术作八五攻关成果展示。该系统工期短(1996 年 2 月—1996 年 9 月)、数据量巨大(100GB 以上)、演示质量要求高、内容变化大(随时根据领导意图、创意要求等作修改),现有著作工具的许多固有缺陷也难以用于开发这样的大型演示系统,Ark 很好地满足了这些特定要求,成为该系统的核心开发工具。

超媒体结构能够直接反映人类联想式思维的特点,Ark 就是基于超媒体模型设计的,演示内容以"页"为单位组织起来,它相当于超媒体结构中的"节点",没有时间和容量的限制;一页就相当于一个容器,里面包含一个对象链表、背景信息和链接关系信息。对象链表是页中最重要的数据结构,上面挂着一些数据对象和控制对象;背景信息包括背景的样式、颜色等;链接关系信息是一个指针,指明本页播放完后将自动跳转到哪一页去。著作工具的主界面就是围绕页的制作设计的。

Ark 的主要特点如下。

(1) 运行于 Windows 95 简体中文版,提供直观的可视化集成编辑环境,简单易学,非专业人员不用编程就可以制作多媒体演示系统。

（2）完善方便的项目管理，可以有效地管理大型多媒体演示系统的数据，极大地减轻了系统维护的负担，并可支持多个作者在分布式环境下同时编著演示系统。

（3）编辑功能完备强大，并有直观的时间轴窗口定义对象的进入退出时间。

（4）提供六种数据对象，可以处理文本、图形、图像、声音、视频、动画等数据类型，在数据处理上的特点有：文字、图形、图像这些静态对象可以定义丰富的进入、退出效果；图像对象以背景透明方式显示不规则形状的位图，还可以定义动画效果，使静止的演示画面活动起来；文字对象可以定义字幕效果；视频对象可以在任意尺寸和不规则窗口中显示。

（5）提供按钮和编辑框两种交互对象，有五种风格的按钮对象，可选的多种预定义动作，并可用内置的面向对象的 ArkScript 语言编写程序以定义复杂动作，此特点与时间轴窗口一起完美地实现了直观编辑与灵活控制的结合。

（6）强大的导航功能，提供导航图方便作者把握系统的整体结构，让用户直观选择要观看的内容，并提供书签等导航功能。

## 8.3　练习

**一、名词解释**

多媒体开发工具

**二、简答**

1. 多媒体开发工具包括哪几类？

2. 请介绍两种多媒体开发工具，并进行比较。

**三、分析题**

请详细分析多媒体开发工具的特征与功能。

# 第9章

# 测试工具

## 9.1 测试工具的分类

软件测试工具就是通过一些工具能够使软件的一些简单问题直观地显示在读者的面前,这样能使测试人员更好地找出软件错误的所在。软件测试工具存在的价值是为了提高测试效率,用软件来代替一些人工输入。

人类的进步是从会制造工具和使用工具开始的,作为 IT 行业,也不例外。针对测试近几年来风靡的新兴"工种",其测试工具的发展和应用已经进入相对"成熟化"。标准化和流程化的系统可以采用现有的工具,而最好的测试工具就是自己编写的工具,针对性强、效率高,又体现了自我价值和能力。只是认可度和回报率很难得到验证。但随着技术的发展,相信会有更多的测试工具应运而生。现在当务之急是如何选择对企业或是项目最有效、有切实可行、针对性强的测试工具。

测试工具可以从两个不同的方面去分类。

根据测试方法不同,分为白盒测试工具和黑盒测试工具。

根据测试的对象和目的,分为单元测试工具、功能测试工具、负载测试工具、性能测试工具和测试管理工具。

一般而言,我们将软件测试工具分为白盒测试工具、黑盒测试工具、功能测试工具、性能测试工具、测试管理工具等几大类。

### 1. 白盒测试工具

白盒测试工具一般是针对代码进行测试,测试中发现的缺陷可以定位到代码级,根据测试工具原理的不同,又可以分为静态测试工具和动态测试工具。

1) 静态测试工具

静态测试工具直接对代码进行分析,不需要运行代码,也不需要对代码编译链接,生成可执行文件。静态测试工具一般是对代码进行语法扫描,找出不符合编码规范的地方,根据某种质量模型评价代码的质量,生成系统的调用关系图等。

静态测试工具的代表有 Telelogic 公司的 Logiscope 软件、PR 公司的 PRQA 软件。

2) 动态测试工具

动态测试工具与静态测试工具不同,动态测试工具的一般采用"插桩"的方式,向代码生成的可执行文件中插入一些监测代码,用来统计程序运行时的数据。其与静态测试工具最大的不同就是动态测试工具要求被测系统实际运行。

动态测试工具分为结构测试与功能测试。在结构测试中常采用语言测试、分支测试和路径测试。作为动态测试工具,它应该能使所测试程序在受控的情况下运行,自动地监视、记录、统计程序的运行情况。其方法是在所测试的程序中插入检测各远距的执行次数、各分支点、各路径的探针,以便统计各种覆盖情况。

动态测试工具的代表有 Compuware 公司的 DevPartner 软件、Rational 公司的 Purify 系列。

### 2. 黑盒测试工具

黑盒测试工具适用于黑盒测试的场合,黑盒测试工具包括功能测试工具和性能测试工具。黑盒测试工具的一般原理是利用脚本的录制(Record)/回放(Playback),模拟用户的操作,然后将被测系统的输出记录下来同预先给定的标准结果比较。黑盒测试工具可以大大减轻黑盒测试的工作量,在迭代开发的过程中,能够很好地进行回归测试。

黑盒测试工具的代表有 Rational 公司的 TeamTest、Robot,Compuware 公司的 QACenter,另外,专用于性能测试的工具包括有 Radview 公司的 WebLoad、Microsoft 公司的 WebStress 等工具。

### 3. 功能测试工具

(1) Rational Robot:功能测试工具。IBM Rational Robot 是业界最顶尖的功能测试工具,它甚至可以在测试人员学习高级脚本技术之前帮助其进行成功的测试。它集成在测试人员的桌面 IBM Rational TestManager 上,在这里测试人员可以计划、组织、执行、管理和报告所有测试活动,包括手动测试报告。这种测试和管理的双重功能是自动化测试的理想开始。

(2) SilkTest:是 Borland 公司所提出软件质量管理解决方案的套件之一。这个工具采用精灵设定与自动化执行测试,无论是程序设计新手或资深的专家都能快速建立功能测试,并分析功能错误。

(3) JMeter:JMeter 是 Apache 组织的开放源代码项目,它是功能和性能测试的工具,100%用 Java 实现。

(4) E-Test:功能强大,由于不是采用 POST URL 的方式回放脚本,所以可以支持多内码的测试数据(当然要程序支持),基本上可以支持大部分的 Web 站点。

(5) MI 公司的 WINRUNNER。

(6) Compuware 公司的 QARUN。

(7) Rational 公司的 SQA ROBOT。

### 4. 性能测试工具

(1) 首推 LoadRrunner,工业标准级负载测试工具。也是现在搞性能测试不可或缺的必备工具。通过以模拟上千万用户实施并发负载及实时性能监测的方式来确认和查找问题,LoadRunner 能够对整个企业架构进行测试。通过使用 LoadRunner,企业能最大限度地缩短测试时间,优化性能和加速应用系统的发布周期。

(2) WebLoad:Webload 是 RadView 公司推出的一个性能测试和分析工具,它让 Web 应用程序开发者自动执行压力测试;Webload 通过模拟真实用户的操作,生成压力负载来测试 Web 的性能。

### 5. 测试管理工具

测试管理工具用于对测试进行管理。一般而言,测试管理工具对测试计划、测试用例、测试实施进行管理,并且,测试管理工具还包括对缺陷的跟踪管理。

测试管理工具的代表有 Rational 公司的 Test Manager、Compureware 公司的 TrackRecord 等软件。

TestDirector:全球测试管理系统。TestDirector 是业界第一个基于 Web 的测试管理系统,一个用于规范和管理日常测试项目工作的平台。它将管理不同开发人员,测试人员和管理人员之间的沟通调度,项目内容管理和进度追踪。而且,Mercury 的测试管理软件 TestDirector,是一个集中实施、分布式使用的专业的测试项目管理平台软件。

SilkCentral Test Manager(SilkPlan Pro):一个完整的测试管理软件,用于测试的计划、文档和各种测试行为的管理。它提供对人工测试和自动测试的基于过程的分析、设计和管理功能,此外,还提供了基于 Web 的自动测试功能。这使得 SilkPlan Pro 成为 Segue Silk 测试家族中的重要成员和用于监测的解决方案。在软件开发的过程中,SilkPlan Pro 可以使测试过程自动化,节省时间,同时帮助你回答重要的业务应用面临的关键问题。

QA Director:分布式的测试能力和多平台支持,能够使开发和测试团队跨越多个环境控制测试活动,QA Director 允许开发人员、测试人员和 QA 管理人员共享测试资产,测试过程和测试结果、当前的和历史的信息。从而为客户提供了最完全彻底的、一致的测试。

### 6. 其他测试工具

除了上述的测试工具外,还有一些专用的测试工具。

(1) 压力测试:MI 公司的 WINLOAD、Compuware 公司的 QALOAD 和 Rational 公司的 SQA LOAD。

(2) 负载测试:LOADRUNNER 和 Rational Visual Quantify。

(3) Web 测试工具:MI 公司的 ASTRA 系列和 RSW 公司的 E-Test Suite 等。

(4) Web 系统测试工具:WORKBENCH 和 Web Application Stress Tool(WAS)。

(5) 数据库测试工具:TESTBYTES。

(6) 回归测试工具:Rational Team Test 和 WINRUNNER。

(7) 嵌入式测试工具有如下几种:

- ATTOLTESTWARE 是 ATTOLTESTWARE 公司的自动生成测试代码的软件测试工具,特别适用于嵌入式实时应用软件单元和通信系统测试。
- CODETEST 是 AppliedMicrosystemsCorp 公司的产品,是广泛应用的嵌入式软件在线测试工具。
- GammaRay 系列产品主要包括软件逻辑分析仪 GammaProfiler、可靠性评测工具 GammaRET 等。

- LogiScope 是 TeleLogic 公司的工具套件，用于代码分析、软件测试、覆盖测试。
- LynxInsure++ 是 LynxREAL-TIMESYSTEMS 公司的产品，基于 LynxOS 的应用代码检测与分析测试工具。
- MessageMaster 是 ElviorLtd 公司的产品，测试嵌入式软件系统工具，向环境提供基于消息的接口。
- VectorCast 是 VectorSoftware. Inc 公司的产品，由 6 个集成的部件组成，自动生成测试代码，为主机和嵌入式环境构造可执行的测试架构。

(8) 系统性能测试工具：Rational Performance。

(9) 页面链接测试：Link Sleuth。

(10) 测试流程管理工具：Test Plan Control。

(11) 缺陷跟踪工具：TrackRecord 等。

(12) 其他测试工具包：

- Test Vector Generation System 是 T-VEC Technologies 公司的产品。提供自动模型分析、测试生成、测试覆盖分析和测试执行的完整工具包，具有方便的用户接口和完备的文档支持。
- Test Quest Pro 是 Test Quest 公司的非插入码式的自动操纵测试工具，提供一种高效的自动检测目标系统，获取其输出性能的测试方法。
- Test Works 是 Software Research 公司的一整套软件测试工具，既可单独使用，也可捆绑销售使用。

## 9.2　测试工具的选择

面对如此多的测试工具，对工具的选择就成了一个比较重要的问题，是白盒测试工具还是黑盒测试工具，是功能测试工具还是负载测试工具。即使在特定的一类工具中，也需要从众多的不同产品中做出选择。

### 1. 选择因素

在考虑选用工具的时候，建议从以下几个方面来权衡和选择。

1) 功能

功能是我们最关注的内容，选择一个测试工具首先就是看它提供的功能。当然，这并不是说测试工具提供的功能越多就越好，在实际的选择过程中，适用才是根本。"钱要花在刀刃上"，为不需要的功能花费金钱实在不是明智的行为。事实上，目前市面上同类的软件测试工具之间的基本功能都是大同小异，各种软件提供的功能也大致相同，只不过有不同的侧重点。例如，同为白盒测试工具的 Logiscope 和 PRQA 软件，它们提供的基本功能大致相同，只是在编码规则、编码规则的定制、采用的代码质量标准方面有不同。

除了基本的功能之外，以下的功能需求也可以作为选择测试工具的参考。

(1) 报表功能：测试工具生成的结果最终要由人进行解释，而且，查看最终报告的人员不一定对测试很熟悉，因此，测试工具能否生成结果报表，能够以什么形势提供报表是需要考虑的因素。

（2）测试工具的集成能力：测试工具的引入是一个长期的过程，应该是伴随着测试过程改进而进行的一个持续的过程。因此，测试工具的集成能力也是必须考虑的因素，这里的集成包括两个方面的意思，首先，测试工具能否和开发工具进行良好的集成；其次，测试工具能够和其他测试工具进行良好的集成。

（3）操作系统和开发工具的兼容性：测试工具可否跨平台，是否适用于公司目前使用的开发工具，这些问题也是在选择一个测试工具时必须考虑的问题。

2）价格

除了功能之外，价格就应该是最重要的因素了。测试工具的价格并不是真的昂贵到不能承受的程度，例如，Numega 的 DevPartner，一个固定 license 是两万多元人民币，对一个中型的公司来说完全可以承受。

3）测试自动化

测试工具引入的目的是测试自动化，引入工具需要考虑工具引入的连续性和一致性。测试工具是测试自动化的一个重要步骤之一，在引入/选择测试工具时，必须考虑测试工具引入的连续性。也就是说，对测试工具的选择必须有一个全盘的考虑，分阶段、逐步的引入测试工具。

4）选择适合于软件生命周期各阶段的工具

测试的种类随着测试所处的生命周期阶段的不同而不同，因此为软件生命周期选择其所使用的恰当工具就非常必要。如程序编码阶段可选择 Telelogic 公司的 Logiscope 软件、Rational 公司的 Purify 系列等；测试和维护阶段可选择 Compuware 的 Dev2Partner 和 Telelogic 的 Logiscope 等。

使用了测试工具，并不是说已经进行了有效测试，测试工具通常只支持某些应用的测试自动化，因此在进行软件测试时常用的做法是，使用一种主要的自动化测试工具，然后用传统的编程语言如 Java、C++、Visual Basic 等编写自动化测试脚本以弥补测试工具的不足。

### 2. 选择步骤

对测试工具的选择必须有一个全盘的考虑，分阶段、逐步地引入测试工具。一般来说，对软件测试工具的选择主要包括以下几个步骤，如图 9-1 所示。

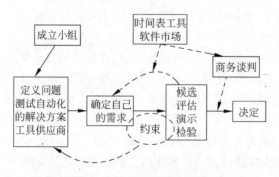

图 9-1　测试工具选择步骤

（1）成立小组负责测试工具的选择和决策，制定时间表。

（2）确定自己的需求，研究可能存在的不同解决方案，并进行利弊分析。

（3）了解市场上满足自己需求的产品,包括基本功能、限制、价格和服务等。

（4）根据市场上产品的功能、限制和价格,结合自己的开发能力、预算、项目周期等因素决定是自己开发还是购买。

（5）对市场上的产品进行对比分析,确定 2～3 种产品作为候选产品。

（6）请候选产品的厂商来介绍、演示、并解决几个实例。

（7）初步确定。

（8）商务谈判。

（9）最后决定。

## 9.3　典型测试工具的介绍

### 1. 功能测试工具 WinRunner

WinRunner 是 Mercury 公司开发的一种用于检验应用程序能否如期运行的企业软件功能测试工具。通过自动捕获、检测和模拟用户交互操作,WinRunner 能识别出绝大多数软件功能缺陷,从而确保那些跨越了多个功能点和数据库的应用程序在发布时尽量不出现功能性故障。

WinRunner 的特点在于:与传统的手工测试相比,它能快速、批量地完成功能点测试;能针对相同测试脚本,执行相同的动作,从而消除人工测试所带来的理解上的误差;此外,它还能重复执行相同动作,测试工作中最枯燥的部分可交由机器完成;它支持程序风格的测试脚本,一个高素质的测试工程师能借助它完成流程极为复杂的测试,通过使用通配符、宏、条件语句、循环语句等,还能较好地完成测试脚本的重用;它针对于大多数编程语言和Windows 技术,提供了较好的集成、支持环境,这对基于 Windows 平台的应用程序实施功能测试而言带来了极大的便利。

WinRunner 的工作流程大致可以分为以下 6 个步骤。

1）识别应用程序的 GUI

在 WinRunner 中,我们可以使用 GUI Spy 来识别各种 GUI 对象,识别后,WinRunner会将其存储到 GUI Map File 中。它提供两种 GUI Map File 模式:Global GUI Map File 和GUI Map File per Test。其最大区别是后者对每个测试脚本产生一个 GUI 文件,它能自动建立、存储、加载,推荐初学者选用这种模式。但是,这种模式不易于描述对象的改变,其效率比较低,因此对于一个有经验的测试人员来说前者不失为一种更好的选择,它只产生一个共享的 GUI 文件,这使得测试脚本更容易维护,且效率更高。

2）建立测试脚本

在建立测试脚本时,一般先进行录制,然后在录制形成的脚本中手工加入需要的 TSL（与 C 语言类似的测试脚本语言）。录制脚本有两种模式:Context Sensitive 和 Analog,选择依据主要在于是否对鼠标轨迹进行模拟,在需要回放时一般选用 Analog。在录制过程中,这两种模式可以通过按 F2 键相互切换。

只要看看现代软件的规模和功能点数就可以明白,功能测试早已跨越了单靠手工敲键盘、点鼠标就可以完成的阶段。而性能测试则是控制系统性能的有效手段,在软件的能力验证、能力规划、性能调优、缺陷修复等方面都发挥着重要作用。

3) 对测试脚本除错(Debug)

在 WinRunner 中有专门一个 Debug Toolbar 用于测试脚本除错。可以使用 step、pause、breakpoint 等来控制和跟踪测试脚本和查看各种变量值。

4) 在新版应用程序执行测试脚本

当应用程序有新版本发布时,我们会对应用程序的各种功能包括新增功能进行测试,这时当然不可能再来重新录制和编写所有的测试脚本。我们可以使用已有的脚本,批量运行这些测试脚本测试旧的功能点是否正常工作。可以使用一个 call 命令来加载各测试脚本。还可在 call 命令中增加各种 TSL 脚本来提高批量能力。

5) 分析测试结果

分析测试结果在整个测试过程中最重要,通过分析可以发现应用程序的各种功能性缺陷。当运行完某个测试脚本后,会产生一个测试报告,从这个测试报告中我们能发现应用程序的功能性缺陷,能看到实际结果和期望结果之间的差异,以及在测试过程中产生的各类对话框等。WinRunner 通过交互式的报告工具来提供详尽的、易读的报告,会列出测试中发现的错误内容、位置、检查点和其他重要事件,帮助对测试结果进行分析。这些测试结构还可以通过 MI 自己的测试管理工具 TestDirector 来查阅。

6) 回报缺陷(Defect)

在分析完测试报告后,按照测试流程要回报应用程序的各种缺陷,然后将这些缺陷发给指定人,以便进行修改和维护。

### 2. 性能优化工具 EcoScope

EcoScope 是一套定位于应用(即服务提供者本身)及其所依赖的所有网络计算资源的解决方案。EcoScope 可以提供应用视图,并标出应用是如何与基础架构相关联的。这种视图是其他网络管理工具所不能提供的。EcoScope 能解决在大型企业复杂环境下分析与测量应用性能的难题。通过提供应用的性能级别及其支撑架构的信息,EcoScope 能帮助 IT 部门就如何提高应用性能提出多方面的决策方案。

EcoScope 使用综合软件探测技术无干扰地监控网络,可自动发现应用、跟踪在 LAN/WAN 上的应用流量、采集详细的性能指标。EcoScope 将这些信息关联到一个交互式用户界面(Interactive Viewer)中,自动识别低性能的应用、受影响的服务器与用户、性能低下的程度。Interactive Viewer 允许以一种智能方式访问大量的 EcoScope 数据,所以能很快地找到性能问题的根源,并尽快解决令人烦恼的性能问题。

EcoScope 的应用主要表现在以下几个方面。

1) 确保成功部署新应用

EcoScope 允许使用从运行网络中采集到的实际数据来创建一个测试环境。利用此环境,可以在不影响其他应用的情况下,测量新应用在已存架构中的适应性(即网络能力),还可测量出与网络共享资源的可交互性。它能揭示性能问题,如低伸缩性或瓶颈,能调整应用和定位基础架构上的缺陷。一旦性能得到了提高,EcoScope 可以重新评估,验证应用是否达到了预期目的。这些指标数据可用来作为布署应用的基准,以确保达到预期目标。

2）维护性能的服务水平

EcoScope 性能评分卡（Scorecard）以图形方式按时间周期显示响应时间和流量，以及受影响的关键服务器和最终用户，能很容易地显示出关键应用每时每刻是如何运行的，以及它们是否达到了预期的服务水平。对于必须满足服务水平协议（SLAs）的应用，EcoScope 能为之设置性能要求，并监控是否有偏离。如果一个应用超出了性能的上下限 EcoScope 将认为服务水平异常，并根据受影响用户的数量和性能降低的时间长短细分问题的严重程度。这些信息使你的 IT 维护人员能优先关注对业务影响最大的的应用问题。

3）加速问题检测与纠正的高级功能

EcoScope 通过收集三类指标数据提供应用性能的完全视图：会话层响应时间、业务交易响应时间和应用流量，更好地分析与排除应用的性能问题。

4）定制视图有助于高效地分析数据

EcoScope 将信息关联起来并显示到一个单一的交互式用户界面上，它允许用户灵活地创建逻辑数据视图，能以最有用和有效的方式来分析信息。另外，EcoScope 能把历史信息导出到建模和仿真工具，这些工具可描绘发展趋势和模拟未来的增长。

### 3. PC-LINT

PC-LINT 是 C/C++软件代码静态分析工具。它不仅可以检查出一般的语法错误，还可以检查出不易被发现而潜在的非语法错误。

PC-LINT 主要进行更严格的语法检查功能，还完成相当程度的语义检查功能。可以这样认为：PC-LINT 是一个更加智能、更加严格的编译器。PC-LINT 在实现语法和某些语义规则检查时，是通过参数配置完成的，它的选项就有数百个之多，因此，在使用 PC-LINT 的过程中，了解选项的含义也很重要。

PC-LINT 能够帮助测试人员在程序动态测试之前发现编码错误，这大大降低了消除错误的成本。

### 4. VectorCAST

VectorCAST 是一种动态分析工具，主要功能是分析被测程序中每个语句的执行次数，主要包括两个部分。

（1）检测部分。在被分析的程序部分插入检测语句，当程序执行时，这些语句收集和整理有关每个语句执行次数的信息。

（2）显示部分。它汇集检测语句提供的信息，并以某种容易理解的形式打印出这些信息。

VectorCAST 能够扫描 Ada 语言、C/C++语言和嵌入式 C++语言源代码，自动生成宿主机和嵌入环境可执行的测试架构。其中“动态分析-代码覆盖率”工具通过一套或多套测试实例数据，向用户显示已执行的源代码线路或源代码分支指令，生成的报告向客户显示其成套测试程序的完整性，并且向客户提交未覆盖的代码，客户很容易返回到设计测试实例中，去执行未覆盖的代码部分。

### 5. 数据库测试数据自动生成工具——TestBytes

在数据库开发的过程中，为了测试应用程序对数据库的访问，应当在数据库中生成测试用例数据,我们可能会发现当数据库中只有少量数据时,程序可能没有问题,但是当真正投入到运用中产生了大量数据时就出现问题了,这往往是因为程序的编写没有达到,所以一定及早地通过在数据库中生成大量数据来帮助开发人员完善这部分功能和性能。

　　TestBytes 是一个用于自动生成测试数据的强大易用的工具,通过简单的点击式操作,就可以确定需要生成的数据类型(包括特殊字符的定制),并通过与数据库的连接来自动生成数百万行正确的测试数据,可以极大地提高数据库开发人员、QA 测试人员、数据仓库开发人员、应用开发人员的工作效率。

### 6. WebKing

　　WebKing 是一种基于 Web 应用的测试工具,用以帮助开发人员防止和检测多层次 Web 应用中的错误。

　　WebKing 的白盒测试用例对表格对象自动生成一组用户输入,然后显示生成的目录和动态页,分析网站的结构,找到测试的最佳途径。简单的操作,WebKing 就可以自动测试每一个静态和动态网页,并发现其构造错误。另外,WebKing 还可以检查所有的链接。

　　WebKing 执行黑盒测试以保证网站应用能满足功能要求,它的路径视图显示所有潜在的路径。可以建立自己的测试用例以测试特定的路径。

　　独特的 RuleWizard 特性让用户使用图形脚本语言建立监视动态网页内容的规则。虽然某些动态网页的内容依赖于用户输入,RuleWizard 将标识出不变的部分。

　　当每次修改网站时,WebKing 能够自动执行回归测试,如果发现问题,会取消发布修改的内容。当发布时,WebKing 自动显示动态页,验证页面的准确性。同时,它检查链接、拼写、HTML、CSS 和 JavaScript。

　　WebKing 具有如下特性。

- 防止和检测动态网站中的错误。
- 测试一个动态网站中所有可能的路径。
- 强化 HTML、CSS 和 JavaScript 编程标准。
- 帮助建立自动监视动态页面内容的规则。
- 检查中断的链接和孤立的文件。
- 防止含有错误的页面。
- 记录有关网站使用的各类文件统计信息。
- 集成各类插件和第三方工具。
- 发布网站时自动执行许多基本命令。

## 9.4　练习

**一、名词解释**

1. 白盒测试工具
2. 黑盒测试工具
3. EcoScope

二、简答

1．请对软件测试工具进行简单的分类。

2．请简单介绍 WinRunner 的工作流程。

3．EcoScope 有哪些应用？

三、分析题

我们应如何选择软件测试工具？

# 第10章 项目管理工具

## 10.1 软件项目管理软件概述

### 1. 项目管理

项目管理是基于现代管理学基础之上的一种新兴的管理学科,它把企业管理中的财务控制、人才资源管理、风险控制、质量管理、信息技术管理(沟通管理)、采购管理等进行有效的整合,以达到高效、高质、低成本的完成企业内部各项工作或项目的目的。项目管理目前已成为继 MBA 之后的另一种"黄金职业"。

随着 IT 行业的发展,IT 行业内的项目拓展和投资比比皆是。为了提高项目管理水平,赢得市场竞争,特别是在加入 WTO 后在国内、国际市场上拥有与国际接轨的项目管理人才,越来越多的业界人士正通过不同的方式参加项目管理培训并力争获得世界上最权威的职业项目经理(PMP)资格认证。

### 2. 软件项目管理

软件项目管理是为了完成一个既定的软件开发目标,在规定的时间内,通过特殊形式的临时性组织运行机制,通过有效的计划、组织、领导与控制,在明确的可利用的资源范围内完成软件开发。软件项目管理的对象是软件项目。

### 3. 软件项目管理软件

1) 项目管理软件的定义

在进行项目管理的时候,常常需要辅助工具,即项目管理软件。

项目管理软件为了使工作项目能够按照预定的成本、进度、质量顺利完成,而对人员(People)、产品(Product)、过程(Process)和项目(Project)进行分析和管理的活动。通常,项目管理软件具有预算、成本控制、计算进度计划、分配资源、分发项目信息、项目数据的转入和转出、处理多个项目和子项目、制作报表、创建工作分析结构、计划跟踪等功能。这些工具可以帮助项目管理者完成很多工作,是项目经理的得力助手。主要有工程项目管理软件和非工程项目管理软件两大类。

根据项目管理软件的功能和价格,大致可以划分两个档次:一种是高档工具,功能强大,但是价格不菲。例如,Primavera 公司的 P3、Welcom 公司的 OpenPlan、北京梦龙公司的智能 PERT 系统、Gores 公司的 Artemis 等；另外一种是通用的项目管理工具，例如，TimeLine 公司的 TimeLine、Scitor 的 Project Scheduler、Microsoft 的 Project、上海沙迪克软件有限公司的 ALESH 等，它们功能虽然不是很强大，但是价格比较便宜，可以用于一些中小型项目。

但对于一般的软件项目管理，Microsoft Project 足以应对了，它可以算是目前软件项目管理中最常用的工具之一。Microsoft Project 是微软公司的产品，目前已经占领了通用项目管理软件市场比较大的份额。Microsoft Project 可以创建并管理整个项目，它的数据库中保存了有关项目的详细数据，可以利用这些信息计算和维护项目的日程、成本以及其他要素、创建项目计划并对项目进行跟踪控制。Microsoft Project 的版本从 Project 98、Project 2000、Project 2002 直到现在的 Project 2003。Microsoft Project 的配套软件 Microsoft Project Server 可以用来给整个项目团队提供任务汇报、日程更新、每个项目耗时记录等协同工作方式。

2）项目管理软件的发展

随着微型计算机的出现和运算速度的提高，20 世纪 80 年代后项目管理技术也呈现出繁荣发展的趋势，涌现出大量的项目管理软件。根据管理对象的不同，项目管理软件可分为：①进度管理；②合同管理；③风险管理；④投资管理等软件。根据提高管理效率、实现数据/信息共享等方面功能的实现层次不同，又可分为：①实现一个或多个的项目管理手段，如进度管理、质量管理、合同管理、费用管理，或者它们的组合等；②具备进度管理、费用管理、风险管理等方面的分析、预测以及预警功能；③实现了项目管理的网络化和虚拟化，实现基于 Web 的项目管理软件甚至企业级项目管理软件或者信息系统，企业级项目管理信息系统便于项目管理的协同工作，数据/信息的实时动态管理，支持与企业/项目管理有关的各类信息库对项目管理工作的在线支持。

国外项目管理软件有：Primavera 公司的 P3、Artemis 公司的 Artemis Viewer、NIKU 公司的 Open WorkBench、Welcom 公司的 OpenPlan 等软件，这些软件适合大型、复杂项目的项目管理工作；而 Sciforma 公司的 ProjectScheduler（PS）、Primavera 公司的 SureTrak、Microsoft 公司的 Project、IMSI 公司的 TurboProject 等则是适合中小型项目管理的软件。值得一提的是，SAP 公司的 ProjectSystems（PS）Module 也是一种不错的企业级项目管理软件。

国内的工程项目管理软件功能较为完善的有：新中大软件、邦永科技 PM2、建文软件、三峡工程管理系统 TGPMS、易建工程项目管理软件等，基本上是在借鉴国外项目管理软件的基础上，按照我国标准或习惯实现上述功能，并增强了产品的易用性。非工程类项目管理软件全球知名的有微软 Project 系列 PM 软件，目前最新版 Project 2010 已经推出，功能超级强大，国内项目管理软件企业中发展比较快的有深圳市捷为科技有限公司的 IMIS PM 等软件，根据软件管理功能和分类的不同，各种项目管理软件价格的差异也较大，从几万元到几十万元不等。适于中小型项目的软件价格一般仅为几万元，适于大型复杂项目的软件价格则为十几万到几百万元。值得一提的是，邦永科技 PM2 项目管理系统，是国内为数不多的，可以实现对工程项目进行全过程管理的企业级的工程项目管理平台。

#### 4．项目管理软件的特征

##### 1）预算及成本控制

大部分项目管理软件系统都可以用来获得项目中各项活动、资源的有关情况。另外，还可以利用用户自定义公式来运行成本函数。大部分软件程序都应用这一信息来帮助计算项目成本，在项目过程中跟踪费用。大多数软件程序可以随时显示并打印出每项任务、每种资源（如人员、机器等）或整个项目的费用情况。

##### 2）日程表

大部分系统软件都对基本工作时间设置一个默认值，例如星期一～星期五，早上8点～下午5点，中间有一小时的午餐时间。对于各个单项资源或一组资源，可以修改此日程表。汇报工作进程时要用到这些日程表，它通常可以根据每个单项资源按天、周或月打印出来，或者将整个项目的日程打印成一份全面的，可能有墙壁那么大的项目日程表。

##### 3）电子邮件

一些项目管理软件程序的共同特征是可以通过电子邮件发送项目信息。通过电子邮件，项目团队成员可以了解重大变化，例如最新的项目计划或进度计划，可以掌握当前的项目工作情况，也可以发出各种业务表格。

##### 4）图形

当前项目管理软件的一个最突出的特点是能在最新数据资料的基础上简便、迅速地制作各种图表，包括甘特图及网络图。有了基准计划后，任何修改就可以轻易地输入到系统中，图表会自动反映出这些改变。项目管理软件可以将甘特图中的任务连接起来，显示出工作流程。特别是用户可以仅用一个命令就在甘特图和网络图之间来回转换显示。

##### 5）转入/转出资料

许多项目管理软件包允许用户从其他应用程序，例如文字处理、电子表格以及数据库程序中获得信息。为项目管理软件输入信息的过程叫做转入。同样地，常常也要把项目管理软件的一些信息输入到这些应用程序中去。发出信息的过程叫做转出。

##### 6）处理多个项目及子项目

有些项目规模很大，需要分成较小的任务集合或子项目。在这种情况下，大部分项目管理软件程序能提供帮助。它们通常可以将多个项目储存在不同文件里，这些文件相互连接。项目管理软件也能在同一个文件中储存多个项目，同时处理几百个甚至几千个项目，并绘制出甘特图和网络图。

##### 7）制作报表

项目管理软件包在最初应用时，一般只有少数报表，通常是列表总结进度计划、资源或预算。今天，绝大多数项目管理软件包都有非常广泛的报表功能。

##### 8）资源管理

目前的项目管理软件都有一份资源清单，列明各种资源的名称、资源可以利用时间的极限、资源标准及过时率、资源的收益方法和文本说明。每种资源都可以配以一个代码和一份成员个人的计划日程表。对每种资源加以约束，例如它可被利用的时间数量。用户可以按百分比为任务配置资源，设定资源配置的优先标准，为同一任务分配各个资源，并保持对每项资源的备注和说明。系统能突出显示并帮助修正不合理配置，调整资源配置。大部分软件包可以为项目处理数以千计的资源。

**9) 计划**

在所有项目管理软件包中,用户都能界定需要进行的活动。正如软件通常能维护资源清单,它也能维护一个活动或任务清单。用户对每项任务选取一个标题、起始与结束日期、总结评价,以及预计工期(包括按各种计时标准的乐观、最可能及悲观估计),明确与其他任务的先后顺序关系以及负责人。通常,项目管理软件中的项目会有几千个相关任务。另外,大部分程序可以创建工作分析结构,协助进行计划工作。

**10) 项目监督及跟踪**

大部分项目管理软件包允许用户确定一个基准计划,并就实际进程及成本与基准计划里的相应部分进行比较。大部分系统能跟踪许多活动,如进行中或已完成的任务、相关的费用、所用的时间、起止日期、实际投入或花费的资金、耗用的资源,以及剩余的工期、资源和费用。关于这些临近和跟踪特征,管理软件包有许多报告格式。

**11) 进度安排**

在实际工作中,项目规模往往比较大,人工进行进度安排活动就显得极为复杂。项目管理软件包能为进度安排工作提供广泛的支持,而且一般是自动化的。大部分系统能根据任务和资源清单以及所有相关信息制作甘特图及网络图,对于这些清单的任何变化,进度安排会自动反映出来。此外,用户还能调度重复任务,制定进度安排任务的优先顺序,进行反向进度安排,确定工作轮班,调度占用时间,调度任务,确定最晚开始或尽早开始时间,明确任务必须开始或必须结束日期,或者是最早、最晚日期。

**12) 保密**

项目管理软件一个相对新颖的特点是安全性。一些系统对项目管理包自身、单个项目文件、项目文件中的基本信息(例如工资)均设有口令密码。

**13) 排序及筛选**

利用排序,用户可以按随心所欲的顺序来浏览信息,例如,从高到低的工资率,按字母顺序的资源名称或任务名称。大部分程序有各种排序方式(如按名、姓等)。筛选功能帮助用户选择出符合具体准则的一些资源。例如,某些任务要用到某种具体资源,用户如果想了解这些任务的有关信息,只需命令软件程序忽略未使用这种资源的任务,而只把用到这种资源的任务显示出来就可以了。

**14) 假设分析**

项目管理软件一个非常实用的特点是进行假设分析。用户可以利用这一特点来探讨各种情形的效果。在某一项目的一些节点上,用户可以向系统询问"如果拖延一周,会有什么结果?",系统会自动计算出延迟对整个项目的影响,并显示出结果。

**5. 项目管理软件选择标准**

市场上,出现了各种各样的项目管理软件,各种软件都有着自身的优点和缺点,那么该如何来选取最适合自己的项目管理软件呢? 可以通过考虑以下因素根据个人和企业需求来选取和购买合适的项目管理软件。

**1) 容量**

这主要是考虑系统是否能够处理预计进行的项目数量、预计需要的资源数以及预计同时管理的项目数量。

　　2）操作简易性

　　主要应考虑系统的"观看"和"感觉"效果、菜单结构、可用的快捷键、彩色显示、每次显示的信息容量、数据输入的简易性、现在数据修改的简易性、报表绘制的简易性、打印输出的质量、屏幕显示的一致性，以及熟悉系统操作的难易程度。

　　3）文件编制和联机帮助功能

　　主要考虑用户手册的可读性、用户手册里概念的逻辑表达、手册和联机帮助的详细程度，举例说明的数量、质量、对高级性能的说明水平。

　　4）可利用的功能

　　一定要考虑系统是否具备项目组织所需要的各种功能。例如，程序是否包含工作分析结构以及甘特图和网络图，资源平衡或均衡算法怎么样？系统能否排序和筛选信息、监控预算、生成定制的日程表，并协助进行跟踪和控制？它能否检查出资源配置不当并有助于解决？

　　5）报表功能

　　目前各种项目管理软件系统的主要不同之处是它们提供的报表种类和数量。有些系统仅有基本的计划、进度计划和成本报表，而有一些则有广泛的设置，对各项任务、资源、实际成本、承付款项、工作进程以及其他一些内容提供报表。另外，有些系统更便于定制化。报表功能应给予高度的重视，因为大多数用户非常注重软件这种能生成内容广泛、有说服力的报表的功能。

　　6）与其他系统的兼容能力

　　在当今的数字化社会里，大量的电子系统日趋统一。如果在用户的工作环境里，切合数据储存在各个地方，例如数据库、电子数据表里，这时就要特别注意项目管理软件的兼容统一能力。有些系统只能与少数几种常见的软件包进行最基本的统一，有些却可以与分布数据库甚至对象向数据库进行高级的综合统一。另外，项目管理软件通过电子信箱向文字处理及图形软件包转入信息的能力也会影响到用户的决策。

　　7）安装要求

　　这里主要考虑运行项目管理软件对计算机硬件和软件的要求：存储器、硬盘空间容量、处理速度和能力、图形显示类型、打印设置以及操作系统等。

　　8）安全性能

　　有些项目管理软件有相对更好的安全性。如果安全问题很重要，那么就要特别注意对项目管理软件、每个项目文件及每个文件数据资料的限制访问方式。

　　9）经销商的支持

　　要特别注意，经销商或零售商是否提供技术支持、支持的费用以及经销商的信誉。

## 10.2　Microsoft Project

　　Microsoft Project 是微软出品的一种项目管理软件。在市场上现有的项目管理软件中，Microsoft Project 软件功能完善、操作简便。Microsoft Project 不但包含了支持工作组级别项目管理所需的任务排定、资源管理、跟踪、报告、工作组协作、自定义等必要功能，而且可以为企业项目管理提供可灵活部署、易扩展、易维护的整体解决方案。

Microsoft Project(或 MSP)是专案管理软件。软件设计的目的在于协助专案经理发展计划、为任务分配资源、跟踪进度、管理预算和分析工作量。第一版微软 Project 为微软 Project for Windows 95,发布于 1995 年。其后版本各于 1998,2000,2003 和 2006 年发布。本应用程序可产生关键路径日程表——虽然第三方 ProChain 和 Spherical Angle 也有提供关键链关联软件。日程表可以资源为标准,而且关键链以甘特图形象化。另外,Project 可以辨认不同类别的用户。这些不同类的用户对专案、概观和其他资料有不同的访问级别。自订物件如行事历、观看方式、表格、筛选器和字段在企业领域分享给所有用户。

使用 Microsoft Project 软件的目的是利用该软件提供的自动化功能,提高项目管理的效率和质量。作为项目管理者,我们必须跟踪大量的细节信息,同时始终关注最终的项目目标。Microsoft Project 使用此信息来计算和维护项目的日程和成本,从而创建项目计划。

Microsoft Project 产品包括标准版、专业版,专业版需要与服务器和 Project Web Access 配合使用。在用户环境中,用户可以根据具体的应用需求选择不同的产品安装和部署策略。

单一用户环境下,推荐使用 Project 标准版。

部门用户环境下,推荐使用 Project 服务器+Project 专业版+Project Web Access 的产品组合。

企业用户环境中,用户可以按以下方式配置和部署 Project 软件产品。

(1) Project 服务器+Project 专业版+Project Web Access。

(2) 后台基础配置:Windows Server 2003 + SQL Server 2000(包含 Analysis Services);Windows SharePoint Services(含于 Project 服务器中);SharePoint Portal Server(可选)。

Microsoft Office Project 2003 是项目管理程序,帮助单位协调商业计划、项目以及资源,从而获得更好的商业业绩。通过使用其灵活的报告和分析功能,可以利用可操作的信息来优化资源、安排工作优先顺序并协调项目与总体商业目标。Microsoft Office Project Server 2003 和 Microsoft Office Project Web Access 2003 的功能也同样得到增强。

### 1. Project 2003 扩展功能

(1) 将图片复制到 Office 向导。Microsoft Office Project Standard 2003 和 Microsoft Office Project Professional 2003 都提供了"将图片复制到 Office 向导"功能,使得将项目数据显示为 Microsoft Office System 中的其他应用程序(如 Microsoft Office PowerPoint 2003)中的静态图片变得非常简单。可以在"分析"工具栏上找到"将图片复制到 Office 向导"。

(2) 将视图打印为报表。在 Project Standard 2003 和 Project Professional 2003 中,可以按照所需方式打印视图。在"项目向导"的"报表"任务窗格中,可以找到将视图打印为报表的向导。

(3) 资源预订类型。为了将资源分配指定为建议的(例如,对于仍处于建议阶段的项目)或已提交的,可以在 Project Professional 2003 中为资源指定预订类型。新的资源域包含可应用于项目中所有资源工作分配的预订类型(已提交或建议的)。在 Project Web

Access 2003 中也可以使用预订类型,这样便于资源经理使用预订类型在新增的"建立工作组"功能中为项目安排人员,或评估"资源可用性"图表中的能力与需求。

(4) 资源的多种资源技能。Project Professional 2003 提供了"企业资源多值(ERMV)"域,其中包含附加资源技能集。可以使用 ERMV 域在资源视图中维护企业资源的技能清单,在"建立工作组"功能中使用这些域搜索具有多种技能的资源,也可以在"资源置换向导"或"公文包建模器"中使用这些域来考虑资源的多种技能。

(5) 锁定比较基准信息。在 Project Professional 2003 中,可以防止其他人改写比较基准信息。在 Project Web Access 2003 的"管理"页上,服务器管理员可以指定哪些用户可以(或不可以)在 Project Professional 2003 中保存比较基准。

(6) 已安装的 COM 加载项。以下是以前可下载的 Project"组件对象模型(COM)"加载项现在会自动随 Project Standard 2003 和 Project Professional 2003 进行安装:Visio WBS 图表向导、XML 报表向导、比较项目版本、欧元货币转换器和数据库升级工具。

可以在"分析"工具栏上找到"Visio WBS 图表向导"和"XML 报表向导"。其他 COM 加载项都有各自的工具栏。

### 2. Project Server 2003 扩展功能

(1) 改进的自定义和集成功能。现在"项目数据服务(PDS)"得到了改进以支持更多功能。这些功能有如下几种。

项目数据创建 API。一个程序设计界面,可以很方便地创建企业项目的元素,从空白项目到带有任务、资源和工作分配的项目都可以创建。该功能支持通过"项目数据服务(PDS)"创建有效企业项目所需的最少数目的元素。它不提供 Project Server 2003 日程排定引擎。

企业资源库创建 API。一个程序设计界面,可以很方便地创建和编辑企业资源库资源,以方便其他系列的商务系统与 Project Server 2003 之间的集成。但是,不支持以编程方式创建资源费率、资源日历、资源可用性、分布的比较基准费率和分布的比较基准成本。

企业自定义域 API。一个程序设计界面,可以编辑企业文本域的值列表。该功能可以使其他商务系统能够与 Project Server 2003 进行集成和保持同步。

改进的企业自定义域编辑 API。一个程序设计界面,可以很方便地将企业大纲代码的值列表与其他商务系统(如人力资源或财务)进行集成。该功能允许开发人员使用层次结构的值列表和一组 PDS 方法,将该列表转换为企业大纲代码值列表。

用于 Project Server 用户维护的 API。PDS 现在能够添加和删除用户以及维护 Project Server 组成员。新的"Active Directory 企业资源库同步"功能依据 Project Server 的 PDS 提供的五种新方法。

企业数据自动维护服务。这项自动服务提供了一个程序设计界面,以便于 Project Server 与其他商务系统之间的集成。它使用可扩展标记语言(XML)和 PDS,以便于将数据传输到 Project Server。

支持多值自定义资源大纲代码。Project Professional 2003 允许用户定义和使用多值的资源大纲代码。现在四个现有的 PDS 方法提供创建、修改和删除这些代码的功能,它们可以在不利用 Project Professional 2003 的情况下,通过编程接口来实现。

（2）Active Directory 改进。在 Project Professional 2003 中的 Active Directory 的改进允许管理员实现一种服务，它可以将资源从 Active Directory 映射到"企业资源库"，并将 Active Directory 安全组映射到 Project Server 2003 安全组。该服务将定期自动运行，由服务器管理员来决定。该功能不支持 Project Server 2003 与 Active Directory 之间的双向同步。它支持从 Active Directory 到 Project Server 的自动单向同步。

资源同步。新的 Active Directory 功能使 Active Directory 特定组中的工作组成员可以与"企业资源库"保持同步。例如，"Active Directory 组"（或包含的 Active Directory 组）中的新工作组成员将自动被创建为"企业资源库"和 Project Server 中的资源；而在映射的 Active Directory 组中不再存在的资源会在"企业资源库"和 Project Server 中被自动停用。

安全性同步。新的 Active Directory 功能还允许 Active Directory 组中的工作组成员与 Project Server 安全组保持同步。由于单位组织其 Active Directory 组的方式可能无法使该组完全地映射到 Project Server 中的安全组，所以管理员需要将 Project Server 组映射到相应的 Active Directory 组，并且可能需要为此目的创建特定的 Active Directory 组。如果这些特定的组包含其他组（如企业组），管理员只需将资源置于核心 Active Directory 组中，并让新的 Active Directory 功能自动地将这些资源映射到正确的 Project Server 组。

（3）Project Server 2003 Web 部件。通过在 Project Server 2003 安装过程中使用"Microsoft Windows、SharePoint、Services 配置向导"，可以安装 Web 部件，该部件允许查看特定的任务或 Microsoft Office Project Web Access 2003 中的项目详细信息（如我的任务、我的项目、项目摘要、由资源提交的任务更改、资源分配和"项目组合分析器"视图）。

（4）数据库分区过程中改进的可伸缩性。通过允许使用 Microsoft SQL Server 的链接服务器功能在两个服务器之间划分数据库，数据库分区增强了 Project Server 2003 的可伸缩性。

### 3. Project Web Access 2003 扩展功能

（1）时间表增强。在 Project Web Access 2003 中的时间表增强了以下功能：企业自定义域中的选择列表和查阅表格。为了便于收集工作组成员信息，并使这些信息更为准确，Project Web Access 2003 时间表为用户提供了企业自定义域中的选择列表和查阅表格以及任务的大纲代码。

时间表锁定。管理员可以锁定 Project Web Access 2003 时间表中的特定时间段，以防止资源报告非当前时间段中的工时。可以按每个时间段的工时数跟踪的项目锁定时间表阶段。对于使用任何其他方法（如按已完成工时的百分比或实际工时的总工时）跟踪的项目，在特定的时间段无法禁止输入实际值。使用这些跟踪方法输入的实际值会根据通常的日程排定规则分布在某个时间分段的阶段中。

受保护的实际值。如果企业资源使用时间表来提交其工作分配中的实际工时，可以保护实际工时以防止项目经理进行修改。只能保护企业资源分配的实际值。项目经理仍能够编辑已分配了本地资源或未分配任何资源的任务的实际值。该功能与"时间表锁定"功能紧密地集成在一起。

（2）打印改进。现在可以在"任务"页、"项目"页、"资源"页、"更新"页、"风险"页、"问题"页或"文档"页上打印网格。在指定了网格的视图选项后，可以使用"打印网格"功能，按所需的方式排列网格中的列,并为其设置格式,然后打印网格或将其导出到 Office Excel 2003。

(3)"建立工作组"功能。对于 Project Professional 2003,可以从 Project Web Access 2003 获取"建立工作组"功能。这样做,更好地满足了使用功能性资源经理分配资源的企业对人员安排的需求。该功能为资源经理提供了易于使用的工具,可以查找企业资源,并将其分配到所选项目,还允许资源经理从任何计算机中为项目安排人员,而其桌面上无需具有 Project Professional 2003。"建立工作组"功能可以:基于技能搜索资源。通过搜索可用的并且具有所需的特定技能的资源,可以在 Project Web Access 2003 的"项目"页中建立工作组;为资源输入多种资源技能。Project Server 2003 提供了"企业资源多值(ERMV)"域,其中包含附加资源技能集。可以在"建立工作组"功能中使用这些域,搜索具有多种技能的资源,也可以在"资源置换向导"或"公文包创建模器"中使用这些域,以考虑资源的多种技能。

(4)资源预订类型。在 Project Web Access 2003 中,资源经理可为资源指定不同的预订类型,以便在新的"建立工作组"功能中将其安排为项目的建议资源或已提交资源,或者在"资源可用性"图表中评估能力与需求。

(5)集成 Windows SharePoint Services。Project Professional 2003 与 Windows SharePoint Services 集成在一起,以提供文档管理、问题跟踪和风险管理功能。Microsoft SharePoint Team Services 1.0 不再受到支持。

(6)文档管理功能的改进。Project Professional 2003 通过添加以下功能改进了与 Windows SharePoint Services 的协作功能。

文档签入和签出。由于 Windows SharePoint Services 提供签入和签出功能,所以 Project Server 2003 支持文档的锁定。将文档从"文档库"中签出后,文档将被自动锁定,这样在将其签回到"文档库"之前,任何其他用户都不能对文档进行更改。签入文档时,可以添加批注,以说明对文档所做的更改。这些批注将作为文档历史记录的一部分进行保存。

文档版本。出于比较和存档的目的,"文档库"提供了存储多个版本文档的功能。当签出的文档被签入时,会创建先前文档的一个副本,并将其另存为文档的早期版本。在 Project Server 2003 中链接到项目和任务的文档始终是文档的最新版本。但是,用户可以查看文档的所有版本、将当前版本还原到文档的某个先前版本,或删除文档的某个已存档版本。

(7)风险管理功能。Project Professional 2003 和 Windows SharePoint Services 提供记录和管理风险的功能,如对项目的结果具有正面或负面影响的事件或条件。风险跟踪功能可以帮助用户主动完成标识、分析和解决项目风险的项目管理过程。该功能使用户能够记录、共享、更新和分析项目风险,还可以自定义特定项目或整个单位的风险跟踪。风险跟踪在 Project Web Access 2003 中实施,在此可以提交、更新风险以及将其与元素(如项目、任务、文档、问题)和其他风险相关联。该新增风险管理功能使用户可以将风险评估附加到任务上,但不提供跨项目的风险跟踪、报告或复杂的风险管理,如蒙特-卡洛分析。

### 4. 与 Microsoft Office System 集成

(1)将图片复制到 Office 向导。Project 提供了"将图片复制到 Office 向导"的功能,使得将项目数据显示为 Microsoft Office System 内其他应用程序(如 PowerPoint 2003)中的静态图片变得更为方便。可以在"分析"工具栏上找到"将图片复制到 Office 向导"。

（2）Microsoft Outlook 集成。通过使用 Project 中的 Outlook 加载项（随 Project Web Access 2003 一起提供），工作组成员可以在其 Outlook 日历中，显示用户从 Project 发布给他们的项目任务以及其他约会。他们可以更新这些日历项上的进度，并直接从 Outlook 向 Project Server 报告进度状态。在 Outlook"日历"上，任务时间可以显示为闲或忙。请注意：Outlook 集成允许工作组成员只将任务分配作为日历项（而不是 Outlook 任务）显示到 Outlook 中。

## 10.3 练习

### 一、名词解释
1. 项目管理
2. 软件项目管理

### 二、简答
项目管理软件有哪些特性？

### 三、分析题
1. 我们该如何来选取最适合自己的项目管理软件？
2. 请对 Project 2003、Project Server 2003、Project Web Access 2003 的功能进行详细的比较。

# 第11章

## 软件配置管理工具

## 11.1 软件配置管理

### 1. 软件配置管理概述

软件配置管理(Software Configuration Management),又称软件形态管理、或软件建构管理,简称软件形管(SCM)。界定软件的组成项目,对每个项目的变更进行管控(版本控制),并维护不同项目之间的版本关联,以使软件在开发过程中任一时间的内容都可以被追溯,包括某几个具有重要意义的数个组合。

软件配置管理,贯穿于整个软件生命周期,它为软件研发提供了一套管理办法和活动原则。软件配置管理无论是对于软件企业管理人员还是研发人员都有重要的意义。软件配置管理可以提炼为三个方面的内容。

1) Version Control——版本控制

版本控制是全面实行软件配置管理的基础,可以保证软件技术状态的一致性。我们在平时的日常工作中都在或多或少地进行版本管理的工作。例如有时我们为了防止文件丢失,而复制一个后缀为 bak 或日期的备份文件。当文件丢失或被修改后可以通过该备份文件恢复。版本控制是对系统不同版本进行标识和跟踪的过程。版本标识的目的是便于对版本加以区分、检索和跟踪,以表明各个版本之间的关系。一个版本是软件系统的一个实例,在功能上和性能上与其他版本有所不同,或是修正、补充了前一版本的某些不足。实际上,对版本的控制就是对版本的各种操作控制,包括检入检出控制、版本的分支和合并、版本的历史记录和版本的发行。

2) Change Control——变更控制

进行变更控制是至关重要的。但是要实行变更控制也是一件令人头疼的事情。我们担忧变更的发生是因为对代码的一点小小的干扰都有可能导致一个巨大的错误,但是它也许能够修补一个巨大的漏洞或者增加一些很有用的功能。我们担忧变更也因为有些流氓程序员可能会破坏整个项目,虽然智慧思想有不少来自于这些流氓程序员的头脑。过于严格的控制也有可能挫伤他们进行创造性工作的积极性。但是,如果你不控制他,他就控制了你。

3) Process Support——过程支持

一般来说,人们已渐渐意识到了软件工程过程概念的重要性,而且人们也逐渐了解了这些概念和软件工程支持技术的结合,尤其是软件过程概念与 CM 有着密切的联系,因为 CM

理所当然地可以作为一个管理变更的规则(或过程)。如 IEEE 软件配置管理计划的标准就列举了建立一个有效的 CM 规则所必需的许多关键过程概念。但是,传统意义上的软件配置管理主要着重于软件的版本管理,缺乏软件过程支持的概念。在大多数有关软件配置管理的定义中,也并没有明确提出配置管理需要对过程进行支持的概念。因此,不管软件的版本管理得多好,组织之间没有连接关系,组织所拥有的是相互独立的信息资源,从而形成了信息的"孤岛"。在 CM 提供了过程支持后,CM 与 CASE 环境进行了集成,组织之间通过过程驱动建立一种单向或双向的连接。对于开发员或测试员则不必去熟悉整个过程,也不必知道整个团队的开发模式。他只需集中精力关心自己所需要进行的工作。在这种情况下,可以延续其一贯的工作程序和处理办法。

### 2.软件配置管理模式

软件配置管理中所使用的模式主要有以下 4 种。

(1) 恢复提交模式。这种模式是软件配置管理中最基本的模式。它是一种面向文件单一版本的软件配置模式。

这种模式中典型的软件配置管理工具有 SCCS 工具、RCS 工具以及基于它们的各种软件配置管理工具。

(2) 面向改变模式。在这种模式中,主要考虑的不是软件产品的各单一版本,而是各组成单元的改变。在这种模式下,版本是通过对基线实施某改变请求的结构。这种模式对于将用户及节点间的改变进行广播和结合是十分有效的。

(3) 合成模式。这一模式是在基于恢复提交模式的基础上,引入系统模型这一概念用以描述整个软件产品的系统结构,从而将软件配置管理从软件产品的单元这一级扩展到系统这一级。这种模式对于软件产品的构建非常有用。

(4) 长事务模式。这一模式也是基于恢复提交模式的,它引入了工作空间的概念,各个开发人员在各自的工作空间下与其他用户相互隔离,独立地对软件进行修改。

### 3.软件配置管理作用

随着软件系统的日益复杂化和用户需求、软件更新的频繁化,配置管理逐渐成为软件生命周期中的重要控制过程,在软件开发过程中扮演着越来越重要的角色。一个好的配置管理过程能覆盖软件开发和维护的各个方面,同时对软件开发过程的宏观管理,即项目管理,也有重要的支持作用。良好的配置管理能使软件开发过程有更好的可预测性,使软件系统具有可重复性,使用户和主管部门用软件质量和开发小组有更强的信心。

软件配置管理的最终目标是管理软件产品。由于软件产品是在用户不断变化的需求驱动下不断变化,为了保证对产品有效地进行控制和追踪,配置管理过程不能仅仅对静态的、成形的产品进行管理,而必须对动态的、成长的产品进行管理。由此可见,配置管理同软件开发过程紧密相关。配置管理必须紧扣软件开发过程的各个环节:管理用户所提出的需求,监控其实施,确保用户需求最终落实到产品的各个版本中去,并在产品发行和用户支持等方面提供帮助,响应用户新的需求,推动新的开发周期。通过配置管理过程的控制,用户对软件产品的需求如同普通产品的订单一样,遵循一个严格的流程,经过一条受控的生产流水线,最后形成产品,发售给相应用户。从另一个角度看,在产品开发的不同阶段通常有不同的任务,由不同的角色担当,各个角色职责明确,泾渭分明,但同时又前后衔接,相互协调。

好的配置管理过程有助于规范各个角色的行为,同时又为角色之间的任务传递提供无缝的接合,使整个开发团队像一个交响乐队一样和谐而又错杂地进行。正因为配置管理过程直接连接产品开发过程、开发人员和最终产品,这些都是项目主管人员所关注的重点,因此配置管理系统在软件项目管理中也起着重要。配置管理过程演化出的控制、报告功能可帮助项目经理更好地了解项目的进度、开发人员的负荷、工作效率和产品质量状况、交付日期等信息。同时配置管理过程所规范的工作流程和明确的分工有利于管理者应付开发人员流动的困境,使新的成员可以快速实现任务交接,尽量减少因人员流动而造成的损失。

总之,软件配置管理作为软件开发过程的必要环节和软件开发管理的基础,支持和控制着整个软件生存周期,同时对软件开发过程的项目管理也有重要的支持作用。

### 4. 软件配置管理过程

在软件配置管理过程中,需要考虑下列这些问题:①采用什么方式来标识和管理已存在程序的各种版本? ②在软件交付用户之前和之后如何控制变更? ③谁有权批准和对变更安排优先级? ④利用什么办法来估计变更可能引起的其他问题? 这些问题可归结到软件配置管理过程的以下 6 个活动中。

1) 配置项(Software Configuration Item,SCI)识别

Pressman 对于 SCI 给出了一个比较简单的定义:"软件过程的输出信息可以分为三个主要类别:①计算机程序(源代码和可执行程序);②描述计算机程序的文档(针对技术开发者和用户);③数据(包含在程序内部或外部)。这些项包含了所有在软件过程中产生的信息,总称为软件配置项"。

由此可见,配置项的识别是配置管理活动的基础,也是制定配置管理计划的重要内容。

软件配置项分类软件的开发过程是一个不断变化着的过程,为了在不严重阻碍合理变化的情况下来控制变化,软件配置管理引入了"基线(Base Line)"这一概念。IEEE 对基线的定义是这样的:"已经正式通过复审核批准的某规约或产品,它因此可作为进一步开发的基础,并且只能通过正式的变化控制过程改变。"

所以,根据这个定义,我们在软件的开发流程中把所有需加以控制的配置项分为基线配置项和非基线配置项两类,例如,基线配置项可能包括所有的设计文档和源程序等;非基线配置项可能包括项目的各类计划和报告等。

所有配置项都都应按照相关规定统一编号,按照相应的模板生成,并在文档中的规定章节(部分)记录对象的标识信息。在引入软件配置管理工具进行管理后,这些配置项都应以一定的目录结构保存在配置库中。

所有配置项的操作权限应由 CMO 严格管理,基本原则是:基线配置项向软件开发人员开放读取得权限;非基线配置项向 PM、CCB 及相关人员开放。

2) 工作空间管理

在引入了软件配置管理工具之后,所有开发人员都会被要求把工作成果存放到由软件配置管理工具所管理的配置库中去,或是直接工作在软件配置管理工具提供的环境之下。所以为了让每个开发人员和各个开发团队能更好地分工合作,同时又互不干扰,对工作空间的管理和维护也成为了软件配置管理的一个重要的活动。

一般来说,比较理想的情况是把整个配置库视为一个统一的工作空间,然后再根据需要把它划分为个人(私有)、团队(集成)和全组(公共)这三类工作空间(分支),从而更好的支持将来可能出现的并行开发的需求。

每个开发人员按照任务的要求,在不同的开发阶段,工作在不同的工作空间上,例如,对于私有开发空间而言,开发人员根据任务分工获得对相应配置项的操作许可之后,他即在自己的私有开发分支上工作,他的所有工作成果体现在该配置项的私有分支上的版本的推进,除该开发人员外,其他人员均无权操作该私有空间中的元素;而集成分支对应的是开发团队的公共空间,该开发团队拥有对该集成分支的读写权限,而其他成员只有只读权限,它的管理工作由 SIO 负责;至于公共工作空间,则是用于统一存放各个开发团队的阶段性工作成果,它提供全组统一的标准版本,并作为整个组织的 Knowledge Base。

当然,由于选用的软件配置管理工具的不同,在对于工作空间的配置和维护的实现上有比较大的差异,但对于 CMO 来说,这些工作是他的重要职责,他必须根据各开发阶段的实际情况来配置工作空间并定制相应的版本选取规则,来保证开发活动的正常运作。在变更发生时,应及时做好基线的推进。

3) 版本控制

版本控制是软件配置管理的核心功能。所有置于配置库中的元素都应自动予以版本的标识,并保证版本命名的唯一性。版本在生成过程中,自动依照设定的使用模型自动分支、演进。除了系统自动记录的版本信息以外,为了配合软件开发流程的各个阶段,我们还需要定义、收集一些元数据(Metadata)来记录版本的辅助信息和规范开发流程,并为今后对软件过程的度量做好准备。当然如果选用的工具支持的话,这些辅助数据将能直接统计出过程数据,从而方便我们软件过程改进(Software Process Improvement,SPI)活动的进行。

对于配置库中的各个基线控制项,应该根据其基线的位置和状态来设置相应的访问权限。一般来说,对于基线版本之前的各个版本都应处于被锁定的状态,如需要对它们进行变更,则应按照变更控制的流程来进行操作。

4) 变更控制

在对 SCI 的描述中,我们引入了基线的概念。从 IEEE 对于基线的定义中我们可以发现,基线是和变更控制紧密相连的。也就是说在对各个 SCI 做出了识别,并且利用工具对它们进行了版本管理之后,如何保证它们在复杂多变得开发过程中真正的处于受控的状态,并在任何情况下都能迅速的恢复到任一历史状态就成为了软件配置管理的另一重要任务。因此,变更控制就是通过结合人的规程和自动化工具,以提供一个变化控制的机制。

变更管理的一般流程是:①(获得)提出变更请求;②由 CCB 审核并决定是否批准;③(被接受)修改请求分配人员为,提取 SCI,进行修改;④复审变化;⑤提交修改后的 SCI;⑥建立测试基线并测试;⑦重建软件的适当版本;⑧复审(审计)所有 SCI 的变化;⑨发布新版本。

在这样的流程中,CMO 通过软件配置管理工具来进行访问控制和同步控制,而这两种控制则是建立在前文所描述的版本控制和分支策略的基础上的。

5) 状态报告

配置状态报告就是根据配置项操作数据库中的记录来向管理者报告软件开发活动的进展情况。这样的报告应该是定期进行,并尽量通过 CASE 工具自动生成,用数据库中的客观数据来真实的反映各配置项的情况。

配置状态报告应根据报告应着重反映当前基线配置项的状态,以作为对开发进度报告的参照。同时也能从中根据开发人员对配置项的操作记录来对开发团队的工作关系作一定的分析。

配置状态报告应该包括下列主要内容:①配置库结构和相关说明;②开发起始基线的构成;③当前基线位置及状态;④各基线配置项集成分支的情况;⑤各私有开发分支类型的分布情况;⑥关键元素的版本演进记录;⑦其他应予报告的事项。

6) 配置审计

配置审计的主要作用是作为变更控制的补充手段,来确保某一变更需求已被切实实现。在某些情况下,它被作为正式的技术复审的一部分,但当软件配置管理是一个正式的活动时,该活动由 SQA 人员单独执行。

总之,软件配置管理的对象是软件研发活动中的全部开发资产。所有这一切都应作为配置项纳入管理计划统一进行管理,从而能够保证及时地对所有软件开发资源进行维护和集成。因此,软件配置管理的主要任务也就归结为以下几条:①制定项目的配置计划;②对配置项进行标识;③对配置项进行版本控制;④对配置项进行变更控制;⑤定期进行配置审计;⑥向相关人员报告配置的状态。

## 11.2　软件配置管理工具的功能

软件配置管理(Software Configuration Management,SCM)为软件开发提供了一套管理办法和活动原则,成为贯穿软件开发始终的重要质量保证活动。SCM 工具的功能如下。

软件配置管理作为软件开发过程中的必要环节和软件开发管理的基础,支持和控制着整个软件生存周期。若要有效地实施软件配置管理,除了培养软件开发者的管理意识之外,更重要的是使用优秀的软件配置管理工具。

软件配置管理工具支持用户对源代码清单的更新管理,以及对重新编译与连接的代码的自动组织,支持用户在不同文档相关内容之间进行相互检索,并确定同一文档某一内容在本文档中的涉及范围,同时还应支持软件配置管理小组对软件配置更改进行科学的管理。本文讨论 SCM 工具的功能。

需要说明的是,从学术上讲,软件配置管理(SCM)只是变更管理(Change Management,CM)的一个方面;但从 SCM 工具的发展来看,越来越多的 SCM 工具开始集成变更管理的功能,甚至问题跟踪(Defect Tracking)的功能。

### 1. 权限控制(Access Control)

权限控制对 SCM 工具来说至关重要。一方面,既然是团队开发,就可能需要限制某些成员的权限;特别是大项目往往牵扯到子项目外包,到最后联调阶段会涉及很多不同的单位,更需要权限管理;另一方面,权限控制也减小了误操作的可能性,间接提高了 SCM 工具的可用性(Usability)。

现有的 SCM 工具,在权限控制方面差异很大,也说明了大家都在探索更有效的权限控制的方法。通过不同权限控制方法的差异,我们不难看到其共性:其核心概念是行为

（Action）、行为主体、行为客体。

（1）行为主体：即用户（User）。用户组（User Group）并不是行为主体，但它的引入大大方便了权限管理。

（2）行为客体：即项目和项目成员（Member）。不管从 SCM 工具的开发者还是使用者的角度，项目和项目成员都是不同的行为客体。

（3）行为：即由主体施加在客体之上的特定操作，签入和签出是再典型不过的例子。

三个核心概念搞清之后，就可以讨论权限的概念了。

权限是这样一个四元向量：（如主体、客体、行为、布尔值）。即"主体在客体上施加某种行为是否被获准"。

由此看来，权限控制的基本工作就是负责维护主体集合、客体集合、行为集合、权限向量集合。其中，行为集合是固定不变的（在 SCM 工具开发之时已确定），其他三种集合都是动态变化的。

### 2. 版本控制（Version Control）

版本控制是软件配置管理的基本要求，它可以保证在任何时刻恢复任何一个版本，它是支持并行开发的基础。

SCM 工具记录项目和文件的修改轨迹，跟踪修改信息，使软件开发工作以基线渐进方式完成，从而避免了软件开发不受控制的局面，使开发状态变得有序。

SCM 工具可以对同一文件的不同版本进行差异比较，可以恢复个别文件或整个项目的早期版本，使用户方便地得到升级和维护必需的程序和文档。

SCM 工具内部对版本的标识，采用了版本号（Version Number）方式，但对用户提供了多种途径来标识版本，被广泛应用的有版本号、标签（Label）和时间戳（Time Stamp）。多样灵活的标识手段，为用户提供了方便。

### 3. 增强的版本控制（Enhanced Version Control）

快照（Snapshot）和分支（Branch）以基本的版本控制功能为基础，使版本控制的功能又更进一步增强。

快照是比版本高一级的概念，它是项目中多个文件各自的当前版本的集合。快照使恢复项目的早期版本变得方便，它还支持批量签入（Check in）、批量签出（Check out）和批量加标签（Label）等操作。总之，快照是版本控制的一种增强，使版本控制更加方便高效。

分支允许用户创建独立的开发路径，我们认为分支的典型用途有两种。第一，分支和合并（Merge）一起，是支持并行开发（Concurrent Development）的有力支持；第二，分支支持多版本开发，这对发布后的维护尤其有用。例如客户报告有打印 bug，小组可能从某个还未引入打印 bug 的项目版本引出一个分支，最终分布一个 bug 修订版。分支是版本控制的另一种增强。

版本控制和增强的版本控制是 SCM 工具其他功能的基础。

### 4. 变更管理（Change Management）

变更控制室指在整个软件生命周期中对软件变更的控制。SCM 工具提供有效的问题跟踪(Defect Tracking)和系统变更请求(System Change Requests,SCRs)管理。通过对软件生命周期各阶段所有的问题和变更请求进行跟踪记录,来支持团队成员报告(Report)、抓取(Capture)和跟踪(Track)与软件变更相关的问题,以此了解谁改变了什么,为什么改变。

变更管理有效地支持了不同开发人员之间,以及客户和开发人员之间的交流,避免了无序和各自为政的状态。

### 5. 独立的工作空间(Independent Workspaces)

开发团队成员需要在开发项目上协同、并发地工作,这样可以大大提高软件开发的效率。沙箱(Sandbox)为并行开发提供了独立的工作空间,在有的 SCM 工具中也称为工作目录(Working Folder)。

使用沙箱,开发人员能够将所有必要的项目文件复制到私有的一个树型目录,修改在这些副本上进行。一旦对修改感到满意,就可以将修改合并到开发主线(Main Line)上去;当然,如果该文件只有该成员一人修改,只需将修改过的文件签入到主项目中即可。

"并发和共享是同一事物的不同方面",并发的私有工作空间共享同一套主项目(Mater Project)文件,因此有必要让所有团队成员拥有得知项目当前状态的能力。SCM 工具提供刷新(Refresh)操作,某位团队成员可以使其他团队成员在主项目文件上所做的变更,在自己沙箱的图形用户界面上反映出来。

### 6. 报告

为保证项目按时完成,项目经理必须监控开发进程并对发生的问题迅速做出反应。报告功能使项目经理能够随时了解项目进展情况;通过图形化的报告,开发的瓶颈可以一目了然地被发现;标准的报告提供常用的项目信息,定制报告功能保证了拥有适合自己需求的信息。软件配置管理可以向用户提供配置库的各种查询信息。实际上许多软件配置管理工具的此项功能是分散在各种相应的功能中的。

### 7. 过程自动化(Process Automation)

过程详细描述了各种人员在整个软件生存周期中如何使用整个系统,过程控制可以保证每一步都按照正确的顺序由合适的人员实施。

SCM 工具使用事件触发机制(Event Trigger),即让一个事件触发另一个事件产生行为,来实现过程自动化。例如,让"增加项目成员"操作自动触发"产生功能描述表(Form)"操作,开发人员填制该文件的功能描述表,规范开发过程。

过程自动化不仅可以缩短复杂任务的时间,提高了生产率,而且还规范了团队开发的过程,减少了混乱。

### 8. 管理项目的整个生命周期

从开发、测试、发布到发布后的维护,SCM 工具的使命"始于项目开发之初,终于产品淘汰之时"。SCM 工具应预先提供典型的开发模式的模板,以减少用户的劳动;另一方面,也应支持用户自定义生命周期模式,以适应特殊开发需要。

### 9. 与主流开发环境的集成

将版本控制功能与主流集成开发环境(IDE)集成,极大地方便了软件开发过程。从集成开发环境的角度看,版本控制是其一项新功能;从 SCM 工具的角度看,集成开发环境充当了沙箱的角色。

## 11.3　成熟软件配置管理工具的特征

### 1. 软件配置管理工具的发展

软件配置管理最早是使用人工的方法,以类似档案管理的方式管理软件配置管理项。这种管理方式烦琐,特别是当软件较大时,对大量的文档进行更改控制、配置审计等工作,容易出错,工作效率极低。随着管理水平的提高,出现了用计算机进行管理的软件配置管理工具。

相对于其他 CASE 工具,配置管理工具应该是最必不可少的,它可以帮助你管理软件开发时烦琐的工作。从早期的基于文件的版本控制工具,如 RCS,到今天现代的软件配置管理工具,如 Harvest、CleaseCase、StarTeam 和 Firefly 等,软件配置管理工具已经有了长足的发展,并且依然在快速的发展着。

软件配置管理工具发展过程中的关键特征如下。

(1) 第一代:基于文件,以版本控制、支持 Check out/Check in 模型和简单分支为主要特征。第一代软件配置管理工具仅仅只是处理文件版本控制的工具。它们是基于单一文件的工具,将各独立文件的改变存储在特殊的文档文件之中,一般支持恢复提交模式,并提供分支,最早的这类工具是 SCCS 和 RCS。

(2) 第二代:基于项目库,支持并行开发团队协作以及过程管理。这一代工具的最显著特征是软件开发项目的源代码与它们的文档分离,而存储在一个数据库中,该数据库称为项目数据库或软件库。这种结构将重点从文件一级移到了项目一级,并对整个项目信息有一个统一的观点。这一代配置管理工具有基于变动请求的 IBM 的 CMVC,面向操作的 Platium 公司的 CCC 以及 SQL 公司的 PCMS 等。

(3) 第三代:全面结合 CM 管理等各个软件开发环节的软件配置管理整体解决方案。它保持了第二代软件配置管理工具的优点的基础上加入了"文件透明性"这一特性。最具有代表的产品是 Rational ClearCase,它是通过一个独占的文件系统 MVPS 来实现文件透明性的。

总之,近几十年来,软件配置管理的任务和作用始终没有改变过。唯一改变的是那些以软件配置管理为核心的配置管理工具及操作系统。这些工具已经从简单的版本控制和半自动构造系统进行到现在复杂的软件配置管理,通过这些工具,用户实现了无法实现的功能,真正实现自动软件配置管理。

### 2. 成熟软件配置管理工具的特征

企业要实施软件配置管理常常面临的第一步就是要选择合适的工具,在此表 11-1 列出一个成熟的软件配置管理工具应该具备的特征。

表 11-1 软件配置管理工具应具备的特征

| 指标 | 配置项(对象)管理 | 构建与发布管理 | 工作空间管理 | 流程管理 | 分布式开发的支持 | 与其他工具的集成能力 | 易用性、易管理性 |
|---|---|---|---|---|---|---|---|
| 特 征 | 版本控制<br>配置管理<br>并行开发支持<br>基线支持 | 能利用流行的构建工具:<br>ANT/MAKE<br>支持多平台构建<br>支持并行构建<br>能自动处理构建依赖关系<br>能收集和维护重新产生之前构建所需要的信息 | 能自动跟踪工作空间中所有类型的变更<br>能应用不同配置填充工作空间<br>工作空间既允许隔离又允许更新 | 不同类型的对象都应具备流程定制能力<br>流程的范围可定制<br>支持测试与发布流程 | 负载均衡 | 变更请求工具<br>开发工具<br>其他 CASE 工具<br>命令行,SDK | 报告能力<br>架构的弹性 |

## 11.4 典型软件配置管理工具

近年来,各公司相继推出了各种基于单机或网络系统的集成化的软件配置管理工具,如 ClearCase、CCC/Harvest 等比较优秀的配置管理工具。这些配置管理工具在推进软件工程化,确保软件质量发挥了积极的作用。

目前国内流行的软件配置管理工具主要有 Microsoft 公司的 Visual SourceSafe、Rational 公司的 ClearCase、CA 公司的 CCC/Harvest。本节中主要介绍几种典型的软件配置管理工具。

### 1. SourceSafe

Microsoft Visual SourceSafe 是 Microsoft 公司推出的配置管理工具,简称 VSS,是 VisualStudio 的套件之一。SourceSafe 是国内最流行的配置管理工具,用户量绝对是第一位。

软件支持 Windows 系统所支持的所有文件格式,兼容 Check out-Modify-Check in(独占工作模式)与 Copy-Modify-Merge(并行工作模式)。VSS 通常与微软公司的 Visual Studio 产品同时发布,并且高度集成。VSS(6.0d 及较早版本)最大缺点是需要快速大量的信息交换,因此仅适用于快速本地网络,而无法实现基于 Web 的快速操作,尽管一个妥协的办法是可以通过慢速的 VPN。VSS 2005 拥有 Web 访问功能,不再与 Visual Studio 同时发布。在 Visual Studio 2008 Team System 中集成了另外一个叫做 Team Foundation Server 的项目生命期管理工具。VSS 未来将面向独立开发者和小型开发团队。

SourceSafe 长得很像早先时期的文件管理器,的确难看。但是难看不碍事,SourceSafe 的优点可以用 8 个字来概括:"简单易用,一学就会",这个优点是 Microsoft 遗传下来的,是天生的。

虽然 SourceSafe 并不是免费的,但是在国内人们以接近于零的成本得到它,网上到处可以下载。当然 Microsoft 也不在乎这个小不点的软件,它属于"买大件送小件"的角色。如果你合法地得到 Visual Studio,你就得到了免费的 SourceSafe。

SourceSafe 的主要局限性有以下两点。

(1)只能在 Windows 下运行,不能在 UNIX、Linux 下运行。SourceSafe 不支持异构环境下的配置管理,对用户而言是个麻烦事。这不是技术问题,是微软公司产品战略决定的。

(2)适合于局域网内的用户群,不适合于通过 Internet 连接的用户群,因为 SourceSafe 是通过"共享目录"方式存储文件的。

人无完人,物不尽美。有些卖配置管理工具的软件供应商经常贬低 SoureSafe,讽刺它是 Source not Safe。我不想为谁辩护,只是给出一个例证说明 SourceSafe 的效用。有一个软件事业部(约百名开发人员)的十余个项目全部采用 SourceSafe 来管理,只用一台 PC 机作配置管理服务器,运行一年都没有发生异常现象。

### 2. CVS

CVS 是 Concurrent Version System(并行版本系统)的缩写,它是著名的开放源代码的配置管理工具。实际上 CVS 可以维护任意文档的开发和使用,例如对共享文件的编辑修改,而不仅仅局限于程序设计。CVS 维护的文件类型可以是文本类型也可以是二进制类型。CVS 用 Copy-Modify-Merge(复制、修改、合并)变化表支持对文件的同时访问和修改。它明确地将源文件的存储和用户的工作空间独立开来,并使其并行操作。CVS 基于客户端/服务器的行为使其可容纳多个用户,构成网络也很方便。这一特性使得 CVS 成为位于不同地点的人同时处理数据文件(特别是程序的源代码)时的首选。

CVS 的官方网站是 http://www.cvshome.org/。官方提供的是 CVS 服务器和命令行程序,但是官方并不提供交互式的客户端软件。许多软件机构根据 CVS 官方提供的编程接口开发了各色各样的 CVS 客户端软件,最有名的当推 Windows 环境的 CVS 客户端软件——WinCVS。WinCVS 是免费的,但是并不开放源代码。

与 SourceSafe 相比,CVS 有以下主要优点。

(1)SourceSafe 有的功能 CVS 全都有,CVS 支持并发的版本管理,SourceSafe 没有并发功能。CVS 服务器的功能和性能都比 SourceSafe 高出一筹。

(2)CVS 服务器是用 Java 编写的,可以在任何操作系统和网络环境下运行。CVS 深受 UNIX 和 Linux 的用户喜爱。Borland 公司的 JBuilder 提供了 CVS 的插件,Java 程序员可以在 JBuilder 集成环境中使用 CVS 进行版本控制。

(3)CVS 服务器有自己专用的数据库,文件存储并不采用 SourceSafe 的"共享目录"方式,所以不受限于局域网,信息安全性很好。

CVS 的主要缺点在于客户端软件,真可谓五花八门、良莠不齐。UNIX 和 Linux 的软件高手可以直接使用 CVS 命令行程序,而 Windows 用户通常使用 WinCVS。安装和使用 WinCVS 显然比 SourceSafe 麻烦不少,这是令人比较遗憾的。

### 3. ClearCase

Rational 公司的 ClearCase 是软件行业公认的功能最强大、价格最昂贵的配置管理软件。类似于 VSS、CVS 的作用,但是功能比 VSS、CVS 强大的多,而且可以与 Windows 资源管理器集成使用，并且还可以与很多开发工具集成在一起使用。但是对配置管理员的要求比较高。

ClearCase 主要应用于复杂产品的并行开发、发布和维护，它在某些方式上和其他的软件配置管理系统有所不同，从本质上，ClearCase 是无可比拟的，因为它包含了一套完整的软件配置管理工具而且结构透明、界面可亲。其功能划分为以下 4 个范畴。

1）版本控制（Version Control）

ClearCase 自动追踪每一个文件和目录的变更情况，通过分支和归并功能支持并行开发。在软件开发环境中，ClearCase 可以对每一种对象类型（包括源代码、二进制文件、目录内容、可执行文件、文档、测试包、编译器、库文件等）实现版本控制。因而，ClearCase 提供的能力远远超出资源控制，并且可以帮助团队，在开发软件时为它们所处理的每一种信息类型建立一个安全可靠的版本历史记录。

2）工作空间管理（Workspace Management）

ClearCase 给每一位开发者提供了一致性、灵活性和工作空间域（有时也称为 Sandboxes）可重用的功能。ClearCase 采用一种称为 View 的创新技术，它可以选择所指定任务的每一个文件或目录的适当版本，并呈现它们。View 可以让开发者在资源代码共享和私有代码独立的不断变更中达到平衡，从而使他们工作更有效。

3）构造管理（Build Management）

ClearCase 自动产生软件系统构造文档信息清单，而且可以完全、可靠地重建任何构造环境。ClearCase 也可以通过共享二进制文件和并发执行多个建立脚本的方式支持有效的软件构造。

4）过程控制（Process Control）

ClearCase 有一个灵活、强大的功能，可以明确项目设计的流程。自动的常规日志可以监控软件被谁修改、修改了什么内容以及执行政策，例如，可以通过对全体人员的不同授权来阻止某些修改的发生，无论任何时刻某一事件发生应立刻通知团队成员，对开发的进程建立一个永久记录并不断维护它。

ClearCase 通过 TCP/IP 来连接客户端和服务器。另外，ClearCase 拥有的浮动 License 可以跨越 UNIX 和 Windows NT 平台被共享。

ClearCase 帮助所有规模的开发组织进行更加有效的开发和维护、加强竞争力、增加收益、降低成本。独特的 ClearCase 带来的特殊利益如下。

- 增加团队效率——通过对并行开发的支持来实现，包括图形比较和归并、标签、版本目录结构。
- 增加个人效率——通过自动的工作空间管理来实现，如直接的版本访问、消除了在拷贝文件上的时间的浪费。
- 简单的维护和提高对客户的支持——通过快速准确地重建先前的版本来实现。
- 快速准确的产品发布——通过保证构造的准确性和对软件的每一个元件进行版本控制来实现。
- 减少错误发生——通过事件发生以后对每一个元件的变更进行追踪来实现。
- 硬件资源的优化——通过分布式构造、减少文件复制、可用对象的共享等功能来实现。

- 提高项目协调和编制——通过文件注释和开发周期阶段变更的自动关联来实现。
- 提高产品质量——通过灵活的进程控制和图形接口定制,使得软件开发在实际中保持一致。
- 更加有效的团队扩展——通过减少系统管理和维护的负担来实现。
- 支持分布式结构使得团队成长——通过 Client/Server 结构进行多点复制和及时的对象版本的更新来实现。
- 使用配置管理工具而降低风险——由于它不干扰软件程序员的工作,所以可以使用常用的工具和文件系统接口。
- 增加了软件的安全性和保护性——通过使用分布式的存储结构,所有的软件资源会随时更新、在硬盘或网络出现错误时那些被 ClearCase 存储的版本信息会立刻恢复。
- 减少培训和实现成本——ClearCase 通过采用透明结构以及和标准开发工具进行集成来实现。
- 强有力的开发和维护——通过和其他工具(如缺陷追踪)、系统、结构进行集成。
- 支持不同种类的开发——通过兼容不同平台的软件配置管理系统,如 Windows NT、UNIX 和一些 Client 端的软件,如 Windows 95、Windows NT、Windows 3.1 和 Windows for Workgroups。

ClearCase 的功能比 CVS、SourceSafe 强大得多,但是其用户量却远不如 CVS、SourceSafe 的多。主要原因有以下两点。

(1) ClearCase 价格昂贵,如果没有批量折扣的话,每个 License 大约 5000 美元。对于中国用户而言,这无疑是天价。

(2) 用户只有经过几天的培训后(费用同样很昂贵),才能正常使用 ClearCase。如果不参加培训的话,用户基本上不可能无师自通。

### 4. CCC/Harvest

CCC/Harvest(Change Configuration Control/Harvest)是 CA 公司开发的一个基于团队开发的提供以过程驱动为基础的包含版本管理、过程控制等功能的配置管理工具。它可帮助在异构的平台,远程分布的开发团队以及并发开发活动的情况下保持工作的协调和同步,不仅如此,它还可以有效跟踪复杂的企业级开发的各种变化(变更)的差异,从而使得可以在预定的交付期限内提交高质量的软件版本。

CCC/Harvest 的技术特性包括以下几点。

(1) 可提供自动化的变更提交,保证生产环境应用的运行 CCC/Harvest 提供集中化的管理,以实现分布式环境下软件变化的合理控制和协调。通过对变更引入的自动化,以及对将变化提交到生产环境的过程的优化,CCC/Harvest 可以避免生产应用受到不应有的变化所带来的破坏。

(2) 可实现开发过程的自动化,通过简单的点击方式创建和改变开发过程的模型,并利用这个模型来保证软件变更得到控制,进度得到跟踪,每个成员都处于最新状态。通过工作流的自动化,许多日常的应用开发任务可以自动化完成,包括通知、审批以及不同阶段的变更提交。CCC/Harvest 预装了一系列预先定义好阶段和过程、适用于常规应用开发环境的生命周期模型。用户可选择其中一个模型,然后进行简单的定制,以体现自己的环境;这样减少了实施软件变化控制方案通常所需要的时间和投入。

（3）支持自动同步的并发开发。在 CCC/Harvest 中，通过一个简单的设置选项就可以让用户选择并发开发功能。并发开发避免了某个开发人员的变化覆盖掉其他开发人员的工作。CCC/Harvest 自动将不同的变化隔离成各自的版本系列。在任何并发开发活动发生时，参与的开发人员都会被自动告知；还可以方便地生成有关变化内容、变化原因、实施变化的人员以及实施时间的报告。通过集成化的合并功能，用户可以对所有并发活动实施的变化加以合并，并在必要时解决版本之间的冲突。

（4）可管理用户对供应商提供的代码的修改。CCC/Harvest 使您能够修改第三方的软件，并将所做的修改无缝地集成到供应商的后续版本中。供应商与用户自己改进的软件版本之间的差异可以方便地识别和维护，无需进行物理上的复制。只有当变化被认可之后，它们才可以提交到生产环境，原始的版本永远不会丢失。

（5）具有灵活的定制功能。CCC/Harvest 可以方便地进行定制，适应公司的标准、需求和过程。它的开放式体系结构和定制功能使您可以定制配置管理方案。与流行的集成化开发环境（IDE）的接口，如 Visual Basic 和 Visual C++，使开发人员可以在不退出 IDE 的情况下透明地完成日常的配置管理功能。CCC/Harvest 同时提供了 Powerbuilder 接口。该接口可以支持 Powerbuilder 库中对象级的版本控制。

## 11.5  练习

**一、名词解释**

1. 软件配置管理

2. SCI

**二、简答**

1. 软件配置管理有哪些内容？

2. 软件配置管理中使用了哪些模式？

3. 软件配置管理有什么作用？

4. 简单介绍软件配置管理过程中的活动。

5. 配置状态报告的主要内容是什么？

6. 成熟软件配置管理工具有哪些特征？

**三、分析题**

1. 请详细分析软件配置管理工具 SCM 的功能。

2. 请分析软件配置管理工具的发展。

# 第12章

# UML与Rational Rose软件

## 12.1 UML 统一建模语言

随着软件系统复杂性的不断增加和面向对象技术应用的推广,市场上涌现出许多的建模语言。UML 便是人们期盼的一种集众家之长且具有弹性的统计建模语言。本节从 UML 的产生与发展开始,简单介绍 UML 的定义、内容及组成、特点与应用。

### 1. 什么是 UML

按照 UML 文件的说法,"UML 是一种用于软件系统制品规约的、可视化的构造及建模语言,也可用于业务建模以及其他非软件系统"。

根据 Grandy Booch、James Rumbaugh 以及 Ivar Jacobson 3 位大师所著的 *The Unified Modeling Language Users Guide*(《UML 使用手册》)一书可知,统一建模语言 UML 可以定义为以下几点。

(1) UML 是编写软件蓝图的标准语言。

(2) UML 是以可视化方式制定、建构以及记录软件为主的系统的产出。

(3) UML 的目标是以面向对象的方式来描述任何类型的系统,是一种统一的建模语言,它不局限于软件开发,具有很宽的应用领域。UML 最常用的用途是建立软件系统的模型,它还可以用于描述非软件领域的系统,如机械系统、企业机构或业务过程以及处理复杂数据的信息系统、具有实时要求的工业系统或工业过程等。总之,UML 是一个通用的标准建模语言,可以对任何具有静态结构和动态行为的系统进行建模。但要注意的一点是,一个 UML 模型只描述了一个系统要做什么,并没告诉我们系统信息如何被安排的。

(4) UML 是一种较完整的建模语言,因此它支持建模过程的各个阶段,对于软件开发来说,无论是需求分析阶段还是设计阶段,还是最后的安装调试、测试阶段,UML 都可以提供很强的支持。

### 2. UML 的内容及组成

UML 作为一种语言,它的定义也同样包括语义和表示法两个部分。

UML 语义:语义描述基于 UML 的元模型的定义。元模型为 UML 的所有元素在语法和语义上提供了简单、一致、通用的定义性说明,使开发者能在语义上取得一致,消除了因人而异的最佳表达方式所造成的影响。此外,UML 还支持对元模型的扩展定义。

UML 表示法:定义了各种 UML 符号、元素、框图及其使用方法。为开发者或开发工具使用这些图形符号和文本语法为系统建模提供了标准。UML 提供了两大类,共 9 种图形支持建模。其分类和各个图形的作用,如表 12-1 所示。

表 12-1　UML 图及其作用

| 类　别 | 图形名称 | 作　用 |
|---|---|---|
| 静态建模 | 用例图(Use Case Diagram) | 描述系统实现的功能 |
| | 类图(Class Diagram) | 描述系统的静态结构 |
| | 对象图(Object Diagram) | 描述系统在某时刻的静态结构 |
| | 构件图(Component Diagram) | 描述实现系统组成构件上的关系 |
| | 配置图(Deployment Diagram) | 描述系统运行环境的配置情况 |
| 动态建模 | 顺序图(Sequence Diagram) | 描述系统某些元素在时间上的交互 |
| | 协作图(Collaboration Diagram) | 描述系统某些元素之间的协作关系 |
| | 状态图(Statechart Diagram) | 描述某个用例的工作流 |
| | 活动图(Activity Diagram) | 描述某个类的动态行为 |

### 3. UML 的特点

UML 主要具有以下 4 个特点。

1) 统一的建模语言

UML 语言吸取面向对象及一些非面向对象方法的思想。它使用统一的元素及其表示符号,为用户提供无二义性的设计模型交流方法。

2) 支持面向对象

UML 支持面向对象思想的主要概念,并提供了能够简洁明了地表示这些概念及其关系的图形元素。

3) 支持可视化建模

UML 是一种图形化语言,它自然地支持可视化建模。此外 UML 还支持扩展机制,用户可以通过它的自定义建模元素的各种属性。

4) 强大的表达能力

UML 在演进的过程中提出了一些新的概念,如模板、进程和线程、并发和模式等。这些概念有效地支持了各种抽象领域和系统内核机制的建模。UML 强大的表达能力使它可以对各种类型的软件系统建模,甚至商业领域的业务过程。

因此可以认为,UML 是一种先进实用的标准建模语言,但其中某些概念尚待实践来验证,UML 也必然存在一个进化过程。

### 4. 统一建模语言 UML 的应用

UML 的应用领域非常广泛,其目标是以面向对象图的方式来描述任何类型的系统,具有很宽的应用领域。其中最常用的是建立软件系统的模型,但它同样可以用于描述非软件领域的系统,如机械系统、企业机构或业务过程,以及处理复杂数据的信息系统、具有实时要求的工业系统或工业过程等。总之,UML 是一个通用的标准建模语言,可以对任何具有静态结构和动态行为的系统进行建模。此外,UML 适用于系统开发过程中从需求规格描述到系统完成后测试的不同阶段。

在需求分析阶段,可以用用例来捕获用户需求。通过用例建模,描述对系统感兴趣的外部角色及其对系统(用例)的功能要求。分析阶段主要关心问题域中的主要概念(如抽象、类和对象等)和机制,需要识别这些类以及它们相互间的关系,并用 UML 类图来描述。为实现用例,类之间需要协作,这可以用 UML 动态模型来描述。在分析阶段,只对问题域的对象(现实世界的概念)建模,而不考虑定义软件系统中技术细节的类(如处理用户接口、数据库、通信和并行性等问题的类)。这些技术细节将在设计阶段引入,因此设计阶段为构造阶段提供更详细的规格说明。

编程(构造)是一个独立的阶段,其任务是用面向对象编程语言将来自设计阶段的类转换成实际的代码。在用 UML 建立分析和设计模型时,应尽量避免考虑把模型转换成某种特定的编程语言。因为在早期阶段,模型仅仅是理解和分析系统结构的工具,过早考虑编码问题十分不利于建立简单正确的模型。

UML 模型还可作为测试阶段的依据。系统通常需要经过单元测试、集成测试、系统测试和验收测试。不同的测试小组使用不同的 UML 图作为测试依据:单元测试使用类图和类规格说明;集成测试使用部件图和合作图;系统测试使用用例图来验证系统的行为;验收测试由用户进行,以验证系统测试的结果是否满足在分析阶段确定的需求。

总之,标准建模语言 UML 适用于以面向对象技术来描述任何类型的系统,而且适用于系统开发的不同阶段,从需求规格描述直至系统完成后的测试和维护。

## 12.2 RUP 开发方法

软件开发是一套关于软件开发各个阶段的定义、任务和作用的,建立在理论上的一门工程学科,它对解决软件危机、指导任务、利用科学和有效的方法来开发软件、提高及保证软件开发效率和质量起到了一定的作用。软件开发过程是实施软件开发和维护中的阶段、方法、技术、实践及相关产物的集合,行之有效的软件过程可以提高软件开发组织的生产效率,提高软件质量,降低成本并减少风险。当前具有代表性、应用比较广泛的软件过程主要包括 RUP、OPEN Process、OOSP、XP、Catalysis、DSDM。统一软件过程( Rational Unified Process,RUP)是当今比较流行的几种重要的科学软件开发过程之一。

### 1. RUP 概述

RUP 是一种软件工程化过程,又是文档化的软件工程产品。它主要由 Ivar Jacobson 的 The Objectory Approach 和 The Rational Approach 发展而来,吸收了多种开发模型的优点,具有良好的可操作性和实用性。一经推出,凭借 Booch、Ivar Jacobson 和 Rumbaugh 在业界的领导地位以及与统一建模语言的良好集成,多种 CASE 工具的支持,以及不断的升级与维护,迅速得到业界广泛的认同。越来越多的组织以它作为软件开发模型框架。

RUP 是一个面向对象且基于网络的程序开发方法论。根据 Rational 的说法,好像一个在线的指导者,它可以为所有方面和层次的程序开发提供指导方针、模版以及事例支持。RUP 和类似的产品,例如面向对象的软件过程(OOSP),以及 OPEN Process 都是理解性的软件工程工具,把开发中面向过程的方面(如定义的阶段、技术和实践)和其他开发的组件(如文档、模型、手册以及代码等)整合在一个统一的框架内。

RUP 中定义了一些核心概念。

- 角色,即描述某个人或者一个小组的行为与职责。RUP 预先定义了很多角色。
- 活动,是一个有明确目的的独立工作单元。
- 工件,是活动生成、创建或修改的一段信息。

RUP 是严格按照行业标准 UML 开发的,它的特点主要表现为如下 6 个方面:开发复用,减少开发人员的工作量,并保证软件质量,在项目初期可降低风险;对需求进行有效管理;可视化建模;使用组件体系结构,使软件体系架构更具有弹性;贯穿整个开发周期的质量核查;对软件开发的变更控制。

### 2. RUP 的各个阶段和里程碑

Rational 公司提供的统一流程 RUP 是以迭代式开发为基础,克服了瀑布模型不可回溯的缺点,同时保留了瀑布模型规则化、流程化的优点。RUP 中的软件生命周期在时间上被分解为四个顺序的阶段,分别是初始阶段(Inception)、细化阶段(Elaboration)、构造阶段(Construction)和交付阶段(Transition)。每个阶段结束于一个主要的里程碑(Major Milestones);每个阶段本质上是两个里程碑之间的时间跨度。在每个阶段的结尾执行一次评估以确定这个阶段的目标是否已经满足。如果评估结果令人满意的话,可以允许项目进入下一个阶段。

1) 初始化阶段

初始又称为初始的目标,是"获得项目的基础"。初始阶段参与的主要成员是项目经理和系统设计师,他们主要完成系统的可行性分析,创建基本需求来界定系统范围,以及识别软件系统的关键任务。

本阶段确定所设立的项目是否可行,具体要做如下工作。

(1) 对需求有一个大概的了解,确定系统中的大多数角色和用例,但此时的用例是简要的。对给出的系统体系结构的概貌,细化到主要子系统即可。

(2) 识别影响项目可行性的风险。

(3) 考虑时间、经费、技术、项目规模和效益等因素。

(4) 关注业务情况,制订出开发计划。

本阶段具有非常重要的意义,因为在这个阶段中关注的是整个项目工程化中的任务和需求方面的主要风险。初始化阶段的焦点是需求和工作流分析。

初始阶段结束时是第一个重要的里程碑:生命周期目标(Lifecycle Objective)里程碑。生命周期目标里程碑评价项目基本的生存能力。

2) 细化阶段

细化阶段的主要目标是分析问题领域建立健全的体系结构基础,编制项目计划,淘汰项目中的最高风险元素。本阶段是开发过程中最重要的阶段,因为以后的阶段是以细化的结果为基础。细化阶段的焦点是需求、工作流的分析和设计。

本阶段要做如下工作。

(1) 识别出剩余的大多数用例,对当前迭代的每个用例进行细化;分析用例的处理流程、状态细节以及可能发生的状态改变。

（2）细化流程，可以使用程序框图和合作图；还可以使用活动图、类图分析用例。

（3）对风险进行识别，主要包括需求风险、技术风险、技能奉献和政策风险。

（4）进行高层分析和设计，并作出结构性政策。

（5）为构造阶段制定计划。

细化阶段结束时是第二个重要的里程碑：生命周期结构（Lifecycle Architecture）里程碑。生命周期结构里程碑为系统的结构建立了管理基准并使项目小组能够在构建阶段中进行衡量。此刻，要检验详细的系统目标和范围、结构的选择以及主要风险的解决方案。

3）构建阶段

构建阶段的主要目标是完成所有的需求、分析和设计。细化阶段的产品将演化成最终系统，构建的主要问题是维护本系统框架的完整性。构建阶段的焦点是实现工作流。

构建阶段结束时是第三个重要的里程碑：初始功能（Initial Operational）里程碑。初始功能里程碑决定了产品是否可以在测试环境中进行部署。此刻，要确定软件、环境、用户是否可以开始系统的运作。此时的产品版本也常被称为 beta 版。

4）交付阶段

移交产品给用户，包括开发、交付、培训、支持及维护，直到用户满意。移交阶段以产品发布版本为里程碑结束，也是整个周期的结束。在交付阶段的终点是第四个里程碑：产品发布（Product Release）里程碑。此时，要确定目标是否实现，是否应该开始另一个开发周期。在一些情况下这个里程碑可能与下一个周期的初始阶段的结束重合。

### 3. 统一开发过程 RUP 裁剪

RUP 是一个通用的过程模板，包含了很多开发指南、制品、开发过程所涉及的角色说明，由于它非常庞大，所以对具体的开发机构和项目，用 RUP 时还要做裁剪，也就是要对RUP 进行配置。RUP 就像一个元过程，通过对 RUP 进行裁剪可以得到很多不同的开发过程，这些软件开发过程可以看作 RUP 的具体实例。RUP 裁剪可以分为以下几步。

（1）确定本项目需要哪些工作流。RUP 的 9 个核心工作流并不总是需要的，可以取舍。

（2）确定每个工作流需要哪些制品。

（3）确定 4 个阶段之间如何演进。确定阶段间演进要以风险控制为原则，决定每个阶段要哪些工作流，每个工作流执行到什么程度，制品有哪些，每个制品完成到什么程度。

（4）确定每个阶段内的迭代计划。规划 RUP 的 4 个阶段中每次迭代开发的内容。

（5）规划工作流内部结构。规划工作流的内部结构，通常用活动图的形式给出。

### 4. RUP 的核心工作流

RUP 中有 9 个核心工作流，分为 6 个核心过程工作流（Core Process Workflows）和 3个核心支持工作流（Core Supporting Workflows）。尽管 6 个核心过程工作流可能使人想起传统瀑布模型中的几个阶段，但应注意迭代过程中的阶段是完全不同的，这些工作流在整个生命周期中一次又一次被访问。9 个核心工作流在项目中轮流被使用，在每一次迭代中以不同的重点和强度重复。

1) 商业建模(Business Modeling)工作流

商业建模工作流描述了如何为新的目标组织开发一个构想,并基于这个构想在商业用例模型和商业对象模型中定义组织的过程、角色和责任。

2) 需求(Requirements)工作流

需求工作流的目标是描述系统应该做什么,并使开发人员和用户就这一描述达成共识。为了达到该目标,要对需要的功能和约束进行提取、组织、文档化。最重要的是理解系统所解决问题的定义和范围。

3) 分析和设计(Analysis & Design)工作流

分析和设计工作流将需求转化成未来系统的设计,为系统开发一个健壮的结构并调整设计使其与实现环境相匹配,优化其性能。分析设计的结果是一个设计模型和一个可选的分析模型。设计模型是源代码的抽象,由设计类和一些描述组成。设计类被组织成具有良好接口的设计包(Package)和设计子系统(Subsystem),而描述则体现了类的对象如何协同工作实现用例的功能。设计活动以体系结构设计为中心,体系结构由若干结构视图来表达,结构视图是整个设计的抽象和简化,该视图中省略了一些细节,使重要的特点体现得更加清晰。体系结构不仅仅是良好设计模型的承载媒介,而且在系统的开发中能提高被创建模型的质量。

4) 实现(Implementation)工作流

实现工作流的目的包括以层次化的子系统形式定义代码的组织结构;以组件的形式(源文件、二进制文件、可执行文件)实现类和对象;将开发出的组件作为单元进行测试以及集成由单个开发者(或小组)所产生的结果,使其成为可执行的系统。

5) 测试(Test)工作流

测试工作流要验证对象间的交互作用,验证软件中所有组件的正确集成,检验所有的需求已被正确的实现,识别并确认缺陷在软件部署之前被提出并处理。RUP提出了迭代的方法,意味着在整个项目中进行测试,从而尽可能早地发现缺陷,从根本上降低了修改缺陷的成本。测试类似于三维模型,分别从可靠性、功能性和系统性能来进行。

6) 部署(Deployment)工作流

部署工作流的目的是成功地生成版本并将软件分发给最终用户。部署工作流描述了那些与确保软件产品对最终用户具有可用性相关的活动,包括软件打包、生成软件本身以外的产品、安装软件、为用户提供帮助。在有些情况下,还可能包括计划和进行 beta 测试版、移植现有的软件和数据以及正式验收。

7) 配置和变更管理(Configuration & Change Management)工作流

配置和变更管理工作流描绘了如何在多个成员组成的项目中控制大量的产物。配置和变更管理工作流提供了准则来管理演化系统中的多个变体,跟踪软件创建过程中的版本。工作流描述了如何管理并行开发、分布式开发、如何自动化创建工程。同时也阐述了对产品修改原因、时间、人员保持审计记录。

8) 项目管理(Project Management)工作流

软件项目管理平衡各种可能产生冲突的目标,管理风险,克服各种约束并成功交付使用户满意的产品。其目标包括:为项目的管理提供框架;为计划、人员配备、执行和监控项目提供实用的准则;为管理风险提供框架等。

9）环境（Environment）工作流

环境工作流的目的是向软件开发组织提供软件开发环境，包括过程和工具。环境工作流集中于配置项目过程中所需要的活动，同样也支持开发项目规范的活动，提供了逐步的指导手册并介绍了如何在组织中实现过程。

### 5．RUP 的十大要素

1）开发一个前景

有一个清晰的前景是开发一个满足涉众真正需求的产品的关键。前景抓住了 RUP 需求流程的要点：分析问题，理解涉众需求，定义系统，当需求变化时管理需求。前景给更详细的技术需求提供了一个高层的、有时候是合同式的基础。正像这个术语隐含的那样，它是软件项目的一个清晰的、通常是高层的视图，能被过程中任何决策者或者实施者借用。它捕获了非常高层的需求和设计约束，让前景的读者能理解将要开发的系统。它还提供了项目审批流程的输入，因此就与商业理由密切相关。最后，由于前景构成了"项目是什么?"和"为什么要进行这个项目?"，所以可以把前景作为验证将来决策的方式之一。对前景的陈述应该能回答以下问题，需要的话这些问题还可以分成更小、更详细的问题：关键术语是什么（词汇表）? 我们尝试解决的问题是什么（问题陈述）? 涉众是谁? 用户是谁? 他们各自的需求是什么? 产品的特性是什么? 功能性需求是什么（User Case）? 非功能性需求是什么? 设计约束是什么?

2）达成计划

"产品的质量只会和产品的计划一样好"。在 RUP 中，软件开发计划（SDP）综合了管理项目所需的各种信息，也许会包括一些在先启阶段开发的单独的内容。SDP 必须在整个项目中被维护和更新。SDP 定义了项目时间表（包括项目计划和迭代计划）和资源需求（资源和工具），可以根据项目进度表来跟踪项目进展。同时也指导了其他过程内容（原文：Process Components）的计划：项目组织、需求管理计划、配置管理计划、问题解决计划、QA计划、测试计划、评估计划以及产品验收计划。

在较简单的项目中，对这些计划的陈述可能只有一两句话。例如，配置管理计划可以简单的这样陈述：每天结束时，项目目录的内容将会被压缩成 ZIP 包，复制到一个 ZIP 磁盘中，加上日期和版本标签，放到中央档案柜中。软件开发计划的格式远远没有计划活动本身以及驱动这些活动的思想重要。正如 Dwight D. Eisenhower 所说："plan 什么也不是，planning 才是一切"。"达成计划"和列表中第 3、4、5、8 条一起抓住了 RUP 中项目管理流程的要点。项目管理流程包括以下活动：构思项目、评估项目规模和风险、监测与控制项目、计划和评估每个迭代和阶段。

3）标识和减小风险

RUP 的要点之一是在项目早期就标识并处理最大的风险。项目组标识的每一个风险都应该有一个相应的缓解或解决计划。风险列表应该既作为项目活动的计划工具，又作为确定迭代的基础。

4）分配和跟踪任务

有一点在任何项目中都是重要的，即连续的分析来源于正在进行的活动和进化的产品的客观数据。在 RUP 中，定期的项目状态评估提供了讲述、交流和解决管理问题、技术问题以及项目风险的机制。团队一旦发现了这些障碍物(篱笆),他们就把所有这些问题都指定一个负责人,并指定解决日期。进度应该定期跟踪,如有必要,更新应该被发布。这些项目"快照"突出了需要引起管理注意的问题。随着时间的变化,虽然周期可能会变化,定期的评估使经理能捕获项目的历史,并且消除任何限制进度的障碍或瓶颈。

5) 检查商业理由

商业理由从商业的角度提供了必要的信息,以决定一个项目是否值得投资。商业理由还可以帮助开发一个实现项目前景所需的经济计划。它提供了进行项目的理由,并建立经济约束。当项目继续时,分析人员用商业理由来正确的估算投资回报率(ROI,Return On Investment)。商业理由应该给项目创建一个简短但是引人注目的理由,而不是深入研究问题的细节,以使所有项目成员容易理解和记住它。在关键里程碑处,经理应该回顾商业理由,计算实际的花费、预计的回报,决定项目是否继续进行。

6) 设计组件构架

在 RUP 中,组件系统的构架是指一个系统关键部件的组织或结构,部件之间通过接口交互,而部件是由一些更小的部件和接口组成的。主要的部分是什么? 它们又是怎样结合在一起的? RUP 提供了一种设计、开发、验证构架的很系统的方法。在分析和设计流程中包括以下步骤:定义候选构架、精化构架、分析行为(用例分析)、设计组件。要陈述和讨论软件构架,你必须先创建一个构架表示方式,以便描述构架的重要方面。在 RUP 中,构架表示由软件构架文档捕获,它给构架提供了多个视图。每个视图都描述了某一组涉众所关心的正在进行的系统的某个方面。涉众有最终用户、设计人员、经理、系统工程师、系统管理员等。这个文档使系统构架师和其他项目组成员能就与构架相关的重大决策进行有效的交流。

7) 对产品进行增量式的构建和测试

在 RUP 中实现和测试流程的要点是在整个项目生命周期中增量的编码、构建、测试系统组件,在先启之后每个迭代结束时生成可执行版本。在精化阶段后期,已经有了一个可用于评估的构架原型;如有必要,它可以包括一个用户界面原型。然后,在构建阶段的每次迭代中,组件不断地被集成到可执行、经过测试的版本中,不断地向最终产品进化。动态及时的配置管理和复审活动也是这个基本过程元素的关键。

8) 验证和评价结果

顾名思义,RUP 的迭代评估捕获了迭代的结果。评估决定了迭代满足评价标准的程度,还包括学到的教训和实施的过程改进。根据项目的规模和风险以及迭代的特点,评估可以是对演示及其结果的一条简单的纪录,也可能是一个完整的、正式的测试复审记录。这里的关键是既关注过程问题又关注产品问题。越早发现问题,就越没有问题。

9) 管理和控制变化

RUP 的配置和变更管理流程的要点是当变化发生时管理和控制项目的规模,并且贯穿整个生命周期。其目的是考虑所有的涉众需求,尽可能满足,同时仍能及时地交付合格的产品。用户拿到产品的第一个原型后(往往在这之前就会要求变更),他们会要求变更。重要的是,变更的提出和管理过程始终保持一致。在 RUP 中,变更请求通常用于记录和跟踪缺陷和增强功能的要求,或者对产品提出的任何其他类型的变更请求。变更请求提供了相应的手段来评估一个变更的潜在影响,同时记录就这些变更所做出的决策。他们也帮助确保所有的项目组成员都能理解变更的潜在影响。

10) 提供用户支持

在 RUP 中,部署流程的要点是包装和交付产品,同时交付有助于最终用户学习、使用和维护产品的任何必要的材料。项目组至少要给用户提供一个用户指南(也许是通过联机帮助的方式提供),可能还有一个安装指南和版本发布说明。根据产品的复杂度,用户也许还需要相应的培训材料。最后,通过一个材料清单(BOM 表,即 Bill of Materials)清楚地记录应该和产品一起交付哪些材料。

总之,RUP 具有很多长处:提高了团队生产力,在迭代的开发过程、需求管理、基于组件的体系结构、可视化软件建模、验证软件质量及控制软件变更等方面,针对所有关键的开发活动为每个开发成员提供了必要的准则、模板和工具指导,并确保全体成员共享相同的知识基础。它建立了简洁和清晰的过程结构,为开发过程提供较大的通用性。但同时它也存在一些不足:RUP 只是一个开发过程,并没有涵盖软件过程的全部内容,例如,它缺少关于软件运行和支持等方面的内容;此外,它没有支持多项目的开发结构,这在一定程度上降低了在开发组织内大范围实现重用的可能性。可以说 RUP 是一个非常好的开端,但并不完美,在实际的应用中可以根据需要对其进行改进并可以用 OPEN 和 OOSP 等其他软件过程的相关内容对 RUP 进行补充和完善。

**6. RUP 管理实施**

在管理中如何充分利用 RUP? RUP 首先将软件过程中的活动和所拥有的文档抽象成许多不同的角色,每一个角色通常由一个人或作为团队相互协作的多个人来实现。

RUP 把软件开发过程中的活动分为分析员角色集、开发员角色集、测试员角色集、经理角色集。

(1) 分析员角色集包括业务流程分析员、业务设计员、业务模型复审员、系统分析员、用户界面设计员。

(2) 开发员角色集包括构架设计师、构架复审员、代码复审员、数据库设计人员、系统设计员、设计复审员、实施员、集成员。

(3) 测试员角色集包括测试设计员、测试员。

(4) 经理角色集包括变更控制经理、配置经理、部署经理、流程工程师、项目经理、项目复审员。

RUP 对每一个角色集中的每一个成员所应负责的工作、应具备的素质、能力与如何配备这些人员都给出了一些参考性的指导原则,这为管理者正确选择人员、配备人员、管理人员提供了很好的参考。

## 12.3 Rational Rose

UML 为我们提供了优秀的可视化面向对象的建模机制。但它的图形元素众多,各种框图也比较复杂。一个好的软件开发方法,需要自动化工具的支持才能适应软件开发过程中复杂多变的要求,对于 UML 来说尤为如此。

目前 IBM 公司的 Rational Rose、Microsoft 公司的 Visio 和 Borland 公司的 Model

Maker 等工具都从不同程度提供了对 UML 建模的支持,其中 Rational Rose 功能强大,性能优越。

### 1. Rose 概念

Rose 是美国 IBM 公司开发的软件系统建模工具,它是一种可视化的、功能强大的面向对象系统分析与设计的工具。它可以用于对系统建模、设计与编码,还可以对已有的系统实施逆向工程,实现代码与模型的转换,以便更好地开发与维护系统。

用于可视化建模和公司级水平软件应用的组件构造。就像一个戏剧导演设计一个剧本一样,一个软件设计师使用 Rational Rose,以演员(数字)、使用拖放式符号的程序表中的有用的案例元素(椭圆)、目标(矩形)和消息/关系(箭头)设计个种类,来创造(模型)一个应用的框架。当程序表被创建时,Rational Rose 记录下这个程序表然后以设计师选择的 C++、Visual Basic、Java、Oracle8、CORBA 或者数据定义语言(Data Definition Language)来产生代码。

Rational Rose 包括了统一建模语言(UML)、OOSE 以及 OMT。Rose 支持几乎所有的 UML 图形元素和各种框图,是一个设计信息图形化的软件开发工具。它所产生的模型就像建筑中的蓝图一样,土壤项目组人员,包括项目经理、设计人员、程序员、测试人员、客户等,从不同角度、不同需求看待系统。

Rational Rose 是一个完全的,具有能满足所有建模环境(Web 开发,数据建模,Visual Studio 和 C++)需求能力和灵活性的一套解决方案。Rose 允许开发人员、项目经理、系统工程师和分析人员在软件开发周期内在将需求和系统的体系架构转换成代码,消除浪费的消耗,对需求和系统的体系架构进行可视化、理解和精练。通过在软件开发周期内使用同一种建模工具可以确保更快更好的创建满足客户需求的可扩展的、灵活的并且可靠的应用系统。

### 2. Rose 的功能及特点

1) Rose 的功能

Rose 支持 UML 建模过程中使用的多种模型或框图,如业务用例图、用例图、交互图、类图、状态图、构件图、配置图等。

多数应用程序除了满足系统功能外,还通常涉及数据的存储所使用的数据库,以便解决对象持久化问题。因此 Rose 不仅能够对应用程序进行建模,而且能够方便地对数据库建模。它还可以创建并比较对象模型和数据模型,并且还可以进行两种模型间的相互转化。另外也可以创建数据库各种对象,以及实现从数据库到数据模型的逆向工程。

2) Rose 的特点

简单概括,Rose 具有以下 5 个特点。

(1) 支持三层结构方案。

(2) 为大型软件工程提供了可塑性和柔韧性极强的解决方案。

(3) 支持 UML、OOSE 及 OMT。

(4) 支持大型复杂项目。

(5) 与多种开发环境无缝集成。

Rose 能够提供许多并非 UML 建模需要的辅助软件开发的功能。例如,Rose 通过对目前多种程序设计语言的有效集成并能帮助开发人员产生框架代码。

Rose 具有逆向转出工程代码的功能,根据现有的系统产生模型。这样一来,如果修改了代码,可以利用它将这些改变加到模型中;如果改变了模型,Rose 也可以修改相应的代码。从而保证设计模型和代码的一致性。

利用 Rose 自带的 RoseScript 脚本语言,可以对 Rose 进行扩展、自动改变模型、创建报表、完成 Rose 模型的其他任务等。Rose 提供的控制单元和模型集成功能允许进行多用户并行开发,并对他们的模型进行比较或合并操作。

通过 Rose 模型将用户的需求形成不同类型的文档,使开发人员和用户都了解系统全貌,以便开发人员之间,开发人员与用户之间进一步的交流,并尽快地澄清和细化用户需求。使专业人员明确自己的职责范围,避免了需求不明确和开发人员了解不全面造成错误,导致软件失败。

### 3. Rose 的安装准备

(1) 安装 Rose 需要 Windows 2000/Windows XP 及其以上版本。如果是 Windows 2000 则要确认已经安装了 Sever Pack 2。

(2) 安装 Rose,必须先得到 Rose 安装包。建议购买 Rational 公司的正版软件,Rational 现在已被 IBM 收购,读者可以从 www.ibm.com 获取相关信息。

## 12.4　练习

**一、名词解释**
1. UML
2. 软件开发
3. RUP
4. 角色
5. Rose

**二、简答**
1. 请简单介绍 UML 的内容。
2. 请简单介绍 UML 的特点。
3. RUP 的裁剪包括哪些步骤?
4. RUP 的核心工作流有哪些?

**三、分析题**
1. 请分析 UML 的产生与发展。
2. 请详细对比 UML 图,并对其功能进行简单的分析。
3. 请详细分析 RUP 的各个阶段及里程碑。
4. 请详细分析 Rose 的功能与特点。

# 第13章 软件产品线与网构软件

## 13.1 软件产品线的历史

### 1. 软件工程发展历程

为了应对软件危机,1968 年,在 NATO 会议上首次提出了"软件工程"这一概念,使软件开发开始了从"艺术"、"技巧"和"个体行为"向"工程"和"群体协同工作"转化的历程。30 多年来,软件工程的研究和实践取得了长足的进步,其中一些具有里程碑意义的进展如下。

20 世纪 60 年代末至 70 年代中期,在一系列高级语言应用的基础上,出现了结构化程序设计技术,并开发了一些支持软件开发的工具。

20 世纪 70 年代中期至 80 年代,计算机辅助软件工程(CASE)成为研究热点,并开发了一些对软件技术发展具有深远影响的软件工程环境。

20 世纪 80 年代中期至 90 年代,出现了面向对象语言和方法,并成为主流的软件开发技术;开展软件过程及软件过程改善的研究;注重软件复用和软件构件技术的研究与实践。

构件技术是影响整个软件产业的关键技术之一。1998 年在日本召开的国际软件工程会议上,基于构件的软件开发模式成为当时会议研讨的一个热点。美国总统信息顾问委员会也在 1998 年美国国家白皮书上,提出了解决美国软件产业脆弱问题的五大技术,其中之一就是建立国家级的软件构件库。目前,美国已有不少软件企业采用构件技术生产软件。我国在构件技术的应用上也是走在国际前沿的。

构件技术的出现是对传统软件开发过程的一次变革。构筑在"构件组装"模式之上的构件技术,使软件技术人员摆脱了"一行行写代码"的低效编程方式,直接进入"集成组装构件"的更高阶段。基于构件的软件开发,不仅使软件产品在客户需求吻合度、上市时间、软件质量上领先于同类产品,提高了项目的成功率,而且对软件的开发和维护变得简单易行,用户可以随时随地应对商业环境变化和 IT 技术变化,实现"敏捷定制"。从最终用户的角度来看,采用基于构件技术开发的系统,在遇到业务流程变化或系统升级等问题时,不再需要对系统进行大规模改造或推倒重来,只要通过增加新的构件或改造原来的构件来实现。

### 2. 软件产品线

软件产品线是一组具有共同体系构架和可复用组件的软件系统,它们共同构建支持特定领域内产品开发的软件平台。软件产品线的产品则是根据基本用户需求对产品线架构进行定制,将可复用部分和系统独特部分集成而得到。软件产品线方法集中体现一种大规模、大粒度软件复用实践,是软件工程领域中软件体系结构和软件重用技术发展的结果。

软件产品线的起源可以追溯到 1976 年 Parnas 对程序族的研究。软件产品线的实践早在 20 世纪 80 年代中期就出现。最著名的例子是瑞士 Celsius Tech 公司的舰艇防御系统的开发,该公司从 1986 年开始使用软件产品线开发方法,使得整个系统中软件和硬件在总成本中所占比例之比从使用软件产品线方法之前的 65∶35 下降到使用后的 20∶80,系统开发时间从近 9 年下降到不到 3 年。据 HP 公司 1996 年对 HP、IBM、NEC、AT&T 等几个大型公司分析研究,他们在采用了软件产品线开发方法后,使产品的开发时间减少 30%～50%,维护成本降低 20%～50%,软件质量提升 5～10 倍,软件重用达 50%～80%,开发成本降低 12%～15%。

虽然软件工业界已经在大量使用软件产品线开发方法,但是正式的对软件产品线的理论研究到 20 世纪 90 年代中期才出现,并且早期的研究主要以实例分析为主。到了 20 世纪 90 年代后期,软件产品线的研究已经成为软件工程领域最热门的研究领域。得益于丰富的实践和软件工程、软件体系结构、软件重用技术等坚实的理论基础,对软件产品线的研究发展十分迅速,目前软件产品线的发展已经趋向成熟。很多大学已经锁定了软件产品线作为一个研究领域,并有大学已经开设软件产品线相关的课程。一些国际著名的学术会议也设立了相应的产品线专题学术讨论会,如 OOPSLA(Conference on Object-Oriented Programming,Systems,Languages,and Applications)、ECOOP(European Conference on Object-Oriented Programming)、ICSE(International Conference of Software Engineering)等。第一次国际产品线会议于 2000 年 8 月在美国 Denver 召开。

与软件体系结构的发展类似,软件产品线的发展也很大地得益于军方的支持。如美国国防部支持的两个典型项目:基于特定领域软件体系结构的软件开发方法的研究项目(DSSA)和关于过程驱动、特定领域和基于重用的软件开发方法的研究项目(STARS)。这两个项目在软件体系结构和软件重用两方面极大地推动了软件产品线的研究和发展。

### 3. 软件产业

2000 年,Gartner Group 预测到 2003 年至少 70% 的新应用将主要建立在软件构件之上。随着 Web Services 等技术的发展,将会进一步地推动构件技术的发展,而基于构件的软件开发方式也成为软件开发的主流技术。

实际上,早在 1997 年,由北京大学主持的国家重大科技攻关项目"青鸟工程"中,采用软件构件技术开发的"青鸟 III 型系统"通过了技术鉴定。至今,"青鸟工程"一直在研究开发软件构件库体系,继续推进基于构件的软件开发技术。随着我国软件产业的发展,联想、神州数码等软件企业得到了长足的发展,已从求生存阶段走向求发展阶段,迫切需要改变原来手工作坊式的软件开发方式,从根本上提高软件产品质量,从而改善企业的生产过程,提升软件生产效率,使企业迈上一个新台阶。

当前我国软件企业面临着日益激烈的国际市场竞争,如果仅仅依靠软件技术人员,采用手工作坊式的生产模式,当需求稍有变动,就得重新开发系统。基于构件的软件开发技术是当前软件生产的世界潮流,只有掌握这样的技术,才能造就具有竞争力的国际软件企业。

2004 年 3 月,由北京软件产业促进中心、软件工程国家工程研究中心启动了"软件构件库系统应用示范"项目。同年 5 月,北京软件行业协会、北京软件产业促进中心、软件工程国家工程研究中心和北京软件产品质量检测检验中心,共同组织开展了"北京第一届优秀软件构件评选活动",进一步推行基于构件的软件开发方法,丰富了公共构件库系统的资源,并取得了显著的成效。构件化已成为软件企业的需求,软件构件市场已现端倪,软件工业化生产模式正在推进软件产业的规模化发展。

杨芙清院士认为,未来的软件产业将划分为三种业态:一是构件业。类似于传统产业的零部件业,这些构件是商品,有专门的构件库储存和管理;二是集成组装业。它犹如汽车业的汽车工厂,根据市场的需求先设计汽车的款型,然后到市场上采购通用零部件,对特别需要,还可委托专门生产零部件的企业去设计生产,最后把这些零部件在组装车间按设计框架集成组装成汽车;三是服务业。基于互联网平台上的软件服务,已经是当前正在推行的一种软件应用模式,未来这种应用将更加普遍。以上是软件产业发展需求,而且不很遥远,也许几年之内就可能逐步实现。

### 4. 网构软件

进入 21 世纪,以 Internet 为代表的网络逐渐融入人类社会的方方面面,极大地促进了全球化的广度和深度,为信息技术与应用扩展了发展空间。另一方面,Internet 正在成长为一台由数量巨大且日益增多的计算设备所组成的"统一的计算机",与传统计算机系统相比,Internet 为应用领域问题求解所能提供的支持在量与质上均有飞跃。为了适应这些应用领域及信息技术方面的重大变革,软件系统开始呈现出一种柔性可演化、连续反应式、多目标自适应的新系统形态。从技术的角度看,在面向对象、软件构件等技术支持下的软件实体以主体化的软件服务形式存在于 Internet 的各个节点之上,各个软件实体相互间通过协同机制进行跨网络的互连、互通、协作和联盟,从而形成一种与 WWW 相类似的软件 Web (Software Web)。将这样一种 Internet 环境下的新的软件形态称为网构软件 (Internetware)。传统软件技术体系由于其本质上是一种静态和封闭的框架体系,难以适应 Internet 开放、动态和多变的特点。一种新的软件形态——网构软件适应 Internet 的基本特征,呈现出柔性、多目标和连续反应式的系统形态,将导致现有软件理论、方法、技术和平台的革命性进展。

网构软件包括一组分布于 Internet 环境下各个节点的、具有主体化特征的软件实体,以及一组用于支撑这些软件实体以各种交互方式进行协同的连接子。这些实体能够感知外部环境的变化,通过体系结构演化的方法(主要包括软件实体与连接子的增加、减少与演化以及系统拓扑结构的变化等)来适应外部环境的变化,展示上下文适应的行为,从而使系统能够以足够满意度来满足用户的多样性目标。网构软件这种与传统软件迥异的形态,在微观上表现为实体之间按需协同的行为模式,在宏观上表现为实体自发形成应用领域的组织模式。相应地,网构软件的开发活动呈现为通过将原本"无序"的基础软件资源组合为"有序"的基本系统,随着时间推移,这些系统和资源在功能、质量、数量上的变化导致它们再次呈现出"无序"的状态,这种由"无序"到"有序"的过程往复循环,基本上是一种自底向上、由内向外的螺旋方式。

网构软件理论、方法、技术和平台的主要突破点在于实现如下转变,即从传统软件结构到网构软件结构的转变,从系统目标的确定性到多重不确定性的转变,从实体单元的被动性到主动自主性的转变,从协同方式的单一性到灵活多变性的转变,从系统演化的静态性到系统演化的动态性的转变,从基于实体的结构分解到基于协同的实体聚合的转变,从经验驱动的软件手工开发模式到知识驱动的软件自动生成模式的转变。建立这样一种新型的理论、方法、技术和平台体系具有两个方面的重要性:一方面,从计算机软件技术发展的角度,这种新型的理论、方法和技术将成为面向 Internet 计算环境的一套先进的软件工程方法学体系,为 21 世纪计算机软件的发展构造理论基础;另一方面,这种基于 Internet 计算环境上软件的核心理论、方法和技术,必将为我国在未来 5～10 年建立面向 Internet 的软件产业打下坚实的基础,为我国软件产业的跨越式发展提供核心技术的支持。

## 13.2　软件产品线的结构与框架

### 1. 软件产品线的基本概念

目前,软件产品线没有一个统一的定义,常见的定义有以下几种。

**定义 1**　将利用了产品间公共方面,预期考虑了可变性等设计的产品族称为产品线(Weiss 和 Lai)。

**定义 2**　产品线就是由在系统的组成元素和功能方面具有共性和个性的相似的多个系统组成的一个系统族。

**定义 3**　软件产品线就是在一个公共的软件资源集合基础上建立起来的,共享同一个特性集合的系统集合(Bass、Clements 和 Kazman)。

**定义 4**　一个软件产品线由一个产品线体系结构、一个可重用构件集合和一个源自共享资源的产品集合组成,是组织一组相关软件产品开发的方式(Jan Bosch)。

相对而言,卡耐基梅隆大学软件工程研究所(CMU/SEI)对产品线和软件产品线的定义,更能体现软件产品线的特征:"产品线是一个产品集合,这些产品共享一个公共的、可管理的特征集,这个特征集能满足选定的市场或任务领域的特定需求。这些系统遵循一个预描述的方式,在公共的核心资源基础上开发"。

根据 SEI 的定义,软件产品线主要由两部分组成:核心资源、产品集合。核心资源是领域工程的所有结果的集合,是产品线中产品构造的基础。也有组织将核心资源库称为"平台"。核心资源必定包含产品线中所有产品共享的产品线体系结构,新设计开发的或者通过对现有系统的再工程得到的、需要在整个产品线中系统化重用的软件构件;与软件构件相关的测试计划、测试实例以及所有设计文档、需求说明书、领域模型和领域范围的定义也是核心资源;采用 COTS 的构件也属于核心资源。产品线体系结构和构件是用于软件产品线中的产品的构建和核心资源最重要的部分。

### 2. 软件产品线的结构

软件产品线的开发有四个技术特点:过程驱动、特定领域、技术支持和架构为中心。与其他软件开发方法相比,选择软件产品线的宏观原因有:对产品线及其实现所需的专家知识领域的清楚界定,对产品线的长期远景进行了策略性规划。软件生产线的概念和思想,将软件的生产过程分别到三类不同的生产车间进行,即应用体系结构生产车间、构件生产车间和基于构件、体系结构复用的应用集成(组装)车间,从而形成软件产业内部的合理分厂,实现软件的工业化生产。软件生产线如图 13-1 所示。

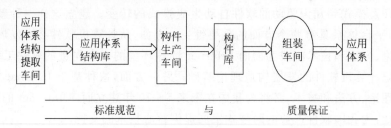

图 13-1　软件生产线

1) 软件产品线工程

软件产品线是一种基于架构的软件复用技术,它的理论基础是:特定领域(产品线)内的相似产品具有大量的公共部分和特征,通过识别和描述这些公共部分和特征,可以开发需求规范、测试用例、软件组件等产品线的公共资源。而这些公共资产可以直接应用或适当调整后应用于产品线内产品的开发,从而不再从草图开始开发产品。因此典型的产品线开发过程包括两个关键过程:领域工程和应用工程。

2) 软件产品线的组织结构

软件产品线开发过程分为领域工程和应用工程,相应的软件开发的组织结构也有两个部分:负责核心资源的小组和负责产品的小组。在 EMS 系统开发过程中采用的产品线方法中,主要有三个关键小组:平台组、配置管理组和产品组。

3) 软件产品线构件

产品线构件是用于支持产品线中产品开发的可复用资源的统称。这些构件远不是一般意义上的软件构件,它们包括领域模型、领域知识、产品线构件、测试计划及过程、通信协议描述、需求描述、用户界面描述、配置管理计划及工具、代码构件、性能模型与度量、工作流结构、预算与调度、应用程序生成器、原型系统、过程构件(方法、工具)、产品说明、设计标准、设计决策、测试脚本等。在产品线系统的每个开发周期都可以对这些构件进行细化。

**3. 青鸟的结构**

青鸟工程"七五"期间,已提出了软件生产线的概念和思想,其中将软件的生产过程分成三类不同的生产车间,即应用构架生产车间、构件生产车间和基于构件、构架复用的应用集成组装车间。

由上述软件生产线概念模式图(图 13-1)中可以看出,在软件生产线中,软件开发人员被划分为三类:构件生产者、构件库管理者和构件复用者。这三种角色所需完成的任务是不同的,构件复用者负责进行基于构件的软件开发,包括构件查询、构件理解、适应性修改、构件组装以及系统演化等。图 13-2 给出了与上述概念图相对应的软件生产线——生产过程模型。

从图 13-2 中可以看出,软件生产线以软件构件/构架技术为核心,其中的主要活动体现在传统的领域工程和应用工程中,但赋予了它们新的内容,并且通过构件管理、再工程等环节将它们有机地衔接起来。另外,软件生产线中的每个活动皆有相应的方法和工具与之对应,并结合项目管理、组织管理等管理问题,形成完整的软件生产流程。

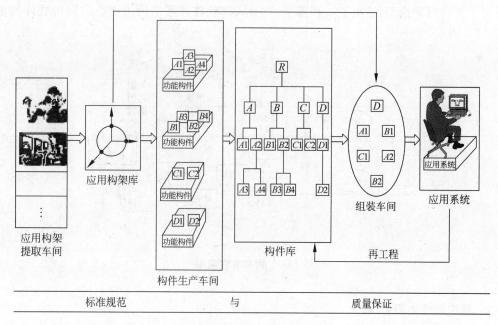

图 13-2　青鸟软件生产线系统

# 13.3　国内最新近网构软件研究

5 年中(2002—2007 年),在国家重点基础研究发展计划(973)的支持下,北京大学、南京大学、清华大学、中国科学院软件研究所、中国科学院数学研究所、华东师范大学、东南大学、大连理工大学、上海交通大学等单位的研究人员以我国软件产业需支持信息化建设和现代服务业为主要应用目标,提出了"Internet 环境下基于 Agent 的软件中间件理论和方法研究",并形成了一套以体系结构为中心的网构软件技术体系。主要包括 3 个方面的成果:一种基本实体主体化和按需协同结构化的网构软件模型,一种是实现网构软件模型的自治式网构软件中间件,以及一种以全生命周期体系结构为中心的网构软件开发方法。

在网构软件实体模型方面,剥离对开放环境以及其他实体的固化假设,以解除实体之间以及实体与环境之间的紧密耦合,进而引入自主决策机制来增强实体的主体化特性;在网构软件实体协同方面,针对面向对象方法调用受体固定、过程同步、实现单一等缺点,对其在开放网络环境下予以按需重新解释,即采用基于软件体系结构的显式的协同程序设计,为软件实体之间灵活、松耦合的交互提供可能;在网构软件运行平台(中间件)方面,通过容器和运行时软件体系结构分别具体化网构软件基本实体和按需协同,并通过构件化平台、全反射框架、自治回路等关键技术实现网构软件系统化的自治管理;在网构软件开发方法方面,提出了全生命周期软件体系结构以适应网构软件开发重心从软件交付前转移到交付后的重大变化,通过以体系结构为中心的组装方法支持网构软件基本实体和按需协同的开发,采用领域建模技术对无序的网构软件实体进行有序组织。

### 1. 网构软件模型

基于面向对象模型,提出了一种基于 Agent、以软件体系结构为中心的网构软件模型,如图 13-3 所示。

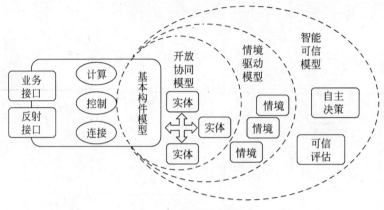

图 13-3　网构软件模型

### 2. 网构软件中间件

图 13-4 为网构软件中间件模型。

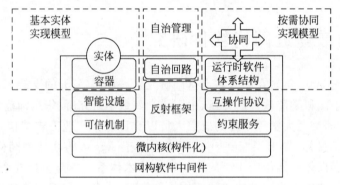

图 13-4　网构软件中间件模型

### 3. 网构软件开发方法

图 13-5 为网构软件开发方法体系。

### 4. 进一步的工作

进一步的工作主要是加强现有成果的深度和广度。在深度方面,完善以软件体系结构为中心的网构软件技术体系,重点突破网构软件智能可信模型、网构中间件自治管理技术,以及网构软件开发方法的自动化程度。在广度方面,多网融合的大趋势使得软件将运行在一个包含 Internet、无线网、电信网等多种异构网络的复杂网络环境,网构软件是否需要以及能否从 Internet 延伸到这种复杂网络环境,成为我们下一步的主要目标。

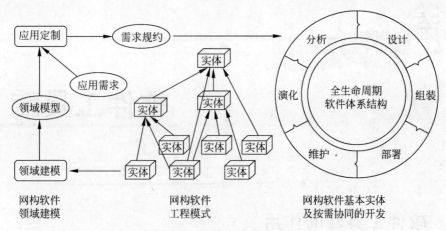

图 13-5  网构软件开发方法体系

## 13.4  练习

### 一、名词解释

1. 软件产品线

2. 网构软件

### 二、简答

1. 请简单介绍软件工程的发展历程。

2. 请简单介绍软件产品线的结构。

### 三、分析题

请分析国内最新网构软件的发展与研究状况。

# 第14章 软件工具酶

## 14.1 软件工具酶的作用

### 1. 生物酶与软件工具酶

#### 1) 生物酶

酶(Enzyme)是由细胞产生的具有催化能力的蛋白质(Protein),这些酶大部分位于细胞体内,部分分泌到体外。新陈代谢是生命活动的重要特征,它维持生命的正常运转,然而生物体代谢中的各种化学反应都是在酶的作用下进行的。没有酶,生命将停止。因此,研究酶的理化性质及其作用机理,对于阐明生命现象的本质具有十分重要的意义。

#### (1) 酶的作用机制

酶通过其活性中心先与底物形成一个中间复合物,随后再分解成产物,并放出酶。酶的活性部位是它结合底物(Substrate)和将底物转化为产物的区域,通常是整个酶分子相当小的一部分。活性部位通常在酶的表面空隙或裂缝处,形成促进底物结合的优越的非极性环境。在活性部位,底物被多重的、弱的作用力结合,在某些情况下被可逆的共价键结合。酶结合底物分子,形成酶-底物复合物。酶活性部位的活性残基与底物分子结合,先将它转变为过渡态,然后生成产物,释放到溶液中。这时游离的酶与另一分子底物结合,开始它的又一次循环。底物是接受酶的作用引起化学反应的物质。

已经有两种模型解释了酶如何与它的底物结合。1894 年 Emil Fischer 提出锁和钥匙模型(Lock-and-Key Model),底物的形状和酶的活性部位被认为彼此相适合,像钥匙插入它的锁中(见图 14-1(a)),两种形状被认为是刚性的(Rigid)和固定的(Fixed),当正确组合在一起时,正好互相补充。诱导契合模型(Induced-Fit model)是 1958 年由 Daniel E. Koshland Jr. 提出的,底物的结合在酶的活性部位诱导出构象变化(见图 14-1(b))。此外,酶可以使底物变形,迫使其构象近似于它的过渡态。

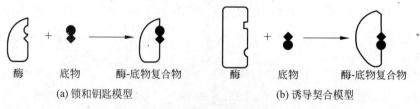

| 酶 | 底物 | 酶-底物复合物 | 酶 | 底物 | 酶-底物复合物 |

(a) 锁和钥匙模型　　　　　　　　　　　(b) 诱导契合模型

图 14-1　底物与酶的结合

（2）酶的催化特点

① 催化能力：酶加快反应速度可高达 $10^{17}$ 倍。

② 专一性：大多数酶对所作用的底物和催化的反应都是高度专一的。不同的酶专一性程度不同。有些酶专一性很低（键专一性），可以作用很多底物，只要求化学键相同。具有中等程度专一性为基团专一性。大多数酶呈绝对或几乎绝对的专一性，它们只催化一种底物进行快速反应。

③ 调节性：生命现象表现了它内部反应历程的有序性。这种有序性受多方面因素调节和控制，而酶活性的控制又是代谢调节作用的主要方式。酶活性的调节控制主要有下列几种方式：酶浓度的调节、激素调节、共价修饰调节、限制性蛋白水解作用与酶活力调控、抑制剂的调节、反馈调节等。

2）软件工具酶（Software Tool Enzyme，STE）

为了用生物的方法讨论软件的演化过程，我们从生物的角度看软件过程。在软件开发过程中，软件工具相当于生物学中"酶"的角色。也就是说，软件工具在软件开发过程中起"酶"的作用。那么，什么是软件工具酶呢？

定义：软件工具酶是在软件开发过程中辅助开发人员开发软件的工具。

（1）软件工具酶的作用（Function）

① 软件开发工具作为酶，它是催化剂（Catalyst），可使用户需求转化为程序的过程速度加快。这一点很多搞过软件开发的人都有体会。与生物酶一样，当软件工具酶作为催化剂时，它只辅助需求到程序的转换，而且参与其活动，但是，它不会变成为被开发软件的一部分，而且软件"酶"可以被反复使用。

② 软件开发工具作为酶，也是粘合剂（Adhesive），它可以把底物切碎，把碎片连接起来。这就是所说的酶切（Enzyme Digestion）和酶连接（Enzyme Ligation）。例如，在软件开发过程中，需求分析常常将用户的需求分类、系统化，然后，再合并成需求分析说明书，需求分析工具就有这种所谓的"粘合剂"作用；在第四代语言中，例如，VB、PB 等都有将分散模块集成在一起的作用，这一点与生物酶的功能：酶切和酶连接一样。目前，很多基于组件的"软件工厂"平台，都具有组装软件的功能，如北京大学的青鸟系统。在开发过程中，项目管理工具也具有连接每一个软件开发过程（需求分析阶段、设计阶段、编程阶段、测试阶段、运行维护阶段）的能力。

③ 软件底物是软件工具酶作用的对象。在软件开发阶段，软件工具酶作用的对象，或底物不一定相同。在需求分析阶段，软件工具酶作用的对象是用户需求；在设计阶段，软件工具酶作用的对象是用户需求说明书，它要将用户需求说明书转换成软件概要设计说明书和详细设计说明书；在编程阶段，软件工具酶作用的对象是详细设计说明书，它要将详细设计说明书换成软件程序；在测试阶段，软件工具酶作用的对象是程序单元和整个软件系统；在运行维护阶段，软件工具酶作用的对象是整个软件系统；而对于项目管理来说，软件工具酶作用的对象是整个软件开发过程的活动。

（2）软件工具酶的作用机理

实际上，软件工具酶是通过其活性中心先与底物形成一个中间复合物（Compound），随后再分解成产物，酶被分解出来。酶的活性部位在其与底物结合的边界区域。软件工具酶结合底物，形成酶-底物复合物。酶活性部位与底物结合，转变为过渡态，生成产物，然后释放。随后软件工具酶与另一底物结合,开始它的又一次循环。

软件工具酶与底物结合形成以下两种模型。

① 锁和钥匙模型认为:底物的形状和酶的活性部位被认为彼此相适合,像钥匙插入它的锁中,刚好组合在一起时,互相补充。实际上这是一种静态的模型,它也可以解释软件工具酶与底物的配套关系。有些软件工具酶和底物都是不可变的,彼此非常专一,像锁和钥匙一样,配合得天衣无缝。例如,为某一个单元专门设计编制的测试台/床(一种专用的单元测试工具酶),或功能单一的程序编辑器(一种专用的工具酶),或功能单一的数据流图绘制工具(也是一种专用的工具酶),如图 14-2 所示。专用测试台/床的接口数与底物的接口数相同,且其他方面也像锁和钥匙一样,配合得天衣无缝。

② 诱导契合模型认为:底物的结合在酶的活性部位诱导出构象变化。酶可以使底物变形,迫使其构象近似于它的过渡态。这样一种动态的模型,也可以解释软件工具酶与底物的适应关系。有些软件工具酶和底物都是"可变的",它们在催化结合时,或软件工具酶适应底物,或底物适应软件工具酶,或彼此可以适应,相互被诱导契合,同样配合得天衣无缝。例如,为某一个单元通用的测试台/床(一种"通用"的单元测试工具酶),如图 14-3 所示。通用测试台/床的接口数是动态的,它通过侦测底物的接口数,然后与之适应,被诱导与被测单元契合,形成天衣无缝的组合。对于其他"通用"工具酶,其核心结合原理也是侦测底物的属性,然后与之适应,形成酶-底物复合物,进行催化作用。

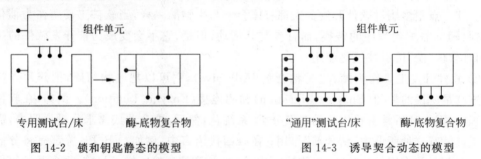

图 14-2　锁和钥匙静态的模型　　　　　图 14-3　诱导契合动态的模型

关于软件工具酶与底物的界面讨论,请见 14.3 节。

(3) 软件工具酶的催化特点

① 催化(Catalysis)能力:我们曾做过一个实验,对比软件工具酶加快反应速度。使用课件自动生成酶与没有使用软件工具酶编制课件,所用的时间比是 480。当时,用 Powerpoint 编制"系统分析与设计"课程的课件时,耗时约 40 小时,而使用我们开发的"课件自动生成系统(湖北省教育厅 2003 重点教学科研项目,编号:2003X182)",自动生成课件耗时约 5 分钟,所用的时间比是 480。这说明,软件工具酶的催化作用是非常大的。该实验只是从一个侧面反映了软件工具酶加速催化的能力。

② 专一性(Specifity):大多数软件工具酶对所作用的底物的催化反应也是高度专一的。当然,与生物酶一样,不同的酶专一性程度不同。例如,软件开发的通用工具 Word 编辑软件,它可以作为开发文档的开发工具使用,但专用性很低,其针对软件开发的效率和专业性自然非常差,其功能和性能绝对无法超越 IBM 的 Rational Rose。大多数软件工具酶(需求分析工具酶,Requirement Analysis Tool Enzyme;设计工具酶, Design Tool Enzyme;程序生成酶,Programming Generator Enzyme;测试工具酶,

Testing Tool Enzyme；项目管理工具酶，Project Management Tool Enzyme)呈绝对或几乎绝对的专一性，它们只催化一种底物进行快速反应。例如，需求分析工具酶只针对需求分析过程的活动，结构化概要设计工具酶只针对结构化概要设计，C 语言程序生成器只生成某一功能的 C 语言程序，单元测试工具酶只针对单元测试，项目管理工具只针对项目管理。

③ 调节性(Adjustment)：软件开发是一个有序性的工作，其中，软件项目管理工具的调节和控制功不可没，它在其中担当起了较强的控制调节作用。软件工具酶活性的调节控制方式包括：增加软件工具酶的品种和数量(浓度)的调节，利用管理软件的反馈调节等。

(4) 影响软件工具酶活力的因素

① 酶的速度：也就是酶催化反应的速度。由上面的例子可知，软件工具酶可以"催化"底物反应的速度上百倍，甚至上千倍。

② 底物的浓度(数量)：当底物的数量较大时，因为软件工具酶的用户数受到限制，软件工具酶因为数量较大，忙不过来，而实际导致能力"下降"。

③ 软件工具酶的浓度(数量)：当软件工具酶的数量较多时(如局域网上的所有机器都安装了软件工具酶，每个开发人员都能用到一套软件工具酶；另外，各种功能的软件工具酶产品也比较多)，整体开发团队的软件工具酶的应用能力相对提高。

④ 开发人员：人数和人的素质都是影响软件工具酶活力的重要因素。人的素质高使用软件工具酶的效率也高。人数和软件工具酶的数量越多，整体软件工具酶的能力就比较高。

⑤ 环境：好的软件工具酶运行环境，对提高其性能会有比较大的帮助。反之会限制其能力的发挥。

(5) 软件工具酶的任务

软件工具酶的任务是辅助开发人员完成软件开发的某一个过程。对专用工具酶，它只完成一个具体任务；对集成工具酶，它可以辅助完成整个开发过程的"所有"任务。

具体任务是：①把用户需求转化为需求说明书。首先对用户需求细分，再把需求的细分部分(如数据字典的数据项、子功能要求、数据的结构等)重新连接起来，形成需求分析说明书；②将需求分析说明书转成概要设计说明书和详细设计说明书；③将详细设计说明书转换成一个个模块，最后将模块连接起来变成软件。作为酶的软件开发工具起到了需求转化和设计集成合并的作用。

这一过程相当于生物学中的遗传信息传递的过程，即从 DNA→RNA→蛋白质。软件工具酶的作用就是实现从用户需求到软件程序的转换，即从需求(Requirement)→设计说明书(Specification)→程序(Program)。

**2. 软件工具酶的任务**

1) 生物中心法则与酶

DNA 核苷酸序列是遗传信息的储存者，它通过自主复制得以永存，通过转录生成信使 RNA，进而翻译成蛋白质的过程来控制生命现象，即储存在核酸中的遗传信息通过转录，翻译成为蛋白质，这就是生物学中的中心法则。该法则表明信息流的方向是 DNA→RNA→

蛋白质,如图 14-4 所示。

(1) DNA 复制(Replication)与解链酶(Helicase)

DNA 在复制时,其双链首先解开,形成复制叉,而复制叉的形成则是由多种蛋白质及酶参与的较复杂的复制过程。DNA 解链酶能通过水解 ATP 获得能量以解开双链 DNA。这种解链酶分解 ATP 的活性依赖于单链 DNA 的存在。如果双链 DNA 中有单链末端或切口,则 DNA 解链酶可以首先结合在这一部分,然后逐步向双链方向移动。复制时,大部分 DNA 解旋酶可沿滞后模板的 $5'{\rightarrow}3'$ 方向并随着复制叉的前进而移动,只有个别解旋酶(Rep 蛋白)是沿着 $3'{\rightarrow}5'$ 方向移动的。故推测 Rep 蛋白和特定 DNA 解链酶是分别在 DNA 的两条母链上协同作用以解开双链 DNA。

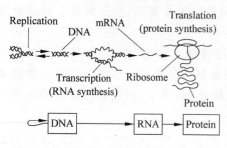

图 14-4　生物中心法则(Central Dogma)

(2) 转录(Transcription)与聚合酶(DNA Polymerase)

mRNA 合成过程和 DNA 复制一样,需要多种酶催化,从 DNA 合成 RNA 的酶称为 RNA 聚合酶(RNA Polymerase)。真核细胞 rnRNA 转录需要 RNA 聚合酶 II。DNA 双链分子转录成 RNA 的过程是全保留式的。转录的第一步是 RNA 聚合酶 II 和启动子结合,不过 RNA 聚合酶 II 本身不能和启动子结合,只有在另一种称为转录因子的蛋白质与启动子结合后,RNA 聚合酶才能识别并结合到启动子上,使 DNA 分子的双链解开,转录就从此起点开始。解开的 DNA 双链中只有一条链可以充当转录模板的任务,RNA 聚合酶 II 沿着这一条模板链由 $3'{\rightarrow}5'$ 移行,一方面使 DNA 链陆续解开,同时将和模板 DNA 上的核苷酸互补的核苷酸序列连接起来形成 $5'{\rightarrow}3'$ 的 RNA,RNA 聚合酶只能在 DNA 的 $3'$ 连接新的核苷酸,即 mRNA 分子按 $5'{\rightarrow}3'$ 方向延长。当 RNA 聚和酶沿模板链移行到 DNA 上的终点序列后,RNA 聚合酶即停止工作,新合成的 RNA 陆续脱离模板 DNA 游离于细胞核中。

(3) 翻译(Translation)与肽基转移酶(Peptidyl Transferase)

mRNA 从细胞核进入细胞质后,附在 rRNA 上并开始形成起始物。起始物包括核糖体的大小亚基,起始 tRNA 和几十个蛋白合成因子,在 mRNA 编码区 $5'$ 端形成核糖体——mRNA——起始 tRNA 复合物。经一系列作用后在该核糖体——mRNA——AA—tRNA 复合物中的 AA—tRNA 占据着 A 位,fMet—tRNA$^{fMet}$ 占据着 P 位。在肽转移酶的作用下,P 位上的甲酰甲硫氨酸脱离 tRNA$^{fMet}$,而与 A 位上的 tRNA 所带的氨基酸的 $3'$ 方向移动(阅读)一个密码的距离,结果 P 位上的 tRNA$^{fMet}$ 脱离 P 位,成为自由的 tRNA,A 位上的二肽转移到 P 位上,A 位空出,A 位面对 mRNA 的一个新密码子,于是带有与该密码子互补的反密码子的氨酰—tRNA 进入 A 位。核糖体继续"阅读",P 位上的二肽脱离 tRNA 而连到 A 位的 tRNA 所带的氨基酸上,此时就有了三肽链,核糖体继续"阅读"下去,循环不止。肽链延伸过程中,当终止密码子 UUA、UAG 或 UGA 出现在核糖体 A 位时,没有相应的 AA—tRNA 能与之结合,而释放因子能识别这些密码子并与之结合,激活肽基转移酶,水解 P 位上的多肽链与 tRNA 之间的链,新生的肽链和 tRNA 从核糖体上释放,完成多肽链的合成。新生的多肽链必须加工修饰才能转变为有活性的蛋白质。首先要切除 N 端的 fMet 或 Met,还要形成二硫链,进行磷酸化、糖基化等修饰并切除新生肽链非功能所需片段,然后经过剪接成为有功能的蛋白质,从细胞质中转运到需要该蛋白质的场所。

由上面的过程可以看出,DNA→RNA→蛋白质,经过了复制→转录→翻译三个过程。在这三个过程中,DNA 解链酶、RNA 聚合酶和肽基转移酶分别参与了其转换活动。图 14-5 给出了生物中心法则与酶的关系。

2) 软件转换法则(Software Transportation Dogma)

软件工具酶的中心任务就是辅助开发人员,将用户需求转换为计算机可以运行的程序。众所周知,软件开发就是将用户需求正确地转换为软件程序。一般地,软件开发需要经过三次转化过程,一是用户需求的获取;二是从用户的需求到程序说明书的信息转化;三是从程序说明书到程序的信息转化,如图 14-6 所示。

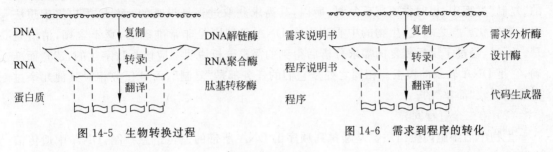

图 14-5　生物转换过程　　　　　图 14-6　需求到程序的转化

(1) 用户需求的获取

用户需求的获取相当于设计人员"复制"用户的需求,经过需求分析后得到需求分析说明书,为下一阶段"转录"做准备。

(2) 从用户需求到程序说明书的信息转化

这一过程首先是以需求分析说明书为模板,将其"转录"为概要设计说明书,并进一步产出详细设计说明书,也就是程序说明书。这一过程相当于将用户的要求转录成 mRNA,为最后的程序"翻译"做准备。

(3) 从程序说明书到程序的信息转化

这一过程就要将程序说明书,也就是将详细设计说明书"翻译"为程序。

3) 生物与软件转换的比较

从需求到程序的转化,首先是将用户的需求"复制"给系统分析员,产生出需求分析说明书,然后,将其"转录"为概要设计说明书和详细设计说明书,最后将其"翻译"为程序,如图 14-7 所示。

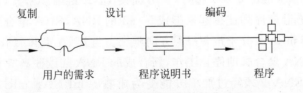

图 14-7　软件需求到程序的转化过程

这一过程相当于遗传信息传递的过程,即 DNA→RNA→蛋白质的转化,如图 14-8 所示。

尽管生物和软件的转换法则之间有一些相同之处,例如,它的转换法则都是三步,且三步的性质和任务也非常相似。但是,两者之间还是有不少的差异,例如,整个过程的工作内容不同,结果也不同,必然导致一些细节也不同。

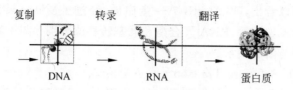

复制　　　　转录　　　　翻译

DNA　　　　RNA　　　　蛋白质

图 14-8　生物遗传过程

（1）第一个过程同异

软件转换开始的用户需求往往是模糊的，不清楚的，不准确的。在从用户到系统分析员的"复制"过程中，也时常要反反复复，所以，其需求获取过程是艰难的，而且，用户需求想法也未数字化。与之相比，生物的中心法则的 DNA 复制则是非常准确的，毫不含糊，清清楚楚。不过，经过了反反复复的需求分析后得到的需求分析说明书应该是数字化的，清楚而准确，它是 DNA 转录的模板。相同之处是它们的任务都是"复制"，而且任务相对其他几个过程算是比较"简单"的。

（2）第二个过程同异

生物中活细胞内蛋白质氨基酸排列顺序由 DNA 所带的遗传信息控制，DNA 中遗传信息的表达必须经过中介产物，即转移到信使 RNA 上，这个过程叫转录。换句话说，转录就是以 DNA 为模板，合成出与其核苷酸顺序相对应的 RNA 的过程。常见的 RNA 包括 mRNA（信使 RNA）、rRNA（核糖体 RNA）、tRNA（转运 RNA）、hnRNA（不均一核 RNA，Heterogeneous Nuclear RNA）、snRNA（小核 RNA，Small Nuclear RNA）和 scRNA（小胞浆 RNA，Small Cytosol RNA），它们均与遗传信息的表达有关。

mRNA 携带 DNA 信息，作为指导合成蛋白质的模板；tRNA 识别密码子，将正确的氨基酸转运至蛋白质合成位点；rRNA 的功能是作为 mRNA 的支架，使 mRNA 分子在其上展开，实现蛋白质的合成。rRNA 是由多基因编码的，序列十分保守，被称为蛋白质合成机器；hnRNA 是 mRNA 的前体，含有转录的、但不出现于成熟 mRNA 中的核苷酸片段（内含子）；snRNA 在 hnRNA 向 mRNA 转变过程的剪接中起十分重要的作用。scRNA 是蛋白质定位合成于粗面内质网上所需的信号识别体（Signal Recognization Particle）的组成成分。

转录的第一步是 RNA 聚合酶才能识别并结合到启动子上，使 DNA 分子的双链解开，转录就从此起点开始。解开的 DNA 双链中只有一条链可以充当转录模板的任务，RNA 聚合酶 II 沿着这一条模板链由 $3'{\rightarrow}5'$ 移行，一方面使 DNA 链陆续解开，同时将和模板 DNA 上的核苷酸互补的核苷酸序列连接起来形成 $5'{\rightarrow}3'$ 的 RNA，RNA 聚合酶只能在 DNA 的 $3'$ 连接新的核苷酸，即 mRNA 分子按 $5'{\rightarrow}3'$ 方向延长。当 RNA 聚和酶沿模板链移行到 DNA 上的终点序列后，RNA 聚合酶即停止工作，新合成的 RNA 陆续脱离模板 DNA 游离于细胞核中。转录出来的 RNA 必须经过加工方能变为成熟的 mRNA。mRNA 的前体是分子较大的 hnRNA。mRNA 戴上甲基鸟苷"帽子"，加上 poly(A)"尾巴"，并且在切除内含子后把所有外显子连接起来才能成为成熟的 mRNA。

在软件开发过程中，用户需求"复制"给系统分析员后，系统分析员开始将其"转录"为需求分析说明书，然后对用户的需求进行分析加工，再将其"转录"为概要设计说明书，并进一步"转录"为详细设计说明书，即程序说明书。与生物过程基本相同，这一过程也分两步：需求分析说明书→概要设计说明书→详细设计说明书。第一步，需求分析说明书→概要设计说明书相当于生物中的 DNA→hnRNA；第二步，概要设计说明书→详细设计说明书相当于生物中的 hnRNA→mRNA。这一阶段的任务相对于第一个过程来说是比较"复杂"的。

（3）第三个过程同异

由 mRNA 再将这些信息转移到蛋白质合成系统中，合成蛋白质的过程，或将 mRNA 的碱基顺序依次翻译成特定的肽链，这一过程称为翻译。

mRNA 从细胞核进入细胞质后，附在 rRNA 上并开始形成起始物。起始物包括核糖体的大小亚基，起始 tRNA 和几十个蛋白合成因子，在 mRNA 编码区 5′端形成核糖体→mRNA→起始 tRNA 复合物。在翻译过程中，由氨酰→tRNA 将氨基酸携带到核糖体，形成肽链，然后肽链和 tRNA 从核糖体上释放，完成多肽链的合成。新生的多肽链必须加工修饰才能转变为有活性的蛋白质。方法是先要切除 N 端的 fMet 或 Met，还要形成二硫链，进行磷酸化、糖基化等修饰并切除新生肽链非功能所需片段，然后经过剪接成为有功能的蛋白质，从细胞质中转运到需要该蛋白质的场所。

在软件开发过程中，第三个过程是详细设计说明书，即程序说明书到程序的"翻译"，一个个程序是没有什么用的，必须组装成软件后才能发挥作用。与生物过程基本相同，这一过程也分两步：详细设计说明书→程序→软件。第一步，将详细设计说明书"翻译"成程序，相当于生物中的 mRNA→肽链；第二步是程序组装，即程序→软件，相当于生物中将肽链"剪接"成为有功能的蛋白质的过程。这一阶段的任务比第一个过程"复杂"。

### 3. 软件工具酶的分类（STE Classification）

从第四代程序设计语言（4GL）出现以来，人们从许多不同的角度，以不同的思路对软件开发过程的不同阶段进行支持与帮助，因而也就产生了各种不同的软件工具酶。它们的共同点就是为人们开发软件提供支持与帮助。软件工具酶可以从若干不同的角度进行分类。以下是几种主要的分类（Classification）方法。

1）按开发阶段划分

软件开发是一个长期的、多阶段的过程，各个阶段对信息和信息处理的需求不同，相应的工具酶也就不相同。酶有很多种类，每一种酶有且仅有一种功能。作为酶的软件工具酶也有很多种类，粗略地说，可以把软件开发分为需求分析阶段、设计阶段、编程阶段、测试阶段、运行维护阶段。相映成趣的软件工具酶包括需求分析工具酶（Requirement Analysis Tool Enzyme）、设计工具酶（Design Tool Enzyme）、程序生成酶（Programming Generator Enzyme）、测试工具酶（Testing Tool Enzyme）、项目管理工具酶（Project Management Tool Enzyme）。

2）按一体化程度划分

软件工具酶可分为两类：专业工具酶（Private Tool Enzyme）和集成工具酶（Integrated Tool Enzyme）。专业开发工具酶只能实现某一特定的功能。而集成开发工具酶则是将多个专业开发工具酶的功能整合在一起，以实现相关联的一系列操作，提高软件开发的效率。专用工具酶是面对某一工作阶段或某一工作任务的工具；集成工具酶是面对软件开发的全过程的工具。

3）按功能划分

比如快速原型（Fast Prototype Development）开发，如果借助工具酶的帮助，它需要几种功能工具酶的配合,它们是用户界面自动生成工具酶(Auto-generating tool enzyme for user interface),面向数据库应用的开发工具酶。即使是需求分析,针对这一阶段不同功能的工具酶也不少,比如数据流图工具酶(Data Flow Tool Enzyme)、数据字典工具酶(Data Dictionary Tool Enzyme)、结构图绘制工具酶(Structure Chart Tool Enzyme)等。针对设计工具酶(Design Tool Enzyme)有概要设计工具酶(General Design Tool Enzyme)和详细设计工具酶(Detailed Design Tool Enzyme)。

4) 按软件开发方法划分

需求设计工具酶(Requirement-design Tool Enzyme)按软件开发方法划分至少分为结构化开发酶和面向对象开发酶。而需求分析工具酶(Requirement Analysis Tool Enzyme)可分为基于自然语言或图形的需求分析工具酶(Natural Language or Chart Based Requirement analysis tool enzyme)和基于形式化需求定义语言的需求分析工具酶(Formal Language Based Requirement Analysis Tool Enzyme)。数据库设计工具酶(Database Design Tool Enzyme)则可分类为需求分析工具酶(Requirement Analysis Tool Enzyme)、概念设计工具酶(Concept Design Tool Enzyme)、逻辑设计工具酶(Logic Design Tool Enzyme)、物理设计工具酶(Physical Design Tool Enzyme)。代码工具酶(Coding Tool Enzyme)则包括代码编辑工具酶(Coding Editor Enzyme)、代码生成工具酶(Coding Generator Enzyme)、代码合成工具酶(Coding Integrator Enzyme)等。

5) 按产品所属公司划分

需求分析工具酶,比较常见的有美国 Computer Association 公司的 PWin,美国 Power Soft 公司的 Power Designer 和 IBM 公司的 Rational Rose。

语言类的工具酶,比如:Microsoft 公司推出的 Windows 下的集成开发环境 Visual Studio 6 和 Visual Studio. Net;Sybase 公司在 1990 年开发的客户机/服务器前端应用工具 PowerBuilder;美国 Borland 公司开发的工作在 Windows 平台下的开发工具 Delphi。

多媒体软件工具酶,比如:Asymetrix 公司在 Windows 平台下推出的大型多媒体开发工具 Toolbook;Macromedia 公司在 Windows 平台下推出的中型多媒体开发工具 Authorware;Microsoft 公司在 Windows 平台下 Office 套件中推出的小型方便的多媒体开发工具 Powerpoint。另外,Macromedia 公司在 Windows 平台下推出的基于 Web 的交互式矢量动画制作软件。

网页设计工具酶,比如:Macromedia 公司的 Dreamweaver;Microsoft 公司的 FrontPage;Adobe 公司的 GoLive;Macromedia 公司的 Fireworks;LINGO 美国公司的 LINDO 系统。

## 14.2 软件工具酶的功能和性能

### 1. 软件工具酶的功能

从软件开发过程可以看到,软件工具酶(STE)的主要功能就是辅助和支持软件开发过程的一切活动。与软件开发过程各个阶段(如需求分析阶段、设计阶段、编程阶段、测试阶段、运行维护阶段)相对应,软件工具酶的主要功能可归纳为以下几个方面。

　　1) 辅助描述和分析需求功能

　　这一功能主要应对软件开发过程的需求分析阶段。由于用户需求是软件开发活动的起点和依据，因此，设计人员迫切需要软件工具酶对这一阶段的支持。其功能应该有三个：一是需求获取；二是需求生成；三是需求验证。

　　(1) 需求获取：需求获取(Requirement Acquirement)功能应该能辅助设计人员归纳整理用户提出的各种问题和要求。由此确定被开发系统的功能、性能、交互关系及约束条件、环境等。

　　(2) 需求生成：需求生成(Requirement Generating)功能应该能辅助设计人员利用特定的方法和工具对需求获取中归纳整理用户提出的各种问题和要求进行描述，产生出需求规格说明书。

　　(3) 需求验证：需求验证(Requirement Verification)功能应该能辅助设计人员对需求规格说明书的质量进行检验。

　　2) 辅助设计功能

　　这一功能主要应对软件开发过程的设计阶段。设计阶段是软件开发活动的第二阶段，紧跟在需求分析阶段之后。在设计阶段中，设计活动包括概要设计、详细设计和数据库设计。设计人员主要涉及到系统分析员。设计文档将涉及到概要设计说明书、详细设计说明书和数据库设计说明书。因此，软件工具酶对这一阶段的支持应该有 3 个功能。

　　(1) 辅助概要设计的功能：概要设计的任务主要是功能模块功能设计，模块层次结构的设计；模块间的调用关系描述；模块间的接口描述；处理方式设计；用户界面设计；编写概要设计说明书和设计评审。因此，软件工具酶的功能应该是辅助这些功能的实现。

　　(2) 辅助详细设计的功能：概要设计的任务主要是为每个模块进行详细的算法设计；为模块内的数据结构进行设计；对数据结构进行物理设计，即确定数据库的物理结构；代码设计；输入/输出格式设计；人机对话设计；编写详细设计说明书；评审。因此，软件工具酶(STE)的功能应该是辅助这些功能的实现。

　　(3) 辅助数据库设计的功能：数据库设计的任务主要是概念设计、逻辑设计和物理设计。概念设计阶段，形成独立于数据库管理系统(DBMS)的概念模式；逻辑设计阶段，将概念模式(可用 E-R 图描述)转换成 DBMS 支持的数据模型(如关系模型)，形成数据库的逻辑模式；物理设计阶段，根据 DBMS 的特点和处理的需要，选择存储结构，建立索引，形成数据库的内模式。另外，编写数据库设计说明书和评审。因此，软件工具酶的功能应该是辅助这些功能的实现。

　　3) 辅助代码生成与软件组装功能

　　(1) 代码生成(Code Generating)。在整个软件开发工作过程中，程序编写工作占了相当比例的人力、物力和时间，提高代码的编制速度与效率显然是改进软件工作的一个重要方面。根据目前以第三代语言编程为主的实际情况，这方面的改进主要是从代码自动生成和软件模块重用两个方面去考虑。代码的自动生成对于某些比较固定类型的软件模块来说，可以通过总结一般的规律，制定一定的框架或模板，利用某些参数控制等方法，在一定程度上加以实现。这正是许多软件工具酶所做的。至于软件重用，则需要从更为根本的方面，对软件开发的方法、标准进行改进，在此基础上形成不同范围的软件构件库，这个目标当然是十分诱人的，但也是十分困难的。

（2）集成组装（Component Assembling）。青鸟工程"七五"期间提出了软件生产线的概念和思想，其中将软件的生产过程分成 3 类不同的生产车间，即应用构架生产车间、构件生产车间和基于构件、构架复用的应用集成组装车间。

在软件生产线中，软件开发人员被划分为 3 类：构件生产者、构件库管理者和构件复用者。这 3 种角色所需完成的任务是不同的，构件复用者负责进行基于构件的软件开发，包括构件查询、构件理解、适应性修改、构件组装以及系统演化等。

软件生产线以软件构件/构架技术为核心，其中的主要活动体现在传统的领域工程和应用工程中，但赋予了它们新的内容，并且通过构件管理、再工程等环节将它们有机地衔接起来。另外，软件生产线中的每个活动皆有相应的方法和工具与之对应，并结合项目管理、组织管理等管理问题，形成完整的软件生产流程。

（3）软件整体生成（Software Generating）。我们开发的"课件自动生成系统"有两个部分，一个是"生成器"，一个是"显示器"。"生成器"的第一个任务是辅助用户输入课件名称，并创建该名称目录；"生成器"的第二个任务是辅助输入章节数，并将"显示器"程序部分的数据文件中的"形参"（控制章节数的参量）替换为"实参"；"生成器"的第三个任务是辅助选择背景图，并记录下张数；"生成器"的第四个任务是将要显示出的各章节 Word 格式文件和所选的背景图复制到"显示器"下的相应子目录中；"生成器"的第五个任务是将该课件目录复制到某一个地方（比如 U 盘）。这时，整个课件生成完毕。用户只需要（在 U 盘中）启动"显示器"执行程序即可。

4）辅助测试功能

测试工具应该满足以下基本的功能：测试工具能够根据特定的度量标准度量软件的若干质量指标；查找并定位软件中所包含的错误并进行提示（不少工具酶要求有自动修正功能）；生成测试报告。

5）辅助维护功能

它的主要辅助软件维护人员对软件的代码和文档进行维护工作。这部分功能主要包括版本控制、文档分析、软件开发信息库维护、逆向工程和再工程。

6）辅助项目管理功能

软件项目管理是为项目管理人员提供支持的功能。项目管理一般包括进度控制、费用控制、质量控制、合同管理、信息管理和协调沟通几个方面，这就是我们说的"三控两管一协调"。进度控制主要包括活动的定义、活动排序、活动工期估计、进度安排和进度控制；费用控制主要包括资源计划、成本估计、成本预算和成本控制。其中资源部分包括人员、设备和材料的管理。人员管理包括组织计划、人员获取和团队建设；质量控制主要包括质量计划、质量保证和质量控制；合同管理主要包括合同实施规划、合同实施管理、合同执行分析、合同争议调解与索赔程序；信息管理主要包括信息的收集、整理、处理、存储、传递、应用等一系列工作；协调沟通主要包括协调沟通计划、信息交流、协商协作和项目移交。

**2．软件工具酶的性能**

软件除了功能外，还应该包括非功能性内容。软件非功能性指标包括以下内容。

1）可靠性（Reliability）

软件工具酶的可靠性是指在各种干扰下仍能保持正常工作，而不致丢失或弄错信息的能力。一旦软件没有可靠性,软件就没有人敢用,也自然失去了其存在的意义。因此,软件的可靠性是一个非常重要的性能指标。

2) 易用性(Usability)

易用性指使用的方便程度。在软件中表现为人机界面的友好程度。人机界面已经发展成为计算机的一个重要的分支。人机界面的任务就在用户与软件之间架起一座桥梁,使软件能被用户方便使用。易用性也是软件的一项重要的性能指标。

3) 效率(Efficiency)

效率是指对资源的使用评价。通常大家更关注时间的效率和存储的效率。一套软件的好坏,运行速度和反应快慢是一项重要指标。另外,内存和外存空间的占用大小,即存储的有效率也是一个效率指标。

4) 可维护性(Maintainability)

主要指被修改的属性。主要包括易分析性、易改变性、稳定性和易测试性。易分析性是与为诊断缺陷或失败原因及判定待修改的部分所需努力有关的软件属性;易改变性指维护修改的容易程度;稳定性则是指整个系统的稳定程度;易测试性指软件被测试的难易性指标。

5) 移植性(Portability)

可移植性有多重含义,包括适应性、易安装性、遵循性(遵循一些标准和规定)和易替换性(替代其他软件的能力)。计算机语言的可移植性,如 C 语言代码可以在不同的机型(大型机和 PC 机)中运行。设计层面的含义是系统无关性和平台无关性。对于系统无关行可以选择系统无关的语言,如 Java,可以选择比较成熟的代码库。平台无关性,在嵌入式开发领域显得尤为重要。对于一个具体的应用,必须有一个平台无关的内核;系统应该定义最小完备的硬件接口。内核稳定后,主要的开发工作,将是各个不同平台的移植。移植开发人员可以在不了解内核的情况下完成移植工作,修改包括对环境硬件和软件的适应。如果软件工具酶对硬件、软件的环境要求太高,也会影响它的使用范围。一般来说,软件工具酶对环境的要求不应当超出它所支持的应用软件的环境要求,有时甚至还应当低于应用软件的环境要求。

## 14.3 软件工具酶的结构

软件工具酶的功能与软件的结构有密切关系。软件功能越多,其结构也越复杂。反之亦然。这节将讨论软件工具酶的功能与其结构有密切关系。

### 1. 软件工具酶的一般结构

专用工具酶(Private Enzyme)是针对某一个过程的,而集成工具酶是针对整个过程的,它们在功能方面有很大的区别,因此,其结构也有很大的区别。

1) 专用工具酶的结构

软件开发阶段划分成需求分析阶段、设计阶段、编程阶段、测试阶段、运行维护阶段几个大的开发阶段。对应的专用软件工具酶包括需求分析工具酶、设计工具酶、程序生成酶、程序测试酶、维护工具酶和过程管理工具酶。

在软件开发的早期,软件工具酶常常以单独或专用工具酶的方式存在,使用的过程中也是彼此独立的,当然,功能也是彼此独立的,而且,它们所带的信息库也是彼此独立的,甚至使用它们的人也不相同。例如,系统分析员通常使用需求分析工具酶和设计工具酶,编程人员则使用程序生成酶和程序编辑工具酶,测试工程师则使用测试工具酶,维护人员则是使用维护工具酶,项目经理则使用软件过程管理工具酶,如图 14-9 所示。

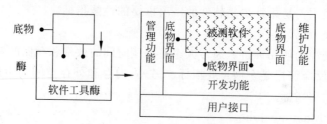

图 14-9　专用工具酶结构

从图 14-9 中可以看出,软件集成工具酶与用户交流,有用户接口部分;与被开发软件接触,则有底物界面。其最重要的核心功能是项目管理(左),开发功能(中)和维护功能(右)。其中,开发功能包括需求分析的功能、软件概要设计和详细设计的功能、程序编码的功能和软件测试的功能。

图 14-10 中虚线内的部分为针对某一开发过程或专项工具酶,用虚线区别不同的专用工具酶之间彼此的独立关系。

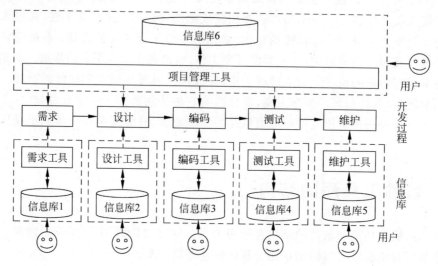

图 14-10　专用工具与开发过程的关系

2) 集成工具酶的结构

随着技术的不断完善软件工具酶集成变成为一种趋势。一般,集成工具酶(Integrated Enzyme)是针对整个过程的工具。尽管其内部是由多个部分组成的,但是,它们彼此之间必须通力合作,完成整个软件开发过程。实际上,集成工具酶是由多个单项工具酶或专用工具酶组成的。在不同的时期,这种组合或融合的程度是有差别的,至少可以分为松散型和紧密型两种。实际上,软件工具酶集成的历史经过较长一段时间,它从一个侧面反映了软件工具酶的进化程度。在本章的最后，我们将讨论软件工具酶的进化。

集成工具酶有别于专用工具酶，其结构和功能有比较大的区别。由于专用工具酶功能比较单一，因此，其结构也比较简单。而集成工具酶则有时集成了整个软件开发过程，其功能不仅复杂得多，而且，结构也复杂得多，如图 14-11 所示。

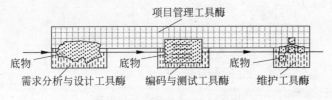

图 14-11　集成工具酶与底物

图 14-12 中仅给出了集成工具酶的结构框架，下面将仔细讨论其细部的结构和功能。从集成的角度看，集成工具酶至少包括四大部分：软件工具酶与底物界面、专用工具酶集、用户界面与总控台。其中，专用工具酶集包括需求分析工具酶、设计工具酶、程序生成工具酶、测试工具酶、维护工具酶，项目管理工具酶和信息库，如图 14-11 所示。

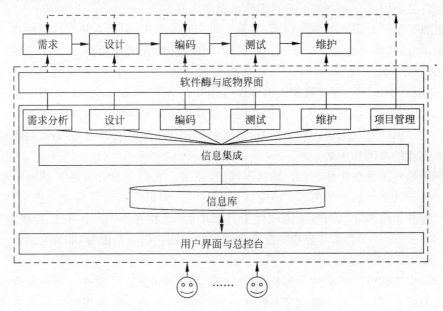

图 14-12　集成工具与开发过程的关系

**2. 软件工具酶与底物界面**

1) 生物酶与底物关系及工作原理

酶通过其活性中心先与底物形成一个中间复合物，随后再分解成产物，并放出酶。酶的活性部位是它结合底物和将底物转化为产物的区域，它只占整个酶分子相当小的一部分。活性部位通常在酶的表面空隙或裂缝处，形成促进底物结合的优越的非极性环境。在活性部位，底物被多重的、弱的作用力结合，在某些情况下被可逆的共价键结合。酶结合底物分子，形成酶-底物复合物。酶活性部位的活性残基与底物分子结合，先将它转变为过渡态，然后生成产物,释放到溶液中。这时游离的酶与另一分子底物结合,开始它的又一次循环,如图 14-13 所示。

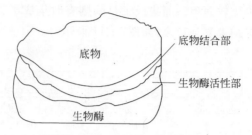

图 14-13　生物酶与底物关系

2) 软件工具酶与底物关系

底物界面(Enzyme-Substrate Interface,or Substrate Interface)是本章提出的一个新概念,它是从生物中借鉴过来,实际上,"底物界面"就是软件接口。软件接口有两种含义:一是指软件本身的狭义"接口",指各种应用软件接口 API;二是指人与软件之间的交互界面,即人与软件之间的接口,称做"用户界面",也就是 UI。

人机界面是用户进入软件的门面,它是人机交互的纽带,以及人机交流的桥梁。早年的人机界面设计,功能和性能比较单一。软件设计什么样的人机界面,用户就必须使用或适应什么样的人机界面。近年,随着人机界面技术的飞速发展,有关"自适应人机界面(Self-adaptive User Interface)"和"智能人机界面(Intelligent User Interface)"文章和系统开始逐渐问世,这是历史和技术的进步。人机界面必须具有适应不同用户的功能特性。

与人机界面的概念类似,"底物界面"是底物结合软件工具酶的边界,是底物与软件工具酶交互和交流的纽带和桥梁。

早年的软件工具酶让普遍用户感觉不好用,原因是人们在设计软件工具酶时从来没有考虑过软件工具酶与底物的关系:适应性和专一性。如果我们能像现在考虑"自适应人机界面"和"智能人机界面"那样,考虑软件工具酶中的"底物界面"设计,特别是智能"底物界面"设计,那么,软件工具酶与底物的配合将让用户感到它们非常配套,非常合适。

3) "底物界面"功能

底物界面是软件工具酶的一部分,是面向底物的一部分。尽管这一部分在软件工具酶中占的比例较小,但是,其功能就是要吸住底物。当然,底物界面吸引和结合的方式和手段很多,比如,与底物呈锁和钥匙关系,弱外部力和功能度等。"与底物呈锁和钥匙关系"方法主要是利用软件工具酶与底物的结构匹配性。"弱外部力"方法主要是利用的开发人员的选择权利。由于市面上的产品很多,开发人员可以选择这种产品也可选择那种产品,最后的使用权还是在开发人员。"功能度"手段也是一种,因为如果软件工具酶的整体功能度比较强,即使匹配性弱一点,有时也能战胜匹配性强的软件工具酶。总之,底物界面的强弱决定软件工具酶整体的功能和性能,即综合指标。

那么,底物界面究竟要包括一些什么样的能力呢?根据软件工具酶的性质可知,底物界面至少应该具备这样一些能力:吸引力、匹配能力和结合力。吸引力指吸住底物的能力。如果底物可以这种软件工具酶结合,也可以与另外一种结合,那么,凭什么会选择 A 而不是 B,关键是开始的吸引力。一旦被吸引住,匹配能力开始起作用。倘若能马上匹配,底物与软件工具酶的结合即告成功,否则即使被吸住也因无法匹配而分开。待底物与软件工具酶匹配成功后,结合力的强弱将是导致软件工具酶能否催化底物反应成功的关键。

能力是抽象的指标,能力只有转化为功能指标才能具体实现。我们认为软件工具酶应该具备以下几个功能:结构功能匹配、适应功能、抓附功能、通信功能。

(1) 结构功能匹配是指某一种底物催化反应需要的结构和功能。如需求分析肯定需要能做需求分析的工具酶,这种酶在功能和结构方面一般可以匹配。

(2) 适应功能是指一旦软件工具酶的基本结构和功能到达后的局部微调能力。有时这种能力也非常重要,它能趋势软件工具酶与底物结合更贴切,催化效果更好。关于它的实现,读者可以从“自适应人机界面”和“智能人机界面”角度理解。

(3) 抓附功能是指一旦匹配到达要求后,软件工具酶对底物的吸附与结合的强度。如果软件工具酶对底物的抓附功能不强,即使彼此匹配上,也因为环境影响而彼此分开而不能完成对底物的催化反应任务。

(4) 通信功能是指一旦软件工具酶与底物结合后彼此的信息双向交流能力。

4) 举例解释

无论上面怎么解释,我们总感觉底物界面这一概念及其功能比较抽象。下面举例说明底物界面的概念和功能。例如,软件单元测试的工具,内设置测试台或测试床,如图 14-14 所示。由于每一个被测试的单元不同,其单元测试酶的活性部位,即“底物界面”担当起“诱导契合(Induced-Fit)”的作用。当一个被测试单元进入测试台/床时,测试台/床(Testing bed)与被测单元(Tested Unit)被合而一体,形成“软件工具酶-底物”复合物,单元测试酶开始测试,一旦这项测试完成,软件工具酶与底物(被测试单元)分离,单元测试酶又进行下一次循环。

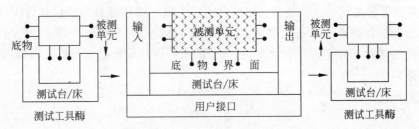

图 14-14　底物与酶契合状态

实际上,很多软件都具有匹配能力。比如,Windows 操作系统,它就具有适应不同硬件环境的匹配能力。Windows 通过扫描,在安装库中寻找可以匹配的硬件驱动程序,如果没有这样的硬件驱动程序,则找类似的替代硬件驱动程序。另外,Windows 也允许从外部安装硬件驱动程序。这从一个侧面反映出酶与底物的关系,即酶与底物相互适应和调整的特点。我们不能过度强调软件工具酶对底物的匹配和适应能力,催化与被催化是双方的事。正如上面单元测试的例子。如果程序单元“千变万化”,任何一个软件测试工具酶也无法工作。因此,程序单元的标准化也是非常重要的。

我们相信底物界面这个概念,或者叫功能,如果它在以后的软件体系结构设计中不仅被考虑到,而且被应用,其功能将会对未来软件工具酶产生巨大的影响。

另外一个例子是人机界面,在下面一节中有详细讨论。

### 3．人机界面与总控台

1）人机界面的功能

（1）辅助操作（Assistant Operation）：正如汽车的仪表盘、仪器的操作盘一样，人机界面的功能就是辅助用户对软件工具酶进行操作。不仅能辅助其操作，而且还要使其操作方便。例如，控键放在屏幕的什么地方操作最方便，重要的控键放什么地方最显眼等。这些属于人因工程的范围，在此不便多介绍。

（2）与用户通信（User Communication）：用户界面的主要功能之一是辅助双向通信，使操作人员与软件工具酶之间能够准确地交流信息。一方面，它能辅助用户人向软件工具酶中正确输入，而且能准确地传给软件工具酶内部；另一方面，它也能把软件工具酶的数据准确地传给用户。

（3）帮助提示（Help）：一般软件系统都应该有系统帮助，通常按 F1 键即会弹出，它辅助用户系统了解软件怎么运行和操作；二是人机界面必须为用户软件工具酶的进展情况，其中包括：软件运行的进展状况和进一步操作的具体说明。后者也称为屏幕操作提示；三是软件工具酶的微帮助，它通常在鼠标移动到某一个命令键上未单击时出现，其目的是简要提示用户怎么操作。

2）总控台的功能

（1）控制软件各个部分：总控台一个重要的任务就是控制软件工具酶的所有的子系统，协调其工作或操作的顺序。很多软件工具酶的总控台有时候仅仅只起到连接各种专用工具酶的作用，也就是集成作用。

（2）各个部分之间的通信桥梁：总控台还一个重要的任务就是协助软件工具酶的所有的子系统之间的数据通信。一般来说，人机界面与总控台通常是一个部分，只是在进行软件的结构分析时才将其分割讨论。因此，这部分的通信往往要包括人与机之间，以及系统内部各部分的通信。

### 4．信息库与信息集成

1）信息库（Repository）

信息库是软件开发过程所有数据存放的集合。它随着项目进展而不断修改与补充的数据仓库不同，其数据结构是相当复杂的，可能有多种数据格式，如 PDF、DOC、XML、TXT、DBF 等。使用它的人员可以是项目经理、系统分析员、程序员、测试工程师等。

在软件开发的过程中，每个阶段中的各种人员都在收集或制造信息，这些信息不仅在当时当地有用，而且在将来的某一时刻又会被使用，同时还要不断更新。所以，信息库的首要任务就是要完整地收集这些信息。

信息库包括以下内容。

（1）所述软件工作环境、功能需求。性能要求，有关各种信息来源的状况、用户状况、硬件环境以及在该领域中的作用等外部信息。

（2）需求分析阶段中收集的有关用户的各种信息，包括用户本身提供的和在调查研究中得到的。

（3）逻辑设计阶段的各种调查材料和由此生成的各种文，包括调查记录、原始数据、报表及单证的样本、绘制的各种图以及最后生成的系统说明书。

（4）设计阶段的各种资料，包括所有的数据库与数据文件格式、数据字典、程序模块的要求、总体结构、各种接口及参数的传递方式以及最后形成的设计方案。

（5）编程阶段的所有成果，包括程序代码、框图、变量说明、测试情况（输入数据及输出结果）、验收报告以及使用说明等。

（6）运行及使用情况的详细记录，包括每次使用的时间、状态、问题、特别是有关错误及故障的记录情况。

（7）维护及维修的情况，包括修改的目标、责任人、过程、时间、修改前后的代码、文档以及修改后的结果、原系统的备份。

（8）项目管理的有关信息，包括人员变更、资金投入、进度计划及实施情况，还包括版本信息，即各次版本的备份，每个版本的推出日期和以后版本相比的变更说明等。

2）信息集成子系统

信息集成子系统是专为几个信息库集成而设计的，其功能主要是集成信息库，使信息库做到真正的连通和共享，而不是表面上和形式上的集成。

信息库集成的初级阶段只是将相关几个功能部分连在一起，如需求分析工具酶、设计工具酶、程序生成工具酶、测试工具酶、维护工具酶和项目管理工具酶连在一起，而它们的信息库则是彼此独立的。信息库集成的中级阶段则是将相关几个功能部分连在一起，而且信息库也是彼此连通的。信息库集成的高级阶段则是将相关几个功能部分连在一起，信息库也合二为一，完全融合。信息集成子系统就是将这些信息库有机地连接起来，并管理好。

## 14.4 软件工具酶与底物界面

从生物的角度讲，底物是接受酶的作用引起化学反应的物质。从软件工具酶的角度讲，软件底物是软件工具酶的作用对象。软件底物界面实际上就是软件接口。众所周知，软件接口有两种：一是各种应用软件接口 API；二是人与软件之间的"用户界面"。14.3 节已经讨论了"用户界面"，因此，本节仅讨论应用软件接口。

### 1．软件接口

根据《英语计算机技术词典》（英语计算机技术词典编委会，电子工业出版社，1992.6）中"接口"的定义，软件接口是指两个功能部件之间的共同边界。

接口（Interface）用来定义一种程序的协定。实现接口的类或者结构要与接口的定义严格一致。有了这个协定，就可以抛开编程语言的限制（理论上）。接口可以从多个基接口继承，而类或结构可以实现多个接口。接口可以包含方法、属性、事件和索引器。接口本身不提供它所定义的成员的实现。接口只指定实现该接口的类或接口必须提供的成员。

软件接口实际上是不同功能部件之间的交互部分。通常就是所谓的 API 应用程序编程接口，其表现的形式是源代码。下面以 COM 组件为例，简短谈谈软件的接口技术。

1）COM 组件接口

在 COM 组件模型中，接口是最为重要的概念，在整个应用系统中起决定性作用，外界和组件方所有的交互都通过接口实现，因此接口设计的优劣直接影响组件的质量。良好的接口设计有利于提高组件的可用性、可理解性，有利于软件的维护、扩展和重用。不合理的设计则会导致组件难于理解、难于选择，从而影响整个软件的可靠性。

接口是一组逻辑上相关的函数集合，客户程序利用这些函数获得组件对象的服务。COM 组件的位置对客户来说是透明的，因为客户并不直接去访问 COM 组件，客户程序通过一个全局标识符进行对象的创建和初始化工作。COM 规范采用了 128 位全局唯一标识符 GUID，这是一个随机数，并不需要专门机构进行分配和管理。虽然 GUID 是个随机数，但它有一套算法用以产生该数，发生重复的可能性非常小，理论上完全可以忽略。

2) COM 接口的设计

一个接口可以用来完成某个功能或者说明某个行为，它包含一组相关操作，这些操作相互协作实现接口功能。因此接口设计的第一步是将需求阶段获得的功能需求转化为接口。在面向对象的需求分析中，功能需求通常由用例图描述，包括活动者、用例以及用例之间的关系，它能够在不考虑细节的原则下清晰地描述系统的边界和行为等，从而表达系统的主要功能，开发人员获取的这些用例图和说明又称为用例模型。所以首先对用例模型进行分析，将用例映射为组件的接口，一个用例可以映射为一个接口，也可以映射为若干个接口。然后从用例出发，找出参与该用例的对象，分析该功能的执行流程，确定对象之间的交互过程，这个过程通常可以用顺序图描述，顺序图中的操作最终要映射成接口的操作，因此为提高组件的可靠性着想，这个过程需要不断地求精，待找出全部合理的操作后，再将这些操作映射成接口的成员函数，并用 IDL 描述，IDL 是专门用于描述接口的脚本语言，不依赖于任何开发环境，是组件程序和客户之间的共同语言。

3) COM 组件接口编码

COM 组件是一种基于二进制对象协议的概念。一个 COM 组件对外是一组接口。从COM 意义上讲，接口是一种和目前 vtbl 机制相容的二进制协议，并且 vtbl 的前三项与IUnknown 接口相容（从继承角度上来讲，可以理解为要求从 IUnknown 继承，但只是这样理解而已）。例如，可以定义如下接口：

以下是引用片段：

```
interface IFoo: IUnknown
{
virtual void __stdcall fooA() = 0;
virtual int __stdcall fooB( int arg1, int arg2) = 0;
};
```

## 2. 软件工具酶连接器

### 1) 软件工具酶连接器及其作用

软件工具酶连接器，也是底物界面，是软件工具酶与软件底物之间联系的特殊机制或特殊部件。它们之间的联系包括：消息和信号的传递、功能和方法的请求或调用、数据的转换和传送、特定关系的协调和维持等所有涉及它们之间信息、行为、特性的联系和依赖。软件工具酶连接器承担了实现它们之间信息和行为关联的作用。软件工具酶只有通过连接器才能与底物发生关系，也只有连接器才能对被操作的软件产生作用。最简单的连接器从结构上退化为彼此之间的直接连接方法。较复杂的连接器就需要专门的结构来完成。

2）连接器的类别

根据连接的用途，连接器有标准、通用、专用之分。

根据连接的状态，可分为静态连接和动态连接。

根据连接的复杂性，可分为简单的连接器和复杂的连接器。

3）连接器的特性

连接器的特性反映了其对连接关系的处理性质，体现了对连接器设计的宏观性能要求。它包括连接的关系、角色和方向、交互方式、可扩展性、互操作性、动态连接性、请求响应时间、请求的处理策略、连接代价、连接处理能力、概念等级。

（1）连接的关系：连接的关系分为 $1:1$、$1:n$、$n:1$、$m:n$，分别指 1 对 1、1 对多、多对 1、多对多的连接关系。

（2）连接的角色和方向：连接的角色是指参与连接一方的作用或地位，有主动和被动或请求和响应之分。连接的方向是指任何一端口是否可进行双向或仅可进行单向请求传递。连接中的角色也体现连接的方向性。

（3）连接的交互方式：连接的交互方式指请求信息传递的形式，包括信号式、语言式。对于信号式，请求和响应之间按照约定的信号实施处理；对于语言式，则需要建立较复杂的语言（协议）的解释、翻译、转换机制，以完成信息的处理。

（4）连接的可扩展性：连接的可扩展性指操作接口、功能、连接关系的动态可扩展性。所谓"动态"是相对于设计实现时的"静态"而言的。操作接口扩展为动态扩大或改变连接器的处理功能提供了可能。连接关系的扩展允许动态地改变被关联的部件集合和关联性质。

（5）连接的互操作性：连接的互操作性指连接的部件双方通过连接器所建立的关系，直接或间接操作对方信息的能力。例如，被共享的部分是允许双方互操作的。在 DCOM 实现中，客户可以直接请求服务组件的操作，但服务组件不能直接操作客户。

（6）连接的动态连接性：连接的动态连接性，接口所提供的操作，允许根据请求者或接收者或传送数据对象的不向，实施动态确定处理方法的性能，也就是连接行为的动态约束特性。

（7）连接请求响应特性：连接请求响应特性包括响应的顺序性、同时性、并发性（同一、不同请求的多激发）。简单情况下，请求是根据发生的顺序一个一个地被处理的。在并行/并发环境下，连接器无法知道请求发生的时间，请求的到来可能是近乎同时的，而对每个请求的处理所需时间和资源会有很大差别。为此，在不破坏处理逻辑的前提下，需要对多个请求具有并行处理的能力。在某些情况下，具体的处理次序是希望可以选择的。

（8）连接请求的处理策略：连接请求的处理策略，指对请求处理的条件转移，包括对请求的传递、扩展、撤销。传递是当被连接器关联的某个部件无能力完成处理时把请求传递给其他部件。扩展是根据请求的特性将其分解成多个新的请求并发送给其他部件处理。撤销是根据请求的特性有条件地抑制掉。例如，设计模式中的责任链，可视界面对象对消息的处理等，都存在对请求或事件的传递、扩展、撤销处理。

（9）连接的代价、处理速度或能力：连接的代价如同一切软件系统一样，需要考察其对资源和时间消耗情况处理计算的复杂性，包括建立连接的代价、处理请求的代价。连接处理速度或能力，是反映连接代价的一方面，以处理请求的单位时间个数或处理信息的单位时间数量来衡量。

（10）连接器的概念等级或层次：连接器的概念等级或层次是根据建立连接所处理问题的概念层次确定的。

（11）共享数据的连接器：共享数据很早就被用作程序间的数据传递和交换机制，有共享数据区和共享文件两种形式。共享数据是指那些不具备主动行为的被动数据。具有主动性的共连接数据是有主动行为的对象，可以作为一般部件处理。被动的连接共享数据作为连接器需要解决共享访问的互斥。

### 3. 软件工具酶与底物的连接

连接是软件工具酶与底物间建立和维持行为关联和信息传递的途径。实现连接需要两个方面的支持：一是连接得以发生和维持的机制；一是连接能够正确、无二义、无冲突进行的保证。前者是连接实现的基础，后者是连接正确有效进行的信息交换规则，称做连接的协议。因此，连接的本质是连接的两个方面：实现机制和信息交换协议，简称机制和协议。

最简单的连接只有机制的作用，这种连接的信息传送能力是非常低的，因此使用上受到很大限制。复杂的连接是由于实现机制或协议的复杂化而产生。这种连接的信息传递协议的复杂性却很高。简单的连接可以通过部件直接联系得以完成，复杂的连接则需要专门用于复杂连接的连接器得以实现。

1）连接的实现机制

（1）在硬件层：在硬件层可直接用于连接的机制有过程调用、中断、存储、栈、串行输入/输出、并行输入/输出、DMA。其中，过程调用是实现功能服务和抽象连接的基础；中断是实现硬件和复杂连接不可缺少的机制；存储是实现共享的主要方面和基础；栈是实现高层过程调用的参数传递的形式；DMA 是实现大体积快速共享传输的机制；串行和并行是一切高层输入/输出连接的基础，包括文件和网络连接。该层面还应包括 I/O 端口的硬件和软件机制。

（2）在基础控制描述层：在基础控制描述层建立了高一层面的连接机制，它们是过程调用、动态约束、中断/事件、流、文件、网络、责任链。其中，过程调用是包含各类高层参数传递的；在低层次的过程调用上建立的高层抽象（包括同步调用、异步调用）；动态约束是实现动态连接和扩充的基础；流和文件概念是形成复杂连接关系的机制；责任链是建立在代码块链接之上的另一种功能动态连接关系；网络则是建立在串行输入确出之上的远程连接的主要机制。

（3）在资源及管理调度层：在资源及管理调度层建立了更高层面的连接机制，它们有进程、线程、共享、同步、并行、分时并发、事件、消息、异常、远程调用，以及实现更复杂逻辑连接的注册表、剪贴板、动态镀接、应用程序接口。

（4）在系统结构模式层：随着应用技本的发展，在系统结构模式层建立了面向内用的最高层次的连接机制，它们有管道、解释器、编译器、转换器、浏览器、组件/组件、客户/服务、浏览/服务、OLE、ActiveX、ODBC 等。

2）连接的协议

协议是连接的规约，是实现有意义连接的保证。协议通常也是按照层次构成的，例如，网络的 7 层协议结构。

即使在简单的过程调用中，也有协议在起作用。基础控制描述层的过程调用是对软化硬件层的过程调用的扩充,表现为有类型参数的传送。

在消息连接机制中,不同类型的消息都产生于同一个基础消息类,并具有不同的消息属性。对于消息系统来说,不同类型消息的属性和取值就是消息机制的连接协议,当然,还应该包括消息的传送和处理规则。

3) 连接的特性

这是从多方面反映连接性质的。包括连接的方向性、角色、激发方式、响应特性。

(1) 连接的方向性:连接作为信息传送和控制的渠道具有方向性。控制有主控方和被控方、信息传送有信息的发送方和接收方。然而,复杂的连接都伴随有双向的通信联系。虽然连接是有方向性的,但在一次连接的实现中,通常都伴随有双向的通信。

(2) 连接的角色:角色是对连接的双方所处地位不同的表达。在过程调用中,角色有调用方和被调用方;在客户服务器连接中,角色有客户方和服务器方。角色和地位的不同在连接的实施中表现为所进行的操作不同,期望获得的信息不同。

(3) 连接的激发方式:激发是指引起连接行为的方式,分主动方和从动方两个方面。主动方的行为激发方式有操作调用和事件触发,从动方的行为激发方式有状态查询、事件触发。连接的发出方式有 1 对 1 和 1 对多,其中 1 对多又分为定点和不定点的连接广播方式。

(4) 连接的响应特性:响应特性包括连接的从动方对连接请求的处理实时性、时间、方式、并发处理能力。在基于中断或并行、并发的连接中,多个连接请求同时发生的情况是存在的。连接是否具有处理这个复杂性的能力在许多应用中是十分重要的。

4) 连接的不匹配及其解决方法

连接是使软件工具酶与底物实现互联和协同工作的机制。如果连接发生冲突或不匹配,则会造成它们连接的失败。产生连接冲突或不匹配的原因有多方面,包括连接的实现机制、协议、特性。一个方面的问题都会造成连接的不匹配。可以通过以下方法解决连接的不匹配问题。

由于在实现机制、数据表示、通信、包装、同步、语法、控制等方面的差异,软件工具酶与底物不能协调工作。下面只考虑软件机制和谐方面的问题及解决不匹配的方法。

(1) 全面改变软件工具酶的结构和功能,使其符合底物的要求。为了与底物协调,彻底重新设计实现软件工具酶,这是可行但代价高的处理办法。

(2) 把数据在从软件工具酶传输到底物的过程中,将其形式转底物可以接受的形式。在发生协议不匹配时,这是最常采用的解决方法。

(3) 通过协议的"握手"机制,使双方在开始正式传输前,识别对方的协议,以确定双方可以接受的连接行为,达成统一可接收的信息交换形式。

(4) 使底物的连接成为可支持多种实现机制和协议的形式。

(5) 在复杂的情况下,建立专门的标记语言处理协议的不匹配性。标记可以建立在传输的开始,也可以建立在传输的过程中,甚至是任何协议的转换过程中。数据库表的结构信息往往通过标记语言加以描述,这样可以在不同的环境中实现顺利的信息转换。该方法的不足是占用了额外的存储空间,降低了传输效率。

(6) 为底物提供信息输入输出的转换器。可以使用外界独立工作的部件,或内嵌的转换部件达到功能扩充,以完成内外部数据格式之间的相互转换。

(7) 引入信息交换的中间形式。有两种形式:在它们之外建立信息交换表示或发布信息交换的通用标准。

（8）在软件工具酶上添加转换器，使其与底物连接，达到两部分之间的正常交互。这其实是在连接的两方之间增加一个中介部件（连接器），负责完成数据和协议等实现机制的转换，以协调连接双方的行为。消除连接的不匹配。

（9）把软件工具酶通过代理而包装起来，使其最终的部件模拟要求的连接。包装而形成的新的连接软件工具酶的行为消除了不匹配。

（10）保持软件工具酶和底物的工作版本始终一致。这样可有效地避免产生非预期的不匹配。

5）与底物的连接方式

软件工具酶与底物连接有四种方式：过程调用、远程过程调用、事件触发、服务连接。过程调用表是实现更复杂过程调用关系的方法。

（1）过程调用方式：即部件与部件之间通过对方的过程、函数或方法的显示调用实现连接的方法。这是最普通和常用的方法，它是通过硬件 CPU 提供的 CALL 和堆栈机制实现的。为了实现调用，必须能够知道对方部件的标识和对方部件所对外提供的操作过程标识及其参数设置。

（2）过程调用表方式：过程调用表（见图 14-15）是通过过程表格系统地进行管理过程调用的方法。各过程按照标识排列在一个过程表中，建立起标识和具体执行代码之间的对应。具体过程的调用可以按照过程标识或过程标识在表中位置的号码通过转换进行。

按照过程标识调用时，经过标识的搜索确定执行代码厅转入过程的运行。按照过程标识在表中位置的过程号码调用时，直接根据号码确定执行代码后转入过程的运行。

（3）中断部件触发方式：中断部件触发方式（见图 14-16）是通过硬件提供的中断及其控制机制实现部件连接的方法。

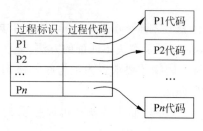

图 14-15　过程调用表方式

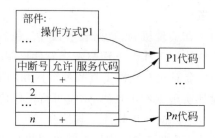

图 14-16　中断部件触发方式

在该方法中，部件操作的调用是通过中断设置和中断触发实现的。中断设置是将特定的中断号码的中断指针指向持操作的代码入口，并允许接受所关心号码的中断请求。当相应号码的中断发生后，随即在参数参与下发生对应操作的执行。用特定名称标识中断号码，就形成事件触发的部件连接方式。消息传递是建立在此方式之上的更加系统和复杂、更易于用户控制的事件触发机制。

（4）过程链接方式：过程链接（见图 14-17）也称操作链接或责任链传递结构。这是对具有相同标识，但操作代码各不相同的多个过程或事件操作的链接方法。相同的过程或事件标识标明控制要转到相向的代码中。为了实现不同过程或事件的操作，需要增加额外的控制标识。在过程或事件标识被识别后，控制标识作为参数起到进一步完成控制转向的作用。

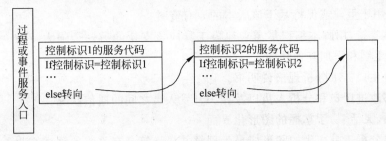

图 14-17 过程链接方式

为了实现链接，通常在过程或事件的主代码中采用条件语句或开关语句或过程调用表控制结构，并要求在代码结尾处用特定代码将不同控制标识的操作代码块链接起来，而形成过程链接方式。

(5) 服务连接方式：服务连接方式（见图 14-18）的服务部件由接口、分析器、执行器构成。其他部件与服务部件进行交互是通过接口进行的。分析器按照指定的句法形式对接口收到的服务请求信息进行分析，确认正确后交执行器完成操作，并将结果返回给请求部件。

(6) 远程过程调用：远程过程调用（见图 14-19）即 RPC（Remote Procedural Call）。这是网络分布运行状态下的过程调用。为了实现远程过程调用，需要在操作请求端建立一个被请求部件 2 的代理部件。部件 1 的所有请求都发送给代理部件。代理部件通过连接网络建立与部件 2 联系，把操作请求发送给部件 2。部件 2 处理完操作后，又通过连接网络将结果返回给代理部件，并最终传送给部件 1。

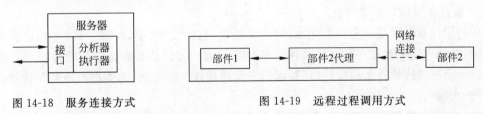

图 14-18 服务连接方式　　　　　图 14-19 远程过程调用方式

## 14.5 专用工具酶的功能与结构

### 1. 需求分析工具酶

需求分析工具酶（Requirement Analysis Tool Enzyme）应用于软件生命周期的第一个阶段，即软件开发的需求分析阶段。它是能够辅助系统分析人员对用户的需求进行提取、整理、分析并最终得到完整而正确的软件需求分析式样，从而满足用户对所构建的系统的各种功能、性能需求的辅助手段。

1) 需求分析工具酶的功能

(1) 支持信息仓储（Repository），信息仓储对在开发人员间共享需求分析资料是必要的。两个以上的开发人员可以通过共享来进行需求的协同分析。

(2) 支持业务反向工程。

(3) 支持版本控制。工具应允许存储各种版本，以便后续迭代开始时，以前的版本仍然可以得到,并用于重建或保持基于该版本的原有资料。

(4) 脚本支持,用脚本编程是需求建模工具应该支持的另一个强大特性。有了脚本功能,用户可以定制和添加其他功能。

(5) 支持生成需求分析规格说明书。

(6) 能够改进用户和分析人员以及相关开发人员之间的通信状况。

(7) 方便、灵活、易于掌握的图形化界面。

(8) 需求分析工具产生的图形应易于理解并尽量符合有关业务领域的业界标准。

(9) 支持扩展标记语言(XML)。

(10) 支持多种文件格式的导出和导入。

(11) 有形式化的语法(或表),能够供计算机进行处理。

(12) 必须提供分析(测试)规格说明书的不一致性和冗余性的手段,并且应该能够产生一组报告指明对完整性分析的结果。

2) 需求分析工具酶的结构

根据以上提出的需求分析工具酶的功能,我们抽象简化后归纳以下几点:用户界面、信息仓库、辅助需求的描述、需求分析说明书生成,如图 14-20 所示。

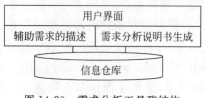

图 14-20　需求分析工具酶结构

### 2. 设计工具酶

1) 设计工具酶的功能特性

任何设计总是需要一定的表述工具(广义概念,包括文字、图表、符号等)进行设计的表述,这些设计表述工具和支持这些表述的 CASE 环境(工具)总是和特定的软件设计方法相结合。无论是传统软件工程设计,还是面向对象的软件工程方法,都要进行概要设计和详细设计两个步骤。

(1) 结构化的设计工具酶至少应具备如下功能。

① 支持多种设计方法(SA、SADT、面向数据结构等)。

② 能够定义全局结构图。

③ 作为采用结构化方法的需求分析工具应当支持模块结构图的编辑功能,包括图形和文字的添加、删除、修改、模块搬移、模块复制等,支持模块索引生成。

④ 一致性检查功能,这些一致性包括模块的命名规则、接口参数顺序、连接顺序的一致性等。

⑤ 支持相关软件结构定义文档报告的生成。

(2) 面向对象的软件工程方法设计工具酶应具备如下功能。

① 支持典型的多种面向对象方法(OOA/OOD、OMT、Booch、OOSE 等)。

② 支持类和对象的不同层次的视图。

③ 支持类和对象的描述,自动建立相关类图和对象图的索引。

④ 支持用户自定义类型和"模板类"的描述。

⑤ 针对不同平台(程序语言),能够生成相应的框架代码。

⑥ 支持相关文档报告的生成。

⑦ 工具应能让多个用户在同一个模型上协同工作。

2）设计工具酶的结构

（1）结构化的设计工具酶：根据以上提出的需求分析工具酶的功能，我们抽象简化后归纳结构化的设计工具酶的功能点：用户界面、信息仓库、多种方法设计工具、结构图编辑功能、一致性检查功能、设计文档说明书生成，如图 14-21 所示。

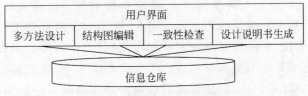

图 14-21　结构化设计工具酶结构

（2）面向对象的软件工程方法设计工具酶：根据以上提出的需求分析工具的功能，我们抽象简化后归纳面向对象的软件工程方法设计工具酶功能点：用户界面、信息仓库、多种设计方法工具、视图的生成和编辑功能、对象和类定义描述、框架代码生成、设计文档说明书生成，如图 14-22 所示。

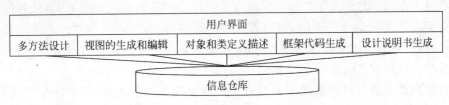

图 14-22　面向对象的设计工具酶结构

### 3．代码生成器与软件组装工厂

1）代码生成器[①]

代码生成器（Code Generator）的基本任务是根据设计要求，自动地或者半自动地产生相应的某种语言的程序。图 14-23 是代码生成器工作的基本轮廓。它的输出是程序代码，而输入有三个方面：信息库中存储的有关信息、使用者通过人机界面输入的命令、参数及其他要求和用于生成代码的程序框架及组件。

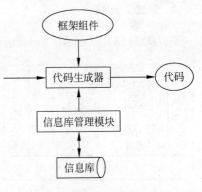

图 14-23　代码生成器工作图

输出程序代码是这个模块的目标。输出的代码有两种情况：某种高级程序设计语言的代码或某种机器（包括硬件和操作系统）环境下可运行的机器指令。

生成代码时依据的是三个方面的材料。首先是信息库里已有的资料；其次，代码生成器还要利用各种标准模块的框架和构件；第三是使用者临时通过屏幕前操作送入的信息。

① 陈禹，方美琪.软件开发工具.北京：经济科学出版社，2000：57-59。

2) 软件工厂(Software Assembly Factory)

早在 20 世纪 60 年代末,人们在寻求软件工程化生产有效途径的过程中受其他工业部门中工厂化生产的启发,将计算机程序设计机器制造之类的工程设计进行比较,提出了"软件"工厂的概念,并建议采用类似工厂的组织形式和生产力方式来开发软件产品。

软件工厂围绕软件设计与开发的目标,将支持模型和方法相关的软件工具组织在一起,形成一个有机的集合。美国通用电器公司 R. W. Bemer 将软件工厂定义为:软件工厂是一个以计算机为依托,并由计算机控制的程序编制环境,程序的制作、检查和使用都应当在此环境中,并运用其中的工具来实现。工厂应有生产率、质量的度量和管理,应有成本核算和进度计划的财务记录,以便管理者能根据原先的数据进行预算。环境中的工具应包括测试实例,用以测试不依赖于机器的语言编译程序、仿真程序,文档编制工具(如自动流程图编制程序、文本编制程序、索引程序)、计算装置、连接和接口验证程序和代码筛选程序等。

建设软件工厂是软件工程化生产的大趋势,它的实现依赖于对体系结构、模型、方法、工具的研究。日本和欧洲的一些发达国家,都拨出巨资支撑这方面的研究,我国对这方面的研究也正在逐步深入。北京大学青鸟工程提出了软件生产线的概念和思想,将软件的生产过程分别分到三类不同的生产车间进行,即应用体系结构生产车间、构件生产车间和基于构件、体系结构复用的应用集成(组装)车间,从而形成软件产业内部的合理分厂,实现软件的产业化生产。软件生产线如图 13-1 所示。

软件复用是提高软件产品质量与软件生产效率的关键技术,青鸟软件生产线系统(见图 13-2)是软件生产技术进行有效集成的软件开发环境。其中,构件组装技术是关键。ABC Tool 以软件体系结构为设计蓝图,以构件为基本开发单元,在不修改构件源代码的前提下,通过可视化的图形建模方式,从体系结构的高层设计逐层映射到底层实现,将可运行或可部署的构件组装为最终的可运行的系统。

### 4. 测试工具酶

作为软件测试工具酶(Testing Tool Enzyme),一般认为其构成最少包括 5 方面的要素:用户接口、系统配置管理子系统、软件评价方法编辑子系统、软件评测子系统和评测报告生成子系统,如图 14-24 所示。

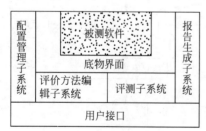

图 14-24    测试酶结构

(1) 用户接口:最好采用基于 GUI 的界面方式,通过统一的交互式用户接口以协调其他各子系统的工作。

(2) 系统配置管理子系统:对评测系统的系统参数进行管理,通过修改这些参数可以重新配置评测系统和对软件进行不同验收标准的测试。

(3) 软件评价方法编辑子系统:可以编辑对语言描述进行评价的方法。该系统可进行词法分析、语法分析和错误检查,从而形成软件评价方法的内部表现形式,并将其存放于软件评测方法库中。

(4) 软件评测子系统:对被评测软件进行分析和测试,通过调用软件评测方法库中的方法和评测标准对被评测软件进行评测。软件评测子系统应该既可采用人机交互的方式进行评测,又可采用自动方式进行评测并将软件评测数据放入评测数据库中。

(5) 评测报告生成子系统:创建、编辑评测报告的模板,放入评测报告模板库中,用户可以根据具体模板生成符合特定需要的测试报告。

### 5. 项目管理工具酶

自 1990 年起,在软件工具酶理论中,项目管理占有一定的地位。根据前面的讨论,项目管理的目标有六点:进度控制、费用控制、质量控制、合同管理、信息管理和协调沟通,如图 14-25 所示。

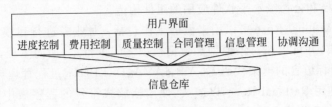

图 14-25　项目管理工具酶

### 6. 几种常见的软件工具酶

1) 需求分析与设计酶

BPwin 是美国 Computer Association 公司推出的建模工具。Power Designer 是 Sybase 公司推出的系统分析设计工具集。Rational Rose 是 Rational 公司出品的一种面向对象的统一建模语言的可视化建模工具。

2) 数据库设计工具酶

ERWin Data Modeler 是 CA 公司的数据库建模工具酶。ER/Studio 是 Embarcadero Technologies. Inc 推出的数据库建模工具酶。Power Designer 是 Sybase 公司推出的系统分析设计工具集,其中包括数据库建模工具酶。

3) 程序设计工具酶

Java 开发工具酶有 JBuilder、Visual Cafe for Java、Visual Age for Java 等。Visual Studio 6 和 Visual Studio. Net 是 Microsoft 公司推出的 Windows 下的集成开发环境,包括多种语言以及相应的项目工具,如配置管理工具等。Delphi 是美国 Borland 公司开发的工作在 Windows 平台下的开发工具。Power Builder 是 Sybase 公司在 1990 年开发的客户机/服务器前端应用工具,并可以通过其中的某些驱动程序连接一般的大型数据库。

4) 测试工具酶

(1) 白盒测试工具酶

静态测试工具酶有 Telelogic 公司的 Logiscope 软件、PR 公司的 PRQA 软件以及下面将要提到的 Panorama 系列。动态测试工具酶有 Compuware 公司的 DevPartner 软件、Rational 公司的 Purify 系列。

(2) 黑盒测试工具酶有 Rational 公司的 TeamTest、Robot,Compuware 公司的 QACenter,Radview 公司的 WebLoad,Microsoft 公司的 WekStress 等。

（3）测试管理工具酶有 Rational 公司的 TestManager 和 Compureware 公司的 TrackRecord 等。

5）项目管理工具酶

Microsoft Project 是 Microsoft 推出的一个功能强大、界面友好、易于使用的项目管理工具酶软件。全球占据了近 2/3 的项目管理软件市场。VSS（Microsoft Visual SourceSafe）是一种简单的版本和配置管理功能的工具酶。WinCVS（Concurrent Version System）是一个版本控制工具酶。

6）集成工具酶

Rational Rose 是 Rational 公司出品的一种面向对象的统一建模语言的可视化建模工具，用于可视化建模和公司级水平软件应用的组件构造。

目前版本的 Rational Rose 可以用来做的工作包括：对业务进行建模、建立对象模型、对数据库进行建模，并可以在对象模型和数据模型之间进行正、逆向工程，相互同步；建立构件模型；生成目标语言的框架代码，如 VB、JAVA、DELPHI；过程管理与控制。

软件设计师使用 Rational Rose，以演员、使用拖放式符号的程序表中的有用的案例元素、目标和消息/关系设计个种类，来创造一个应用的框架。当程序表被创建时，Rational Rose 记录下这个程序表然后以设计师选择的 C++、Visual Basic、Java、Oracle8、CORBA 或者数据定义语言（Data Definition Language）来产生代码，如图 14-26 所示。

| 需求 | 构架（分析/设计） | 建造（编码） | 测试 |
|---|---|---|---|
| 需求管理：收集、管理及传达变更的软件需求和系统需求。Rational RequisitePro | 可视化建模：生成一个反映软件应用程序，其构件、接口和之间关系的图形化的设计图，便于理解和交流。Rational Rose、Rational Rose RealTime | 编程环境：Rational Apex、Rational Summit/TM、Rational TestMate、Rational Ada Analyzer | 软件质量和测试自动化：提供集成化编程和测试工具来简化构件的创建，并代替昂贵、冗长且容易出错的手工测试，从而在较短的时间内、在风险已降低的情况下生成更高质量的应用程序 |
| 配置管理 | | | |
| 软件配置与变更管理：在创建、修改、构建和交付软件的过程中，控制团队的日常开发。Rational ClearCase、Rational ClearCase MultiSite、Rational ClearQuest、Rational ClearDDTS | | | |
| 软件流程 | | | |
| 软件流程自动化：为软件经理和开发人员就如何开发有商业竞争力的软件资产提供指导。Rational Unified Process、Rational SoDA | | | |

图 14-26　Rational Rose 设计一体化过程

## 14.6　软件工具酶的进化

### 1. 软件工具酶的升级演化

版本的升级和软件改进是很多软件都采用的一种进化方式。版本的升级进化有多种方法。有些是部分功能的增加，小修小改，有些是大修大改，进行结构化的改动。例如，DOS 到

Windows 的升级就是本质的。Windows 95 到 Windows 98 到 Windows 2000 到 Windows XP 则是一般性的改进。软件工具酶升级进化也分部功能的升级和结构性的大变化。

例如，Rational 公司的 Rational Rose 软件工具酶，它的升级进化发展经历了以下历程：Rational 公司成立，面向对象大师 Grady Booch 加入该公司，Rational Rose 软件应用 Booch 的方法；1994 年面向对象 James Rumbaugh 加入 Rational 公司，并在 Rational Rose 软件中应用 OMT 的方法；1995 年面向对象 Ivar Jacobson 加入 Rational 公司，并在 Rational Rose 软件中加入 OOSE 方法；1997 年统一建模语言 UML 被提出；2003 年 IBM 收购了 Rational Rose 软件工具酶。其发展历程如图 14-27 所示。

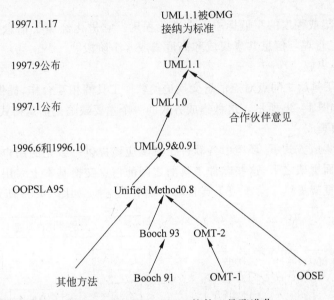

图 14-27 Rational Rose 软件工具酶进化

1994 年 10 月，美国的 Booch 和 Rumbargh 开始着手建立统一建模语言的工作。他们首先把 Booch 和 OMT-2 方法统一起来，并于 1995 年 10 月发布了第一个公开版本——UM0.8。

1995 年秋，OOSE 方法的创始人 Jacobson 加入建立统一建模语言这一工作中。

经过三人的努力，1996 年 6 月和 10 月，他们发表了两个新版本，即 UML0.9 和 UML0.91，同时将 UM 命名为 UML。UML 的开发在美国得到了许多公司的响应和支持，有 700 多家公司采用了该语言。这对 UML1.0 和 UML1.1 的发布起到了重要的促进作用。

1997 年 UML1.0 被提交给对象技术组织 OTO(Object Technology Organization)。

1997 年 9 月，在征求了合作伙伴的意见后，公布 UML1.1 版本。

最后，1997 年 11 月 14 日，OMG 将 UML1.1 作为行业标准。UML 结合了 Booch、OMT 和 Jacobson 方法，统一了符号体系，并从其他的方法和软件工程实践中吸收了许多经过实际检验的概念和技术，UML 是 Grady Booch、Dr. James Rumbaugh、Ivar Jacobson、Rebecca Wirfs-Brock、Peter Yourdon 和许多其他人员集体智慧的结晶。

2001 年，UML1.4 修订完毕。现在 UML2.0 已经发布。

UML 的产生有三方面的原因：首先，不同的面向对象方法有着许多相似之处，通过这项工作，消除可能会给使用者造成混淆的不必要的差异是非常有意义的；其次，语义和表示法的统一,可以稳定面向对象技术的市场,使工程开发可以采用一门成熟的建模语言,CASE 工具的设计者也可以集中精力设计出更优秀的系统;最后,这种统一能使现有的方法继续向前发展,积累已有的经验,解决以前没有解决好的问题。

再如 Java,在它刚刚诞生时,人们经常使用普通的文本编辑器来书写 Java 代码,使用 JDK 进行编译。在这一时期,JDK 的性能很差,人们主要使用 Java 开发小程序——Applet。随着 J2SE 和 J2EE 的发布,Java 语言具有了更广泛的应用价值,而不仅仅局限于 Applet,Java 已经成为一种企业级应用的开发语言。针对 Java 的自动化开发工具也得到了很大的发展。

**2. 软件工具酶集成进化的过程**

软件工具酶集成程度的高低标志着它进化程度。它进化经历了信息交换集成、公共界面集成、公共信息管理与信息共享集成和高度集成 4 个阶段[①]。

1)信息交换集成

实现中软件工具酶之间点对点信息交换迫使软件工具酶相互合作,提供了软件工具酶的信息交换机制,如图 14-28 所示。这种集成方式的一个主要缺陷是信息格式转换太费时间。

2)公共界面集成

在公共界面集成方式下,环境中各软件工具酶应该提供一致化的用户界面,它们往往被封装在统一的界面框架之下,这些软件工具酶之间的信息交换基本上采用点对点方式,但环境最外层的界面框架提供了菜单或工具自动实现信息交换,如图 14-29 所示。

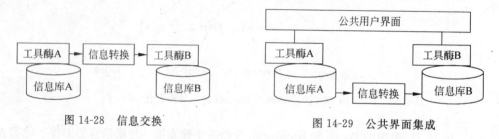

图 14-28　信息交换　　　　　　　　图 14-29　公共界面集成

3)公共信息管理与信息共享集成

环境中所有 CASE 工具共用的软件开发信息可以组织成单个逻辑数据库,它的物理组织形式既可以是集中式,也可以是分布式。尽管这种集成方式仍需要在各 CASE 工具之问进行信息的转换,但转换过程将在环境内部进行,对开发人员完全透明,如图 14-30 所示。公共信息管理集成方式对信息库的管理机制有严格的要求:它必须将软件开发信息按项目进行划分和组织,必须针对不同的项目组成员提供多级权限控制,必须提供数据集成机制,将不同 CASE 工具生成的不同软件开发阶段的信息项目综合起来,并维持数据库的一致性和完整性。这种信息共享集成方式从根本上克服了信息交换方式的不足,提高了软件工具酶的集成度。

4)高度集成

为了实现高度集成的 CASE 环境,还必须增加元模型管理机制和软件工具酶的触发控制机制,如图 14-31 所示。

①　齐治昌,谭庆平,宁洪. 软件工程. 北京:高等教育出版社,2001:421-424。

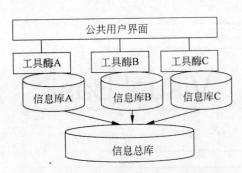

图 14-30 公共信息管理与信息共享集成

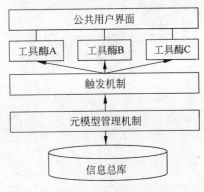

图 14-31 高度集成

元模型是对各软件工具酶生成的软件开发信息项的元级描述。通常,元模型中的规则和工作流程部分将组织为规则库,以便在软件开发过程中能够随时对它们进行修改。触发控制机制是指 CASE 工具能够将某些软件开发事件通知其他 CASE 工具,以便它们采取相应的行动。

## 14.7 练习

**一、名词解释**

1. 生物酶
2. 软件工具酶

**二、简答**

1. 软件工具酶有什么作用? 其作用机制是什么?
2. 软件工具酶有哪些催化特点?
3. 请简单介绍软件转换法则。

**三、分析题**

1. 请详细分析软件工具酶与底物结合的两种模式。
2. 请对未来软件的开发模式做简单的分析。

# 第15章

# Visual Basic

·

## 15.1　Visual Basic 简介

Visual Basic 是一种图形化的程序设计语言,它是 1991 年由 Microsoft 公司推出的,能在 Microsoft 公司旗下操作系统上使用的程序开发语言。由于它的出现,程序设计人员不必再自己编制程序来实现窗口、菜单、对话框等,不必再编写大量代码来描述界面元素的外观和位置,只需将所需控件画在屏幕上的某一位置,从而极大提高编程效率,一经推出就具有很大的市场影响力。

Visual Basic 软件将 Windows 环境下的窗口、菜单、对话框等以函数实现,将其制作成控件工具,在软件的编辑区旁设计了按钮式的工具栏,将 Windows 编程的复杂性巧妙封装起来,这样即便是初学者也能方便地使用这些控件工具,而无需自己编制内部代码,轻松地编写 Windows 程序。

在 Visual Basic 软件中,采用了适合于图形化用户界面开发的事件驱动来进行程序开发,这样开发的程序中就不用指定精确的执行顺序,只需在相应的控件代码窗口中编写需要执行的操作对应的代码就可以了,程序执行时自动按顺序执行。让使用者自行控制程序什么时候做什么事情。

### 1. Visual Basic 软件发展概述

自 1991 年 Visual Basic 软件推出 1.0 版本取得巨大成功以来,Microsoft 公司又陆续推出更新的版本:1991 年推出 Visual Basic 1.0 版;1992 年推出 Visual Basic 2.0 版;1993 年推出 Visual Basic 3.0 版;1995 年推出 Visual Basic 4.0 版;1997 年推出 Visual Basic 5.0 版;1998 年推出 Visual Basic 6.0 版;2008 年推出 Visual Basic 2008 版;2010 年推出 Visual Basic 2010 版。

早期的版本允许运行在 DOS 以及 Windows 3.x 环境下,但从 4.0 以后的版本就只允许运行在 Windows 95 或 Windows NT 环境下。而且 4.0 版本以前都只有英文版,从 5.0 开始才真正有了中文版。

Visual Basic 2008 是 Microsoft 公司推出的可视化编程集成开发工具。利用它,不仅可以构建多项可执行复杂任务的应用程序,而且还可以设计多样化的程序外观。Visual Basic 2008 更具有功能强大、灵活、易掌握、开发效率高等显著特征,是目前使用率较高的程序开发工具之一。

2010 年 Microsoft 公司又将推出 Visual Basic 2010（或称 VB2010、VB10），此版本是迄今为止功能最强大的版本，包含很多省时省力的功能，可以帮助开发人员用更少的代码行完成更多的操作。

### 2. Visual Basic 6.0 简介

本文将通过 Visual Basic 6.0（中文企业版）来介绍 Visual Basic 软件，以下简要概述 Visual Basic 6.0 的基本情况。

Visual Basic 6.0 包括三种版本，即标准版、专业版和企业版。这三种版本都是基于相同的基础建立起来的，所以多数情况下 VB 应用程序在三种版本上可以通用。

（1）标准版：此版本为最基础的版本。它包括全部的内部控件（也称标准控件）、网格控件、选项卡以及数据绑定控件。这个版本可适用于开发各种 Windows 应用程序。

（2）专业版：此版本除包含标准版所有功能外，还同时包括 ActiveX 控件、Internet 信息服务控件、数据库服务工具、DHTML(Dynamic HTML)页面设计等。此版本对专业的开发人员来说是一套功能完备的软件开发工具。

（3）企业版：此版本除包含专业版所有功能外，还包括 BackOffice 工具，例如 SQL 服务器、Microsoft Transaction Server、Internet Information Server 以及 Visual SourceSafe 等。

## 15.2 Visual Basic 6.0 的使用

### 1. 启动 Visual Basic 6.0

将 Visual Basic 6.0 安装成功之后，可通过以下方式启动 Visual Basic。

（1）选择"开始"→"程序"→Microsoft Visual Basic 6.0 命令。

（2）双击 Visual Basic 图标，也可以创建一个 Visual Basic 快捷方式，双击该快捷方式启动。

启动 Visual Basic 后，可看见 Visual Basic 集成开发环境（IDE）界面，如图 15-1 所示。随后弹出"新建工程"对话框。

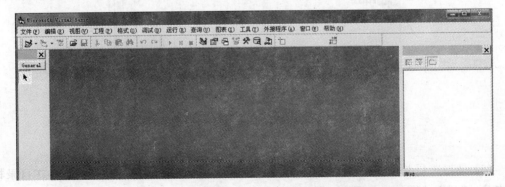

图 15-1　Visual Basic 6.0 集成开发环境（初始化）

（3）新建选项卡：其中列出了各种允许建立的文件类型，可以从中选择一种类型，双击它，或单击它再单击"打开"按钮，即可创建一个工程文件，如图 15-2 所示。

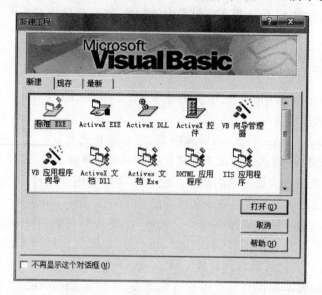

图 15-2　"新建工程"的"新建"选项卡

（4）现存选项卡：若用户已创建了工程文件，可通过"现存"选项卡在目录树种查找要打开的工程文件名，然后双击文件名，或单击文件名再单击"打开"按钮，即可调出所需文件，如图 15-3 所示。

图 15-3　"新建工程"的"现存"选项卡

（5）最新选项卡：其中列出了用户最近使用过的几个工程文件，可以不必再在目录树中查找，打开方式同（4），如图 15-4 所示。

确定了要打开的工程文件后，就进入了 Visual Basic 的集成开发环境，如图 15-5 所示。

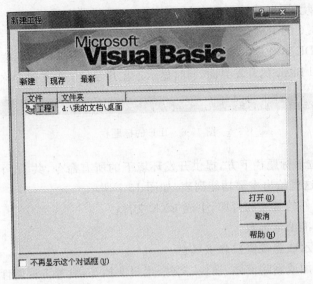

图 15-4 "新建工程"的"最新"选项卡

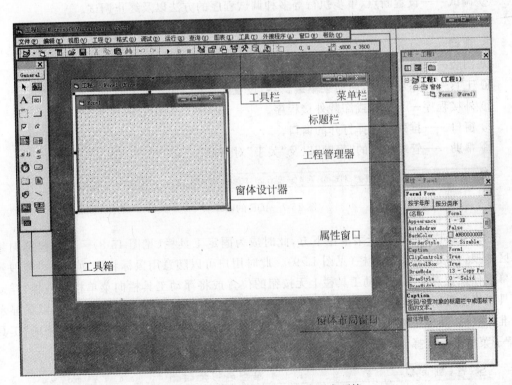

图 15-5 Visual Basic 6.0 集成开发环境

## 2. Visual Basic 6.0 的集成开发环境 IDE

Visual Basic 的集成开发环境(Integrated Development Environment,IDE)给出了创建应用程序的一切条件,可以用它来编写代码、测试及细调程序,最终生成可执行文件。这些文件独立于开发环境，可以移植到没有 Visual Basic 的机器上运行。

Visual Basic 6.0 的 IDE 元素。

（1）标题栏：IDE 本身是一个全屏的大窗口，最上部为窗口的标题栏。它显示的内容表明，此界面是 Visual Basic 的开发界面，同时显示正在开发的工程文件名称，如图 15-6 所示。

工程1 - Microsoft Visual Basic [设计]

图 15-6　IDE 的标题栏

（2）菜单栏：位于标题栏下方，提供开发环境下的所有命令，共 13 个菜单项，每个菜单项均有下拉菜单。这里给出主要功能列表，如图 15-7 所示。

① 文件——文件的管理和打印，生成 EXE 文件。

② 编辑——标准编辑函数。

③ 视图——显示或隐藏窗口和工具栏。

④ 工程——添加或删除窗体、模块、文件、用户文档等，设置工程属性。

⑤ 格式——设置控件的位置。

⑥ 调试——设置断点、单步执行等多种调试程序的方法以及终止调试。

⑦ 运行——启动一个程序或全编译执行，中断或结束一个程序的运行。

⑧ 查询——有关数据库中表的一些查询功能。

⑨ 图表——有关表的一些关联功能。

⑩ 工具——添加过程，启动菜单编辑器，设置 Visual Basic IDE 选项。

⑪ 外接程序——加载或卸载外接程序。

⑫ 窗口——排列或选择打开的窗口。

⑬ 帮助——管理所有的"帮助"以及"关于"对话框。

文件(F)　编辑(E)　视图(V)　工程(P)　格式(O)　调试(D)　运行(R)　查询(U)　图表(I)　工具(T)　外接程序(A)　窗口(W)　帮助(H)

图 15-7　IDE 的菜单栏

（3）工具栏：默认位于菜单栏下方，此时成为固定工具栏（见图 15-8）。若用鼠标向编辑区拖拽，将成为浮动工具栏（见图 15-9）。此时用户可以随意用鼠标将浮动工具栏拖拽到屏幕上任意位置。双击浮动工具栏上无按钮的位置或将浮动工具栏向菜单栏处拖拽，浮动工具栏将会重新变成固定工具栏。工具栏提供了对开发时常用命令的快速访问，默认显示标准工具栏，其他工具栏如"编辑"、"窗体调试器"和"调试"等，可通过"视图"菜单下的"工具栏"子菜单进行选择。

0, 0　　4800 x 3600

图 15-8　IDE 的固定工具栏

图 15-9　IDE 的浮动工具栏

（4）工具箱：提供一组工具，用于窗体设计时往窗体中放置控件。使用时，只要在所需控件上双击，IDE 会自动放置一个该控件于窗体设计器的正中央，然后再调整控件的位置、大小；另一种方法是先单击选择工具箱内某控件，然后在窗体设计器中按住左键不放，划出一个区域，放开左键，此时画下的区域就是所需控件，如图 15-10 所示。

（5）窗体设计器：位于 IDE 编辑区内，含有一个可进行设计的窗体。从工具箱中选取的控件就放入此窗体中，窗体内布满小点，这些点用于控件的对齐，同时可用于控件大小的调节，如图 15-11 所示。

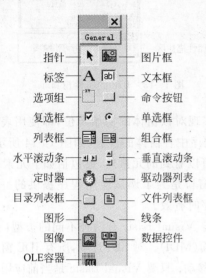

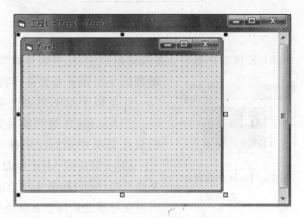

<table>
<tr><td>指针</td><td></td><td>图片框</td></tr>
<tr><td>标签</td><td></td><td>文本框</td></tr>
<tr><td>选项组</td><td></td><td>命令按钮</td></tr>
<tr><td>复选框</td><td></td><td>单选框</td></tr>
<tr><td>列表框</td><td></td><td>组合框</td></tr>
<tr><td>水平滚动条</td><td></td><td>垂直滚动条</td></tr>
<tr><td>定时器</td><td></td><td>驱动器列表</td></tr>
<tr><td>目录列表框</td><td></td><td>文件列表框</td></tr>
<tr><td>图形</td><td></td><td>线条</td></tr>
<tr><td>图像</td><td></td><td>数据控件</td></tr>
<tr><td>OLE容器</td><td></td><td></td></tr>
</table>

图 15-10　IDE 的工具箱　　　　图 15-11　IDE 的窗体设计器

（6）工程管理器：将当前程序中所含的全部工程、工程组、窗体、模块以及类模块等的详细名称以树状列表显示，是对整个工程的一个整体性的概览。工程是指用于创建一个应用程序的文件的集合。当开发一个用户程序时，工程总是由一个或多个工程文件构成的。有的大型程序需要几个工程才能完成，为了将这多个工程联合在一起，可将其做成工程组。

当需要从众多对象中选取所需的部分时，只需在"工程管理器"中找到它然后双击即可。在"工程管理器"中可以单击添加或删除对象。在管理器顶端的按钮允许进行视图切换，三个按钮从左到右依次为："查看代码"，单击后显示对象的代码编辑窗口；"查看对象"，单击后显示对象本身；"切换文件夹"，可以看到树状视图，显示工程所在文件夹内的对象，如图 15-12 所示。

（7）属性窗口：该窗口用于设置对象的属性。当你使用鼠标选中窗体设计器中的某个对象时，在"属性"窗口中就会显示该对象的各种属性。通过选中"属性"窗口中相应的属性项，可以改变或检查该对象的某个属性设置。若要改变某对象的属性，只需单击此对象，选中"属性"窗口中要设置的属性，使当前属性值以高亮显示，键入新的设置即可。如果属性设置框有向下箭头按钮，单击按钮可选择所需的属性值，如图 15-13 所示。

视图切换按钮 —

树状视图显示 —

图 15-12　IDE 的工程管理器

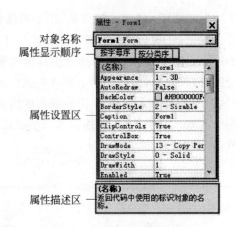

对象名称 —
属性显示顺序 —

属性设置区 —

属性描述区 —

图 15-13　IDE 的属性窗口

（8）窗体布局窗口：在布局窗口中，拖拽窗体可实现对该窗体的初始定位，即使用表示屏幕的小图像来布置应用程序中各窗体的位置，如图 15-14 所示。

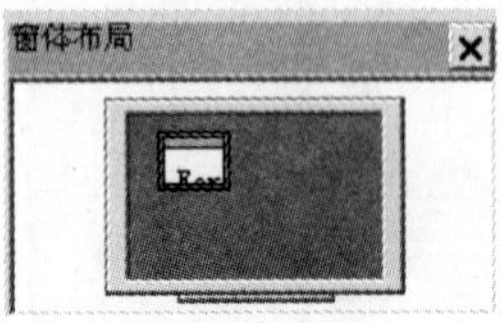

除了以上 IDE 界面上可以看到的元素外，还包括如下元素。

（9）立即、本地和监视窗口是为了调试应用程序提供的。它们只在 IDE 中运行应用程序时有效。

（10）SDI 或 MDI 界面。Visual Basic 有两种不同的类型：单文档界面（SDI）和多文档界面（MDI）。对 SDI 选项，所有 IDE 窗口可以在屏幕上任何地方自由移动；只要 Visual Basic 是当前应用程序，它们将位于其他应用程序之上。对于 MDI 选项，所有 IDE 窗口包含在一个大小可调的父窗口中。可按以下步骤执行 SDI 和 MDI 模式间的切换。

① 从"工具"菜单中选择"选项"命令，弹出"选项"对话框。

② 选定"高级"选项卡。

③ 选择或不选择"SDI 开发环境"复选框。

下次启动 Visual Basic 时，IDE 将以选定模式启动。

图 15-14　IDE 的窗体
布局窗口

（11）环境选项。Visual Basic 具有很大的灵活性，可以通过配置工作环境满足个人风格的最佳需要。可以在 SDI 和 MDI 中进行选择，并能调节各种集成开发环境（IDE）元素的尺寸和位置。所选择的布局保留在 Visual Basic 的会话期之间。

（12）停放窗口。IDE 中的许多窗口能相互连接，或停放在屏幕边缘。包括工具箱、窗体布局窗口、工程管理器、属性窗口、调色板、立即窗口、本地窗口和监视窗口。对 MDI 选项，窗口可停放在父窗口的任意侧；而对于 SDI，窗口只能停放在菜单条下面。给定窗口的"可连接的"功能，就可以通过在"选项"对话框的"可连接的"选项卡上选定合适的复选框来打开或关闭，"选项"对话框可以从"工具"菜单的"选项"命令打开。要停放或移动窗口，请按照以下步骤执行。

① 选定要停放或移动的窗口。

② 按住鼠标左键拖动窗口到想到达的位置。

③ 拖动时会显示窗口轮廓。

④ 释放鼠标左键。

### 3. 关闭 Visual Basic 6.0

当要关闭 Visual Basic 时，只需单击 IDE 窗口右上角"关闭"按钮，此时弹出"Microsoft Visual Basic"对话框，询问"保存下列文件的更改吗？"单击"是"按钮（见图 15-15）；在随后弹出的"文件另存为"对话框中，选择文件保存路径，单击"保存"按钮（见图 15-16）；再在"工程另存为"对话框中，选择工程保存路径，单击"保存"按钮（见图 15-17）；至此 Visual Basic 关闭。

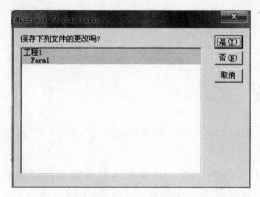

图 15-15    "Microsoft Visual Basic"对话框

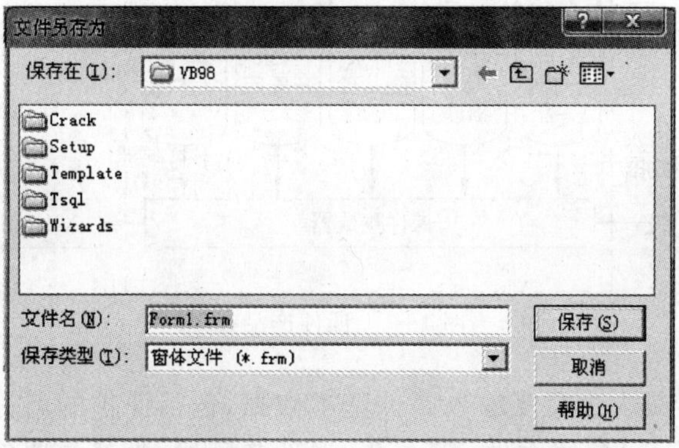

图 15-16    "文件另存为"对话框

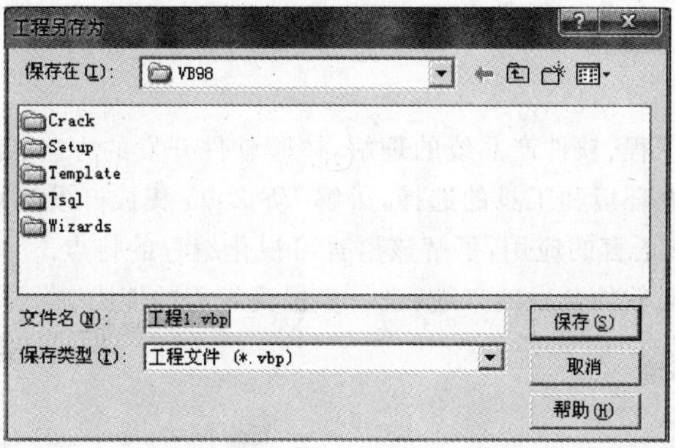

图 15-17    "工程另存为"对话框

# 第16章

# 综合实验

## 16.1 实验准备

### 1. 课件产品线

课件产品线是软件产品线的一种。本实验要开发的课件产品线相当于一个小型的软件产品线,它为课件自动生成提供了一个软件平台,如图 16-1 所示。

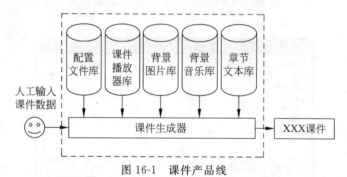

图 16-1 课件产品线

该流程的第一步是人工交互输入课件基本数据,包括课件的名称、章节数、背景音乐、背景图片、各章节的 word 格式文件;第二步,课件产品线,也就是课件生成器,将人工交互输入课件基本数据配置到要生成的课件文件中,XXX 课件就生成成功,该课件在计算机桌面上 XXX 课件目录中。

### 2. 实验目的

(1) 加深对软件工程、软件产品线的理解,体验软件开发的方法、流程。

(2) 感受软件开发环境和工具的选择,了解 VS 2005 集成开发环境。

(3) 掌握 VB. net 语言的应用,了解该语言可视化编程的特点。

(4) 激发同学们对软件开发的兴趣,进一步提高编程的能力。

### 3. 实验设备及环境

(1) PC 一台。

(2) 操作系统:Windows 2000、Windows XP、Windows Vista。

（3）开发环境：Visual Studio. net 2005。进行本实验需要首先安装 VS 2005。

VS 2005 作为一个强大的开发工具，向用户提供了强大的集成开发环境。在实验开始之前，读者最好先了解它的基本用法。

## 16.2 课件产品线的结构与设计

### 1. 课件产品线的结构

课件产品线包括 6 个部分，第一个部分是课件生成器，第二个部分是基本配置文件库，第三个部分是课件播放器库，第四个部分是背景图片库，第五个部分是背景音乐库，第六个部分是章节文本库，如图 16-1 所示。

课件生成器的功能是：可进行人工交互输入课件基本数据，将其配置到要生成的课件文件中，生成 XXX 课件，将该课件放置在计算机桌面上 XXX 课件目录中。

配置文件库包括 4 个文件：基本配置文件 config. txt，背景图片路径文件 pic. txt，背景音乐路径文件 music. txt，章节文本路径文件 file. txt。

播放器库是可以显示各章节 word 文件的执行文件集合。

背景图片库是可以作为课件背景的图片文件集合。图片文件的格式可以是 JPG 或 GIF。

背景音乐库是可以作为课件背景的音乐文件集合。文件的格式可以是 MP3 或 WAV。

章节文本库是 XXX 课件各章节的文本文件集合。文件的格式是 DOC。

### 2. 课件生成器设计

课件生成器设计是课件产品线的核心。课件生成器通过组装基本配置文件、背景图片文件、背景音乐文件和课件播放器，以实现 XXX 课件的自动生成。

1）课件生成器的功能

课件生成器包括以下功能（见图 16-2）。

（1）在桌面创建"\XXX 课件\"目录。将配置文件库中的 3 个文件：config. txt、pic. txt 和 music. txt，复制至"\XXX 课件\基本配置文件目录\"。

（2）接受课件的名称和章数，并将其存入 config. txt 中。

（3）利用"浏览"控件，依次从背景图片库中挑选课件播放器需要的背景图像文件，并将其存入"\XXX 课件\背景图片文件目录\"。然后分别将其文件名字改为：1. jpg，2. jpg，……。接着，将 pic. txt 文件的内容进行如下修改：

```
\ XXX 课件\背景图片目录\1. jpg
\ XXX 课件\背景图片目录\2. jpg
……
```

（4）利用"浏览"控件，依次从背景音乐库中挑选课件播放器需要的背景音乐文件，并将其存入"\XXX 课件\背景音乐文件目录\"。然后分别将其文件名字改为：1. mp3，2. mp3，……。

接着,将 music.txt 文件的内容进行如下修改:

> \ XXX 课件\背景音乐目录\1.mp3
> \ XXX 课件\背景音乐目录\2.mp3
> …… ……

(5) 利用"浏览"控件,依次从 XXX 课件章节库中挑选课件播放器需要的每章的 word 文件,并将其存入"\XXX 课件\章节文本目录\"。然后分别将其文件名字改为:1.doc, 2.doc,……。接着,将 file.txt 文件的内容进行如下修改:

> \ XXX 课件\章节文本目录\1.doc
> \ XXX 课件\章节文本目录\2.doc
> …… ……

(6) 单击"完成"控件,将课件播放器从课件播放器库复制至"\XXX 课件\",并将课件播放器改名为 XXX 课件.exe。

2) 课件生成器界面设计

图 16-2 为课件生成器界面设计。

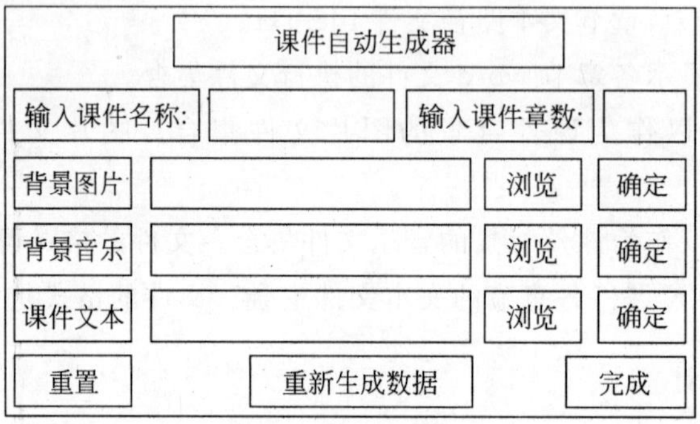

图 16-2   课件生成器界面设计

### 3. 配置文件库

1) 配置文件库

基本配置文件,格式为 txt,文件第一行为课件名称,第二行为章数。

背景图片路径文件,格式为 txt,文件的每一行为背景图片的路径,第一行为播放器的背景图片。

背景音乐路径文件,格式为 txt,文件的每一行为背景音乐的路径,第一行为播放器的背景音乐。

章节文本路径文件,格式为 txt,文件第一行为第一章,第二行为第二章,第三行为第三章,以此类推。

2) 配置文件结构

基本配置文件 config.txt 的结构:

XXX ---- 课件名称
N ---- 课件章数

背景图片路径文件 pic.txt 的结构：

> \课件名\背景图片目录\1.jpg
> \课件名\背景图片目录\2.jpg
> ......

背景音乐路径文件 music.txt 的结构：

> \课件名\背景音乐目录\1.mp3
> \课件名\背景音乐目录\2.mp3
> ......

章节文本路径文件 file.txt 的结构：

> \ XXX 课件\章节文本目录\1.doc
> \ XXX 课件\章节文本目录\2.doc
> ......

### 4. 课件播放器界面设计

课件生成器设计是课件产品线的核心。课件生成器通过组装基本配置文件、背景图片文件、背景音乐文件和课件播放器，以实现 XXX 课件的自动生成。

1）课件播放器的功能

课件播放器包括以下功能（见图 16-3）。

（1）默认时，显示 1.jpg 背景图片。"设置背景图片"控件可以更换背景图片。

（2）默认时，播放 1.mp3 背景音乐。"设置背景音乐"控件可以更换背景音乐。

（3）中间为显示各章节 doc 区。

（4）"第一章"、"第二章"和"第三章"为切换调入各章节 doc 文件的控件。

（5）"→"和"←"为上下翻页控件。Exit 为"退出"控件。

2）课件播放器界面设计

图 16-3 为课件播放器界面设计。

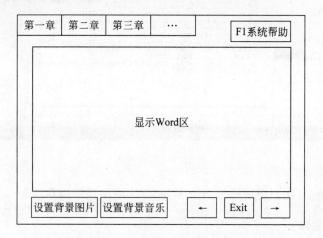

图 16-3 课件播放器界面设计

**5．XXX 课件**

XXX 课件生成后，被放置在计算机桌面上 XXX 课件目录中。课件子目录（其中包括播放器执行文件，二级目录），其中二级目录包括基本配置文件、背景图片文件目录、背景音乐文件目录、章节文件目录（第一章的文件名定义为 1.doc，第二章的文件名定义为 2.doc，依此类推）。该目录的名称为课件的名称，播放器的名称也为课件的名称。其目录和子目录见下面的结构：

\XXX 课件\XXX 课件.exe(放置在该目录下的 XXX 课件播放器执行文件)
\基本配置目录(包括 config.txt、pic.txt、music.txt 三个文件)
\背景图片目录(包括 1.jpg,2.jpg,…… 它们是背景图片文件)
\背景音乐目录(包括 1.mp3,2.mp3,…… 它们是背景音乐文件)
\章节文本目录(包括 1.doc,2.doc,…… 它们是课件的章节内容)

## 16.3　课件生成器实现步骤

**1．新建应用程序窗体**

打开 VS 2005，新建一个 VB Windows 应用程序窗体，命名为课件生成器，如图 16-4 和图 16-5 所示。

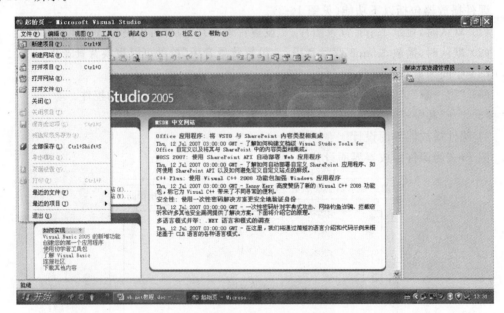

图 16-4　打开窗口

单击"确定"按钮，我们便新建了一个 Windows 应用程序项目。

**2．新建项目窗体**

在刚刚新建的项目窗体 Form1 上添加 6 个标签（Lable）、5 个文本框（TextBox）、9 个按钮（Button），如图 16-6 所示。

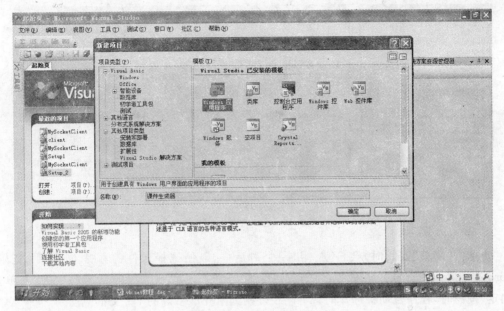

图 16-5　创建应用程序

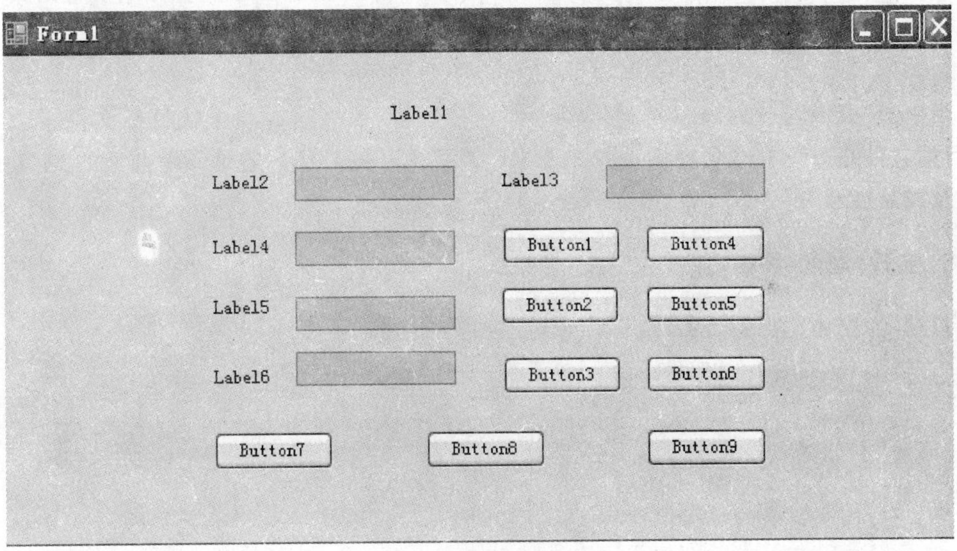

图 16-6　创建项目窗口

## 3. 设置属性

在属性窗口处为 Form1 及各按钮、标签、文本框改名并改 Text 值,如图 16-7 所示。
PS:外观设置都在属性栏设置,读者可选择自己喜欢的背景、颜色、图片、Icon 图标等。

## 4. 功能要求

至此,已经基本完成了课件生成器的外观的设置,下面我们要考虑它的功能实现了。

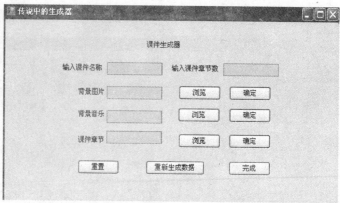

图 16-7　设置属性值

　　当单击"浏览"按钮时,会自动弹出一个对话框,以便选择课件的素材,如图片、音乐、Word 文档等。当选择好素材后,将选择的素材的路径返回到对应的文本框中去,当单击"确定"按钮时,程序自动将选择的素材路径复制到事先准备好的 txt 文本中去。

　　当选择错误时,单击"重置"按钮能将对话框中的 textbox 中的值全部清空。

　　当单击"确定"按钮后才发现选择错误时,考虑到这是程序已经自动将该素材的路径保存到了 txt 中,这时我们要重新清空 txt 中的数据,"重新生成数据"就是用来实现这一功能的。

　　当单击"完成"按钮,表示素材已经全部选择完毕,那么这时要生成目标文件了。在这里,目标文件是一个包含各种素材的文件夹。目标文件的具体内容请参考前面的"实验内容要求及成品展示"部分。

### 5. 实现"浏览"按钮功能

　　首先,为窗体添加一个 OpenFileDialog 控件,如图 16-8 所示。

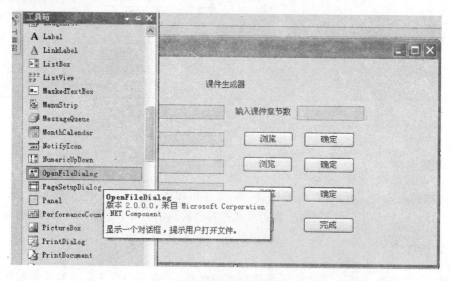

图 16-8　添加控件

然后在窗体中双击第一个"浏览"按钮,添加如下代码:

```
OpenFileDialog1.InitialDirectory = "c:\"
OpenFileDialog1.Filter = "images files ( * .jpg)| * .jpg|All files ( * . * )| * . * "
OpenFileDialog1.FilterIndex = 1
OpenFileDialog1.RestoreDirectory = True
If OpenFileDialog1.ShowDialog( ) = Windows.Forms.DialogResult.OK Then
    TextBox3.Text = OpenFileDialog1.FileName
End If
```

如图 16-9 所示。

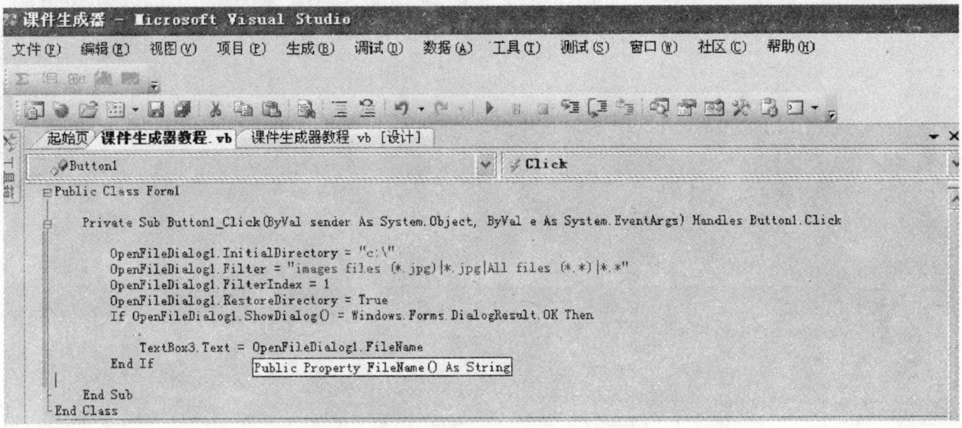

图 16-9 代码

那么我们就实现了"浏览"按钮的功能,读者可以尝试运行(单击工具栏上的"运行"按钮)。所有"浏览"按钮的功能都是一样的,只是路径保存到的 textbox 不一样。为所有"浏览"按钮添加上述代码,改变 OpenFileDialog1.Filter 中的代码(如背景音乐为"mp3",课件章节为"doc")和保存的路径(即 TextBox3.Text = OpenFileDialog1.FileName 中的 TextBox 文本框名,这里分别是 TextBox4 和 TextBox5)。

### 6. 实现"确定"按钮功能

先在 Public Class Form1 类前添加 Imports system.io,导入 system.io。接着双击"确定"按钮,添加下面的代码:

```
Dim f As StreamWriter = New StreamWriter("pic.txt", True)
Dim str = Me.TextBox3.Text    'TextBox3 是背景图片的对话框'
f.WriteLine(str, System.Text.Encoding.UTF8)
f.Close()
```

如图 16-10 所示。

最后,别忘了在本程序的 debug 文件夹上创建一个 txt 文档,命名为 pic.txt,如图 16-11 所示。

至此,又实现了"确定"按钮的功能,读者也可以尝试运行(单击工具栏上的"运行"按钮),先单击"浏览"选择素材,再单击"确定"按钮将其路径保存到 txt 中。所有"确定"按钮的功能都是一样的,只是路径保存到的 textbox 不一样。

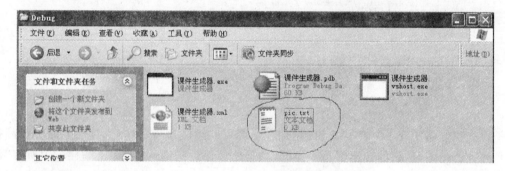

图 16-10　代码

图 16-11　创建 txt 文档

　　为所有的"确定"按钮添加上述代码(注意改变素材保存的路径,即 Dim f As StreamWriter＝ New StreamWriter("pic.txt",True)中双引号之间的文件名,同时在 Debug 文件夹下创建相对应的 txt 文档)。

### 7. 实现"重置"按钮功能

　　重置功能比较简单,只需将所有文本框中的内容清空即可。双击该按钮,添加如下代码:

```
Me.TextBox1.Text = ""
Me.TextBox2.Text = ""
Me.TextBox3.Text = ""
Me.TextBox4.Text = ""
Me.TextBox5.Text = ""
```

### 8. 实现"重新生成数据"按钮功能

　　这个功能比"重置"按钮稍微复杂一点,因为要打开 txt 文档。这里采用一种比较简便

的方法——直接写空。双击该按钮,添加如下代码:

```
Dim sw1 As StreamWriter = New StreamWriter("pic.txt")
  sw1.Write("")
  sw1.Flush()
  sw1.Close()
Dim sw2 As StreamWriter = New StreamWriter("music.txt")
  sw2.Write("")
  sw2.Flush()
  sw2.Close()
Dim sw3 As StreamWriter = New StreamWriter("content.txt")
  sw3.Write("")
  sw3.Flush()
  sw3.Close()
Dim sw4 As StreamWriter = New StreamWriter("config.txt")
  sw4.Write("")
  sw4.Flush()
  sw4.Close()
```

### 9. 实现"完成"按钮功能

这个按钮是生成器中最为复杂的,因为它要实现的功能最多。它必须创建一个目标文件夹(以用户输入的课件名称命名),用以存放生成的各种资料。XXX 课件目录的结构:

\XXX 课件\(该目录下放 XXX 课件的执行文件)
　　　　　\基本配置文件(包括 config.txt、pic.txt、music.txt 三个文件)
　　　　　\背景图片文件(包括 1.jpg,2.jpg,…… 它们是背景图片文件)
　　　　　\背景音乐文件(包括 1.mp3,2.mp3,…… 它们是背景音乐文件)
　　　　　\章节文件(包括 1.doc,2.doc,…… 它们是课件的章节内容)

全部代码如下(双击"完成"按钮,添加如下代码):

```
Dim f As StreamWriter = New StreamWriter("config.txt", True)
Dim str1 = Me.TextBox1.Text
Dim str2 = Me.TextBox2.Text
f.WriteLine(str1, System.Text.Encoding.UTF8)
f.WriteLine(str2, System.Text.Encoding.UTF8)
f.Close()
  If Me.TextBox1.Text = "" Then
    MsgBox("请输入课件名称!")
  ElseIf Me.TextBox2.Text = "" Then
    MsgBox("请输入课件章节数!")
  Else
    'myname = Me.TextBox1.Text
    Directory.CreateDirectory(str1)
    Directory.CreateDirectory(str1 & "\基本配置文件")
    Directory.CreateDirectory(str1 & "\背景图片文件")
    Directory.CreateDirectory(str1 & "\背景音乐文件")
    Directory.CreateDirectory(str1 & "\章节文件")
    '下面复制指定文件
    '复制图片路径文件及图片
```

```
Dim num1 As Integer
num1 = 1
Dim sr1 As StreamReader = New StreamReader("pic.txt", System.Text.Encoding.UTF8)
Dim fileline1 As String = ""
Do
    fileline1 = sr1.ReadLine
    If fileline1 <> "" Then
        FileSystem.FileCopy(fileline1, str1 & "\背景图片文件\" & num1 & ".jpg")
        'File.Copy(fileline1, "e:\", True)
    End If
    num1 = num1 + 1
Loop While fileline1 <> ""      '判断语句不能用 sr1.ReadLine <> "",绝对不能!
'复制音乐路径文件及音乐
Dim num2 As Integer
num2 = 1
Dim fileline2 As String
Dim sr2 As StreamReader = New StreamReader("music.txt", System.Text.Encoding.UTF8)
Do
    fileline2 = sr2.ReadLine
'readline 是从开始起一行一行读下来,不是每次都读同一行
    If fileline2 <> "" Then
        FileSystem.FileCopy(fileline2, str1 & "\背景音乐文件\" & num2 & ".mp3")
    End If
    num2 = num2 + 1
Loop While fileline2 <> ""
'判断语句不能用 sr1.ReadLine <> "",绝对不能!
'复制章节路径图片及章节文件
Dim num3 As Integer
num3 = 1
Dim fileline3 As String
Dim sr3 As StreamReader = New StreamReader("content.txt", System.Text.Encoding.UTF8)
Do
    fileline3 = sr3.ReadLine
'readline 是从开始起一行一行读下来,不是每次都读同一行
    'MsgBox(fileline3)
    If fileline3 <> "" Then
        FileSystem.FileCopy(fileline3, str1 & "\章节文件\" & num3 & ".doc")
    End If
    num3 = num3 + 1
Loop While fileline3 <> ""
'判断语句不能用 sr1.ReadLine <> "",绝对不能!
'复制基本配置文件
FileSystem.FileCopy("config.txt", str1 & "\基本配置文件\config.txt")
FileSystem.FileCopy("pic.txt", str1 & "\基本配置文件\pic.txt")
FileSystem.FileCopy("music.txt", str1 & "\基本配置文件\music.txt")
FileSystem.FileCopy("content.txt", str1 & "\基本配置文件\content.txt")
```

## 10. 成品视图

成品视图如图 16-12 所示。

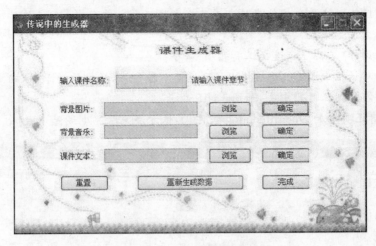

图 16-12 成品视图

至此,课件生成器的功能就基本实现了,但是作为软件,它还远没有全部完成。例如窗体最大化的设置、直接用鼠标改变窗体大小的设置、外观背景的设置等。这些,读者可根据自己需要在 Form1 的 load 事件和 resize 事件中编写。另外,还没有把播放器放进目标文件夹中去。

## 16.4 课件播放器实现步骤

有了制作生成器的经验,相信大家应该对 VS 2005 有更深入的了解了。下面分析一下更为复杂一些的课件播放器。播放器里面有如下元素。

(1) 章节按钮:与生成器的按钮功能不同的是,它是动态生成的,即根据 config. txt 中第二行(即生成器中输入的课件章节数)是多少,就生成多少个按钮。

(2) F1 系统帮助按钮:单击这一按钮弹出一个新的对话框,上面写上本软件的用法。

(3) Word 浏览区:这其实是一个 AxwebBrowser 控件,可以浏览网页和 Word 文档。

(4) 背景图片按钮:这一按钮的功能和生成器中实现方法基本一致,用以选择播放器的背景,图片为生成器中选择的图片,保存在生成器生成的目标文件夹中。

(5) 背景音乐按钮:其实现方法与"背景图片"按钮原理相同,只是它在播放音乐时调用了 Windows 的 Media Player 控件。

(6) End 按钮:使整个程序结束运行。

### 1. 创建应用程序窗体

首先,在 VS 2005 中新建一个 VB Windows 应用程序窗体,命名为课件播放器。将窗体设计成如图 16-13 所示。

改变各控件中的 text 值,如图 16-14 所示。

**注意**:其中中间的 Word 显示区为 AxwebBrowser 控件,底部的播放器为 Windows

Media Player 控件。这两个控件直接在工具栏中找不到。需要在 COM 组件中添加到工具箱中去。具体方法如下：

在菜单栏选择"工具"→"选择工具箱项"命令。

在弹出的对话框中的 COM 组件中找到这两个控件,选择它们并单击"确定"按钮,即可把这两个控件添加到工具箱中去,如图 16-15 所示。

此外,读者还要添加 Openfiledialog 控件,具体方法见课件生成器步骤。

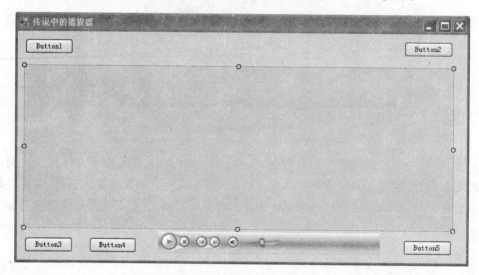

图 16-13　创建应用程序窗体

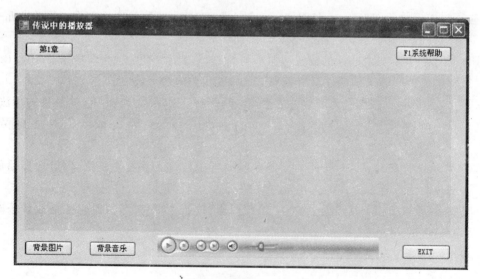

图 16-14　改变各控件中的 text 值

## 2. 播放器功能实现

下面来讨论播放器中各元素的功能实现方法。考虑到通过生成器的学习,大家已经对 VB. net 已经比较了解了,下面就不分步介绍,而是直接介绍整体的实现方法。双击课件播

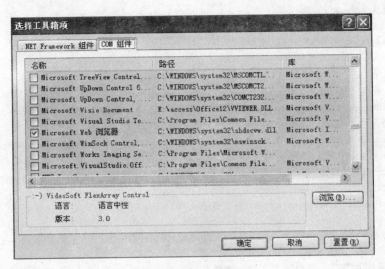

图16-15　COM组件

放器的窗体设计面板,播放器的整体代码如下:

```
Imports System.io
Public Class frm
    Dim mypath As String
'实现动态章节按钮功能:
    Private Sub Form1_Load(ByVal sender As System.Object, ByVal e As System.EventArgs) Handles
MyBase.Load
        Me.AxWindowsMediaPlayer1.Visible = False
'使音乐播放不可见,读者也可直接在属性栏中设置
        mypath = Directory.GetCurrentDirectory()
        Dim sr As StreamReader = New StreamReader(mypath & "\基本配置文件\config.txt", System.
Text.Encoding.UTF8)
        Dim fileline As String            '读取config.txt中的章节数
        fileline = ""
        fileline = sr.ReadLine
        fileline = sr.ReadLine
        Dim i, buttonstart As Integer
        i = 1
        buttonstart = 12 + 75
        While i < fileline
            Dim newbutton As Button = New Button        '开始动态生成按钮
            newbutton.Name = i + 1
            newbutton.Text = "第" & (i + 1) & "章"
            Me.Controls.Add(newbutton)
            buttonstart = buttonstart + 5
            newbutton.Location = New System.Drawing.Point(buttonstart, 12) '摆放生成的按钮
            buttonstart = buttonstart + 75
            AddHandler newbutton.Click, AddressOf Button_Click        '调用按钮单击事件
            i = i + 1
        End While
    End Sub
```

```
Private Sub Button_Click(ByVal sender As System.Object, ByVal e As System.EventArgs)
'响应按钮单击事件
    Dim btn As Button = sender
    Dim i As String
    i = btn.Name
    mypath = Directory.GetCurrentDirectory()
    AxWebBrowser1.Navigate(mypath & "\章节文件\" & i & ".doc")
End Sub
Private Sub button1_Click(ByVal sender As System.Object, ByVal e As System.EventArgs)
Handles button1.Click
'单击 button1 按钮,即"第 1 章"时打开"1.doc",在生成器生成的目标文件夹中。
    mypath = Directory.GetCurrentDirectory()
    AxWebBrowser1.Navigate(mypath & "\章节文件\1.doc")
End Sub
Private Sub pic_Click(ByVal sender As System.Object, ByVal e As System.EventArgs) Handles
pic.Click
'单击"背景图片"按钮,选择背景图片。这里我将按钮名称改成了 pic,读者要是没改,那么就把上面
一行代码中的 pic_Click 改成自己的按钮名称。
    Dim myStream As System.IO.Stream
    OpenFileDialog1.InitialDirectory = mypath
    OpenFileDialog1.Filter = "images files (*.jpg)|*.jpg|All files (*.*)|*.*"
    OpenFileDialog1.FilterIndex = 2
    OpenFileDialog1.RestoreDirectory = True
    If OpenFileDialog1.ShowDialog() = Windows.Forms.DialogResult.OK Then
        Me.BackgroundImage = Image.FromFile(OpenFileDialog1.FileName)
        myStream = OpenFileDialog1.OpenFile()
    End If
End Sub
Private Sub music_Click(ByVal sender As System.Object, ByVal e As System.EventArgs) Handles
music.Click
'单击"背景音乐"按钮,选择背景音乐。这里将按钮名称改成了 music,读者要是没改,那么就把上面
一行代码中的 music_Click 改成自己的按钮名称。
    Dim myStream As System.IO.Stream
    OpenFileDialog1.InitialDirectory = mypath
    OpenFileDialog1.Filter = "mp3 files (*.mp3)|*.mp3|All files (*.*)|*.*"
    OpenFileDialog1.FilterIndex = 2
    OpenFileDialog1.RestoreDirectory = True
    If OpenFileDialog1.ShowDialog() = Windows.Forms.DialogResult.OK Then
        AxWindowsMediaPlayer1.URL = OpenFileDialog1.FileName
        AxWindowsMediaPlayer1.Ctlcontrols.play()
        AxWindowsMediaPlayer1.settings.setMode("loop", True)
        myStream = OpenFileDialog1.OpenFile()
    End If
End Sub
Private Sub myhelp_Click(ByVal sender As System.Object, ByVal e As System.EventArgs) Handles
myhelp.Click
'实现 F1 系统帮助按钮功能
'读者在这之前应创建新窗体。先添加 windows 窗体(具体方法见后面)。
    Dim myfrm2 As frm2 = New frm2
    myfrm2.Show()
End Sub
```

'实现退出功能
```
    Private Sub tuichu_Click(ByVal sender As System.Object, ByVal e As System.EventArgs) Handles
tuichu.Click
        Me.close()
    End Sub
End Class
```

F1 系统帮助添加 Windows 窗体步骤，如图 16-16 和图 16-17 所示。

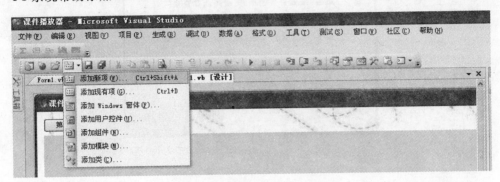

图 16-16 添加 Windows 窗体

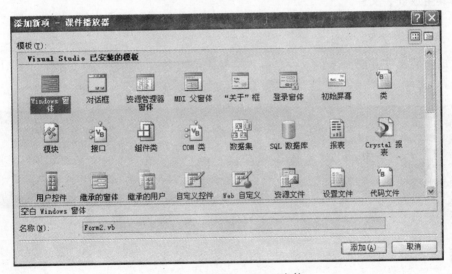

图 16-17 新添加 form2 窗体

单击"添加"按钮即可。为新添加的 form2 窗体添加 Label 标签，提示用户本软件的用法。将其设计成如图 16-18 所示的形式。

双击上述窗体，将其类名改为 frm2。即添加如下代码：

```
Public Class frm2
    Private Sub frm2_Load(ByVal sender As System.Object, ByVal e As System.EventArgs) Handles
    MyBase.Load
    End Sub
End Class
```

图 16-18　设计

那么,简单的帮助系统便完成了。至此,我们的课件播放器基本功能也实现了,之后,读者可将其生成安装文件。

### 3. 生成安装文件

生成安装文件方法如下:

选择"文件"→"添加"→"新建项目"命令,如图 16-19 所示。

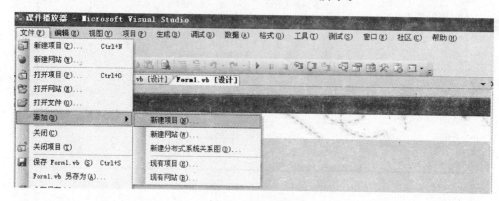

图 16-19　新建项目

在弹出的对话框中的左边选择"安装和部署",然后选择"安装项目",如图 16-20 所示。

然后写上安装文件的名称、选择路径即可。将播放器生成后,打开课件生成器,在完成按钮代码中添加如下代码:

```
FileSystem.FileCopy("课件播放器.exe", str1 & "\" & str1 & ".exe")
```

即可将播放器复制到生成器生成的目标文件夹下,但是要注意,安装播放器时必须与生成器在同一目录下。

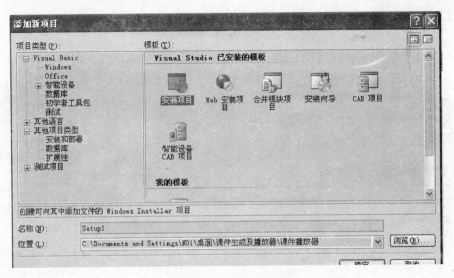

图 16-20 选择安装项目

### 4．成品视图

如图 16-21 所示。

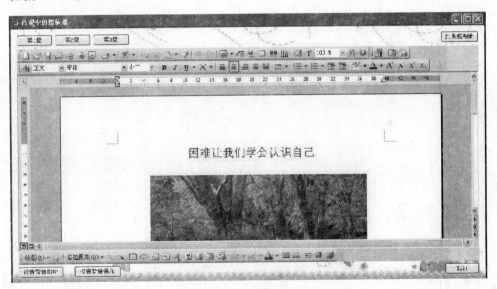

图 16-21 成品视图

## 16.5 程序完善

在上面已经把生成器和安装器的功能实现了。但是,还有许多如下细节的地方需要完善的。

### 1. 最大化、最小化

由于在生成器中，我们只需要选择素材，没必要将其放大，此时，我们可以选择在属性中将其取消其最大化按钮的功能，同时固定大小，不允许鼠标拖动，大小有变化。

但是，对于播放器，我们认为其大小是不能固定的，此时可以根据需要用：Me. xxx. left、Me. xxx. right、Me. xxx. top、Me. xxx. height 等语句精确设置其元素位置，在 resize 事件中设置其大小变化后元素的位置。

### 2. 键盘控制输入控制

有时候为了方便，大家希望键盘的某些键也能实现按钮中同样的功能，例如 Enter 键对应对话框中的"确定"按钮。那么大家可以根据需要在对应的事件中编写代码。

## 期末考试模拟试题（一）

| 题号 | 一 | 二 | 三 | 四 | 五 | 六 | 总分 | 总分人 |
|------|-----|-----|-----|-----|-----|-----|------|--------|
| 分值 | 10 | 10 | 10 | 10 | 30 | 30 | 100 | |
| 得分 | | | | | | | | |

| 得分 | 评阅人 |
|------|--------|
| | |

**一、单项选择题**（本大题共 10 小题，每小题 1 分，共 10 分。在每小题列出的四个选项中只有一个选项是符合题目要求的，请将正确选项前的字母填在题后的括号内）

1. 软件开发环境的主要组成成分是（　　）。

　　A. 软件工具　　　　B. 软件　　　　　C. 程序　　　　　D. 人机界面

2. （　　）反映了用户对系统和产品的高层次的目标要求，它们是用户组织机构流程的再现和模拟，是从用户组织机构工作流程的角度进行的需求描述。

　　A. 用户需求　　　　B. 业务需求　　　C. 功能需求　　　D. 界面需求

3. （　　）是一种用助记符表示的面向机器的计算机语言。

　　A. 机器语言　　　　B. 汇编语言　　　C. 高级语言　　　D. 4GL

4. 多媒体开发的（　　）特性，使项目的最终用户能够控制内容和信息流。

　　A. 编辑特性　　　　B. 组织特性　　　C. 交互式特性　　D. 提交特性

5. （　　）测试工具直接对代码进行分析，不需要运行代码，也不需要对代码编译链接，生成可执行文件。

　　A. 白盒　　　　　　B. 黑盒　　　　　C. 静态　　　　　D. 动态

6. 还可以利用用户自定义公式来运行成本函数是项目管理软件的（　　）特征。

　　A. 日程表　　　　　B. 电子邮件　　　C. 预算及成本控制　D. 资源管理

7. 以下典型软件配置管理工具中，（　　）是软件行业公认的功能最强大、价格最昂贵的配置管理软件，主要应用于复杂产品的并行开发、发布和维护。

　　A. SourceSafe　　　B. CVS　　　　　C. ClearCase　　　D. CCC/Harvest

8. 1995 年秋，OOSE 方法的创始人（　　）加入建立统一建模语言这一工作中。

　　A. Rumbargh　　　B. Booch　　　　C. Rose　　　　　D. Jacobson

9. 1968 年,在 NATO 会议上首次提出了"(    )"这一概念,使软件开发开始了从"艺术"、"技巧"和"个体行为"向"工程"和"群体协同工作"转化的历程。

    A. 软件工程        B. 软件产品线        C. 网构软件        D. 软件开发环境

10. (    )工具酶能够辅助系统分析人员对用户的需求进行提取、整理、分析并最终得到完整而正确的软件需求分析式样,从而满足用户对所构建的系统的各种功能、性能需求的辅助手段。

    A. 需求分析        B. 设计        C. 测试        D. 项目管理

| 得分 | 评阅人 |
|------|--------|
|      |        |

**二、多项选择题**(本大题共 5 小题,每小题 2 分,共 10 分。在每小题列出的五个选项中有二至四个选项是符合题目要求的,请将正确选项前的字母填在题后的括号内。多选、少选、错选均无分)

1. CASE 工具的评价和选择过程由(    )组成。

    A. 初始准备过程    B. 构造过程    C. 评价过程    D. 选择过程

2. 项目管理软件选择标准有(    )。

    A. 容量                B. 操作简易性

    C. 报表功能           D. 与其他系统的兼容能力

3. 下列叙述正确的是(    )。

    A. 软件工程过程是把输入转化为输出的一组彼此相关的资源和活动

    B. 一般来说,需求分析和概念设计工具通常是不独立于硬件和软件的

    C. 4GL 具有简单易学,用户界面良好,非过程化程度高,面向问题的特点

    D. 用户界面设计对一个系统的成功至关重要

4. 软件配置管理可以提炼为三个方面的内容(    )。

    A. 管理控制    B. 版本控制    C. 变更控制    D. 过程支持

5. 下列叙述正确的是(    )。

    A. 基于时基的多媒体创作工具,操作简便,形象直观,在一时间段内,可任意调整多媒体素材的属性,如位置、转向等

    B. Clear Case 是 CA 公司开发的一个基于团队开发的提供以过程驱动为基础的包含版本管理,过程控制等功能的配置管理工具

    C. 类图(Class Diagram)描述系统的静态结构

    D. 软件产品线的开发有 4 个技术特点:过程驱动、特定领域、技术支持和架构为中心

| 得分 | 评阅人 |
|------|--------|
|      |        |

**三、名词解释题**(本大题共 5 小题,每题 2 分,共 10 分)

1. CASE

2. 软件开发过程

3. 软件项目管理

4. UML

5. 软件工具酶

| 得分 | 评阅人 |
|------|--------|
|      |        |

**四、判断题**(本大题共5小题,每题2分,共10分)

1. 根据 SEI 的定义,软件产品线主要由两部分组成:核心资源、产品集合。(　　)

2. 数据库设计方法目前可分为四类:直观设计法、间接设计法、计算机辅助设计法和自动化设计法。(　　)

3. 软件开发环境是指在计算机的基本软件的基础上,为了支持软件的编码而提供的一组工具软件系统。(　　)

4. 软件配置管理(Software Configuration Management)又称软件形态管理、或软件建构管理,简称软件形管(SCM)。(　　)

5. RUP(Rational Unified Process)统一软件过程,是一个面向对象且基于网络的程序开发方法论。(　　)

| 得分 | 评阅人 |
|------|--------|
|      |        |

**五、简答题**(本大题共5小题,每题6分,共30分)

1. 简述软件开发环境的特性。

2. 如何定位软件设计的重要性?

3. 如何确定一种语言是4GL?

4. 请对软件测试工具进行简单的分类。

5. 软件配置管理有什么作用?

| 得分 | 评阅人 |
|------|--------|
|      |        |

**六、分析题**(本大题共3小题,每题10分,共30分)

1. 请简要分析软件开发环境的不同分类。

2. 请详细分析多媒体开发工具的特征与功能。

3. 请详细分析软件配置管理工具 SCM 的功能。

# 期末考试模拟试题（二）

| 题号 | 一 | 二 | 三 | 四 | 五 | 六 | 总分 | 总分人 |
|------|------|------|------|------|------|------|------|------|
| 分值 | 10 | 10 | 10 | 10 | 30 | 30 | 100 | |
| 得分 | | | | | | | | |

| 得分 | 评阅人 |
|------|--------|
| | |

**一、单项选择题**(本大题共 10 小题，每小题 1 分，共 10 分。在每小题列出的四个选项中只有一个选项是符合题目要求的，请将正确选项前的字母填在题后的括号内)

1. 下列不属于数据库的设计过程的是（　　）。
   A. 需求分析　　　B. 概念设计　　　C. 物理设计　　　D. 程序设计

2. 用户界面设计在工作流程上不包括（　　）。
   A. 结构设计　　　B. 交互设计　　　C. 视觉设计　　　D. 需求设计

3. （　　）是一个典型的基于场景设计（即基于卡片的）的著作工具。
   A. Action　　　B. ToolBook　　　C. IconAuthor　　　D. Ark

4. （　　）是一种性能优化工具。
   A. WinRunner　　　B. EcoScope　　　C. PC-LINT　　　D. VectorCAST

5. 项目管理软件都有一份资源清单，列明各种资源的名称、资源可以利用时间的极限、资源标准及过时率、资源的收益方法和文本说明。每种资源都可以配以一个代码和一份成员个人的计划日程表，是项目管理软件的（　　）特征。
   A. 日程表
   C. 预算及成本控制
   B. 电子邮件
   D. 资源管理

6. 软件配置管理模式中的（　　）模式，是一种面向文件单一版本的软件配置模式。
   A. 恢复提交模式　　B. 面向改变模式　　C. 合成模式　　　D. 长事务模式

7. （　　）是用来进行系统设计的，将设计结果描述出来形成设计说明书，并检查设计说明书中是否有错误，然后找出并排除这些错误。
   A. 需求分析工具　　B. 设计工具　　　C. 编码工具　　　D. 测试工具

8. （　　）是美国 IBM 公司开发的软件系统建模工具，它是一种可视化的、功能强大的面向对象系统分析与设计的工具。
   A. CASE　　　B. UML　　　C. Rose　　　D. Visual Basic

9. 在软件生产线中，（　　）负责进行基于构件的软件开发，包括构件查询、构件理解、适应性修改、构件组装以及系统演化等。
   A. 构件生产者　　B. 构件库管理者　　C. 构件复用者　　D. 构件查询者

10. （　　）是软件工具酶作用的对象。
    A. 软件　　　B. 软件底物　　　C. 软件工具　　　D. 软件开发工具

| 得分 | 评阅人 |
|------|--------|
| | |

**二、多项选择题**(本大题共 5 小题，每小题 2 分，共 10 分。在每小题列出的五个选项中有二至四个选项是符合题目要求的，请将正

确选项前的字母填在题后的括号内。多选、少选、错选均无分)

1. CASE 集成环境包括( )集成。

    A. 界面集成　　　　B. 数据集成　　　　C. 控制集成　　　　D. 过程集成

2. 需求工程包括( )3 个阶段。

    A. 需求获取　　　　B. 需求生成　　　　C. 需求验证　　　　D. 需求分析

3. 下列叙述正确的是( )。

    A. C 语言灵活性好,效率高,可以接触到软件开发比较底层的东西

    B. 软件工程就是运用一些基本的设计概念和各种有效的方法和技术,把软件需求分析转化为软件表示,使系统能在机器上实现

    C. 白盒测试工具包括功能测试工具和性能测试工具

    D. Microsoft Project 是微软出品的一种项目管理软件。在市场上现有的项目管理软件中,Microsoft Project 软件功能完善、操作简便

4. 用户界面设计在工作流程上分为( )。

    A. 符号设计　　　　B. 结构设计　　　　C. 交互设计　　　　D. 视觉设计

5. 软件配置管理中所使用的模式主要有( )。

    A. 恢复提交模式　　　　　　　　B. 面向改变模式

    C. 合成模式　　　　　　　　　　D. 长事务模式

| 得分 | 评阅人 |
|---|---|
|  |  |

**三、名词解释题**(本大题共 5 小题,每题 2 分,共 10 分)

1. 软件工具

2. 信息隐蔽

3. 4GL

4. RUP

5. 网构软件

| 得分 | 评阅人 |
|---|---|
|  |  |

**四、判断题**(本大题共 5 小题,每题 2 分,共 10 分)

1. 测试工具根据测试的对象和目的不同,分为白盒测试工具和黑盒测试工具。( )

2. SCI 即配置项,Pressman 对于 SCI 给出了一个比较简单的定义:"软件过程的输出信息可以分为三个主要类别①计算机程序②描述计算机程序的文档③数据。这些项包含了所有在软件过程中产生的信息,总称为软件配置项"。( )

3. UML 即统一建模语言,是一种用于软件系统制品规约的、非可视化的构造及建档语言,也可用于业务建模以及其他非软件系统。( )

4. 人机界面的设计应遵循三条原则:面向用户的原则;保证各部分之间信息的准确传递;保证系统的开放性和灵活性。( )

5. 计算机辅助设计法指在数据库设计的某些过程中模拟某一规范化设计的方法,并以人的知识或经验为主导,通过人机交互方式实现设计中的某些部分。( )

| 得分 | 评阅人 |
|------|--------|
|      |        |

**五、简答题**(本大题共 5 小题,每题 6 分,共 30 分)

1. 软件开发工具有哪些基本功能?
2. 根据支持的设计阶段,数据库设计可分为哪几类?
3. 用户界面设计应遵循哪些原则?
4. 项目管理软件有哪些特性?
5. 简单介绍软件产品线的结构。

| 得分 | 评阅人 |
|------|--------|
|      |        |

**六、分析题**(本大题共 3 小题,每题 10 分,共 30 分)

1. 请分析数据库设计过程中,对数据库设计工具有哪些需求?
2. 请分析 4GL 的发展和应用前景。
3. 请详细对比 UML 图,并对其功能进行简单的分析。

# 期末考试模拟试题（一）参考答案

### 一、单项选择题

| 1 | 2 | 3 | 4 | 5 | 6 | 7 | 8 | 9 | 10 |
|---|---|---|---|---|---|---|---|---|----|
| A | B | B | C | C | C | C | D | A | A |

### 二、多项选择题

| 1 | 2 | 3 | 4 | 5 |
|---|---|---|---|---|
| ABCD | ABCD | ACD | BCD | ACD |

### 三、名词解释题

1. CASE：即计算机辅助软件工程，是一组工具和方法集合，可以辅助软件开发生命周期各阶段进行软件开发。

2. 软件开发过程：是为了获得软件产品或是为了完成软件工程项目需要完成的一系列有关软件工程的活动。

3. 软件项目管理：是为了完成一个既定的软件开发目标，在规定的时间内，通过特殊形式的临时性组织运行机制，通过有效的计划、组织、领导与控制，在明确的可利用的资源范围内完成软件开发。

4. UML：即统一建模语言，是一种用于软件系统制品规约的、可视化的构造及建档语言，也可用于业务建模以及其他非软件系统。

5. 软件工具酶：（Software Tool Enzyme，STE）是在软件开发过程中辅助开发人员开发软件的工具。

### 四、判断题

| 1 | 2 | 3 | 4 | 5 |
|---|---|---|---|---|
| √ | × | × | √ | √ |

### 五、简答题

1. 软件开发环境的特性包括：可用性、自动化程度、公共性、集成化程度、适应性、价值。

2. 软件设计的重要性和地位概括为以下几点：①软件开发阶段（设计、编码、测试）占据软件项目开发总成本绝大部分，是在软件开发中形成质量的关键环节；②软件设计是开发阶段最重要的步骤，是将需求准确地转化为完整的软件产品或系统的唯一途径；③软件设计做出的决策，最终影响软件实现的成败；④设计是软件工程和软件维护的基础。

3. 确定一个语言是否是4GL，主要应从以下标准来进行考察：①生产率标准；②非过程化标准；③用户界面标准；④功能标准。

4. 软件测试工具可以从两个不同的方面去分类：①根据测试方法不同，分为白盒测试工具和黑盒测试工具；②根据测试的对象和目的，分为单元测试工具、功能测试工具、负载测试工具、性能测试工具和测试管理工具。

5. 良好的配置管理能使软件开发过程有更好的可预测性,使软件系统具有可重复性,使用户和主管部门对软件质量和开发小组有更强的信心。软件配置管理的最终目标是管理软件产品。好的配置管理过程有助于规范各个角色的行为,同时又为角色之间的任务传递提供无缝的接合,使整个开发团队像一个交响乐队一样和谐而又错杂地进行。

**六、分析题**

1. 软件开发环境可以按以下几种方法分类:①按解决的问题分为:程序设计环境、系统合成环境、项目管理环境;②按软件开发环境的演变趋向分为:以语言为中心的环境、工具箱环境、基于方法的环境;③按集成化程度分为:第一代(建立在操作系统上)、第二代(具有真正的数据库,而不是文件库)、第三代(建立在知识库系统上,出现集成化工具集)。

2. 多媒体开发工具的特征:①编辑特性;②组织特性;③编程特性;④交互式特性;⑤性能精确特性;⑥播放特性;⑦提交特性。

多媒体开发工具的功能:①优异的面向对象的编辑环境;②具有较强的多媒体数据I/O能力;③动画处理能力;④超链接能力;⑤应用程序的链接能力;⑥模块化和面向对象;⑦友好的界面,易学易用。

3. 软件配置管理(SCM)只是变更管理(Change Management,CM)的一个方面;但从SCM工具的发展来看,越来越多的SCM工具开始集成变更管理(CM)的功能,甚至问题跟踪(Defect Tracking)的功能:①权限控制(Access Control);②版本控制(Version Control);③增强的版本控制(Enhanced Version Control);④变更管理(Change Management);⑤独立的工作空间(Independent Workspaces);⑥报告(Report);⑦过程自动化(Process Automation);⑧管理项目的整个生命周期;⑨与主流开发环境的集成。

# 期末考试模拟试题(二)参考答案

**一、单项选择题**

| 1 | 2 | 3 | 4 | 5 | 6 | 7 | 8 | 9 | 10 |
|---|---|---|---|---|---|---|---|---|----|
| D | D | A | B | D | A | B | C | C | B |

**二、多项选择题**

| 1 | 2 | 3 | 4 | 5 |
|---|---|---|---|---|
| ABCD | ABC | AD | BCD | ABCD |

**三、名词解释题**

1. 软件工具:是指为支持计算机软件的开发、维护、模拟、移植或管理而研制的程序系统。通常由工具、工具接口和工具用户接口三部分构成。

2. 信息隐蔽:指在一个模块内包含的信息(过程或数据),对于不需要这些信息的其他模块来说是不能访问的。

3. 4GL:即第四代语言(Fourth Generation Language),是一种编程语言或是为了某一目的的编程环境。在演化计算中,第四代语言是在第三代语言基础上发展的,且概括和表达能力更强。

4. RUP:(Rational Unified Process,Rational 统一过程)是一个面向对象且基于网络的程序开发方法论。根据 Rational 的说法,好像一个在线的指导者,它可以为所有方面和层次的程序开发提供指导方针,模板以及事例支持。

5. 网构软件:Internet 环境下的新的软件形态,网构软件适应 Internet 的基本特征,呈现出柔性、多目标和连续反应式的系统形态,将导致现有软件理论、方法、技术和平台的革命性进展。

**四、判断题**

| 1 | 2 | 3 | 4 | 5 |
|---|---|---|---|---|
| × | √ | × | √ | √ |

**五、简答题**

1. 软件开发工具的基本功能可以归纳为以下五个方面:①提供描述软件状况及其开发过程的概念模式,协助开发人员认识软件工作的环境与要求、管理软件开发的过程;②提供存储和管理有关信息的机制与手段;③帮助使用者编制、生成和修改各种文档,包括文字材料和各种表格、图像等;④生成代码,即帮助使用者编写程序代码,使用户能在较短时间内半自动地生成所需要的代码段落,进行测试和修改;⑤对历史信息进行跨生命周期的管理。

2. 从工具所支持的设计阶段,数据库设计工具可以分为四类:①需求分析工具:主要用来帮助数据库设计人员进行需求调研和需求管理方面的工作;②概念设计工具:协助设计人员从用户的角度来看待系统的处理要求和数据要求,并产生一个能够反映用户观点的概念模型(一般采用 E-R 图形式);③逻辑设计工具:把概念模型中的 E-R 图转换成为具体的 DBMS 产品所支持的数据模型;④物理设计工具:主要用来帮助数据库开发人员根据 DBMS 特点和处理的需要,进行物理存储安排,建立索引,实施具体的代码开发、测试工作(如 PL/SQL Developer、Object Browser for Oracle 等)。

3. ①易用性原则;②规范性原则;③帮助设施原则;④合理性原则;⑤美观与协调性原则;⑥菜单位置原则;⑦独特性原则;⑧快捷方式的组合原则;⑨排错性考虑原则。

4. 项目管理软件有以下特性:①预算及成本控制;②日程表;③电子邮件;④图形;⑤转入/转出资料;⑥处理多个项目及子项目;⑦制作报表;⑧资源管理;⑨计划;⑩项目监督及跟踪;⑪进度安排;⑫保密;⑬排序及筛选;⑭假设分析。

5. 软件产品线的结构如附图 A-1 所示。

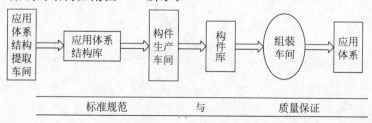

附图 A-1　软件产品线结构

### 六、分析题

1. 数据库设计过程中,对数据库设计工具的功能需求有:①认识和描述客观世界的能力;②管理和存储数据库设计过程中产生的各类信息;③根据用户的物理设计,自动生成创建数据库的脚本和测试数据;④根据用户的需要,将数据库设计过程中产生的各类信息自动组织成文档,从而最大程度地减少数据库设计人员花在编写文档方面的时间和成本,并保证文档之间信息的一致性;⑤为数据库设计的过程提供团队协同工作的帮助。

2.(1)4GL 的发展:4GL 这个词最早是在 20 世纪 80 年代初期出现在软件厂商的广告和产品介绍中的。1985 年,美国召开了全国性的 4GL 研讨会,使 4GL 进入了计算机科学的研究范畴。进入 90 年代,大量基于数据库管理系统的 4GL 商品化软件已在计算机应用开发领域中获得广泛应用,成为了面向数据库应用开发的主流工具。

(2)4GL 应用前景:①4GL 与面向对象技术将进一步结合;②4GL 将全面支持以Internet 为代表的网络分布式应用开发;③4GL 将出现事实上的工业标准;④4GL 将以受限的自然语言加图形作为用户界面;⑤4GL 将进一步与人工智能相结合;⑥4GL 继续需要数据库管理系统的支持;⑦4GL 要求软件开发方法发生变革。

3. UML 图及其作用如附表 A-1 所示。

附表 A-1　UML 图

| 类　　别 | 图形名称 | 作　　用 |
|---|---|---|
| 静态建模 | 用例图(Use Case Diagram) | 描述系统实现的功能 |
|  | 类图(Class Diagram) | 描述系统的静态结构 |
|  | 对象图(Object Diagram) | 描述系统在某时刻的静态结构 |
|  | 构件图(Component Diagram) | 描述实现系统组成构件上的关系 |
|  | 配置图(Deployment Diagram) | 描述系统运行环境的配置情况 |
| 动态建模 | 顺序图(Sequence Diagram) | 描述系统某些元素在时间上的交互 |
|  | 协作图(Collaboration Diagram) | 描述系统某些元素之间的协作关系 |
|  | 状态图(Statechart Diagram) | 描述某个用例的工作流 |
|  | 活动图(Activity Diagram) | 描述某个类的动态行为 |

# 各章习题参考答案

第 1 章

## 一、名词解释

1. 软件开发环境：软件开发环境是指在计算机的基本软件的基础上，为了支持软件的开发而提供的一组工具软件系统。

2. 软件工具：软件工具是指为支持计算机软件的开发、维护、模拟、移植或管理而研制的程序系统。所以软件工具是一个程序系统。软件工具通常由工具、工具接口和工具用户接口三部分构成。

3. CASE：即计算机辅助软件工程，是一组工具和方法集合，可以辅助软件开发生命周期各阶段进行软件开发。

## 二、简答

1. 软件开发环境可分为四层：①宿主层：它包括基本宿主硬件和基本宿主软件；②核心层：一般包括工具组、环境数据库和会话系统；③基本层：一般包括最少限度的一组工具，如编译工具、编辑程序、调试程序、链接程序和装配程序等。这些工具都是由核心层来支援的；④应用层：以特定的基本层为基础，但可包括一些补充工具，借以更好地支援各种应用软件的研制。

2. 软件开发环境的特性包括：可用性、自动化程度、公共性、集成化程度、适应性、价值。

3. 软件开发工具应提供的各类支持工作归纳成以下五个主要方面：①认识与描述客观系统；②存储及管理开发过程中的信息；③代码的编写或生成；④文档的编制或生成；⑤软件项目的管理。

4. CASE 有如下三大作用：①一个具有快速响应、专用资源和早期查错功能的交互式开发环境；②对软件的开发和维护过程中的许多环节实现了自动化；③通过一个强有力的图形接口，实现了直观的程序设计。

5. 软件开发环境的折旧：是对软件开发环境逐渐转移到软件成本或构成组织费用的那一部分价值的补偿。

## 三、分析题

1. 软件开发环境可以按以下几种方法分类：①按解决的问题分为：程序设计环境、系统合成环境、项目管理环境；②按软件开发环境的演变趋向分为：以语言为中心的环境、工具箱环境、基于方法的环境；③按集成化程度分为：第一代（建立在操作系统上）、第二代

（具有真正的数据库，而不是文件库）、第三代（建立在知识库系统上，出现集成化工具集）。

2. CASE 的集成主要包括：①平台集成：工具运行在相同的硬件/操作系统平台；②数据集成：工具使用共享数据模型来操作；③表示集成：工具提供相同的用户界面；④控制集成：工具激活后能控制其他工具的操作；⑤过程集成：工具在一个过程模型和"过程机"的指导下使用。

3. 略。

### 第 2 章

#### 一、名词解释

1. 信息库：也称为中心库、主库等。本意是用数据库技术存储和管理软件开发过程的信息。信息库是开发工具的基础。

2. CASE 集成环境：集成在一个环境下的工具的合作协议，包括数据格式、一致的用户界面、功能部件组合控制和过程模型。

3. 总控部分及人机界面：即使用者和工具之间交流信息的桥梁。

4. 需求分析工具：即在系统分析阶段用来严格定义需求规格的工具，能将应用系统的逻辑模型清晰地表达出来。

#### 二、简答

1. 软件开发工具的基本功能可以归纳为以下五个方面：①提供描述软件状况及其开发过程的概念模式，协助开发人员认识软件工作的环境与要求、管理软件开发的过程；②提供存储和管理有关信息的机制与手段；③帮助使用者编制、生成和修改各种文档，包括文字材料和各种表格、图像等；④生成代码，即帮助使用者编写程序代码，使用户能在较短时间内半自动地生成所需要的代码段落，进行测试和修改；⑤对历史信息进行跨生命周期的管理。

2. 总控部分及人机界面、信息库（Repository）及其管理、代码生成及文档生成、项目管理及版本管理是构成软件开发工具的四大技术要素。

3. 信息库存储系统开发过程中涉及四类信息：①关于软件应用领域与环境状况（系统状况）的；②设计成果，包括逻辑设计和物理设计的成果；③运行状况的记录，包括运行效率、作用、用户反映、故障及其处理情况等；④有关项目和版本管理的信息。

4. 人机界面的设计应遵循三条原则：面向用户的原则；保证各部分之间信息的准确传递；保证系统的开放性和灵活性。

#### 三、分析题

1. 对软件开发工具可以从不同的角度来进行分类。①基于工作阶段划分；②基于集成程度划分的工具；③基于硬件、软件的关系划分。

2. 集成 CASE 的框架结构包括：①技术框架结构，采用了 NIST/ECMA 参考模型来作为描述集成 CASE 环境的技术基础。在参考模型里定义的服务有三种方式的集成：数据集成、控制集成和界面集成；②组织框架结构，组织框架结构就是把 CASE 工具放在一个开发和管理的环境中。组织框架结构，能指导集成 CASE 环境的开发和使用，指导将来进一步的研究，帮助 CASE 用户在集成 CASE 环境中选择和配置工具，是对技术框架的实际执行和完善。

第3章

**一、名词解释**

软件开发过程：是为了获得软件产品或是为了完成软件工程项目需要完成的一系列有关软件工程的活动。

**二、简答**

1. 软件工程过程通常包含4种基本活动：①P(Plan)——软件规格说明。规定软件的功能及其运行时的限制；②D(Do)——软件开发。产生满足规格说明的软件；③C(Check)——软件确认。确认软件能够满足客户提出的要求；④A(Action)——软件演进。为满足客户的变更要求，软件必须在使用的过程中演进。

2. 软件过程的活动工具通常可分为：①支持软件开发过程的工具：如需求分析工具、需求跟踪工具、设计工具、编码工具、排错工具、测试和集成工具等；②支持软件维护过程的工具：版本控制工具、文档工具、开发信息库工具、再工程工具(包括逆向工程工具、代码重构与分析工具)等；③支持软件管理和支持过程的工具：项目计划工具、项目管理工具、配置管理工具、软件评价工具、度量和管理工具等。

**三、分析题**

1. CASE的采用过程划分为4个主要过程、4个子过程和13个活动，如附图B-1所示。

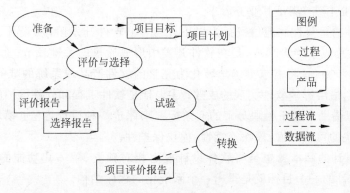

附图B-1　CASE的采用过程

2. 评价和选择过程由4个子过程和13个活动组成：①初始准备过程：设定目标、建立选择准则、制定项目计划；②构造过程：需求分析、收集CASE工具信息、确定候选的CASE工具；③评价过程：评价的准备、评价CASE工具、报告评价结果；④选择过程：选择准备、应用选择算法、推荐一个选择决定、确认选择决定。

第4章

**一、名词解释**

1. 需求工程：即需求的供需双方采取被证明行之有效的原理、方法，通过使用适当的工具和符号体系，正确、全面地描述用户待开发系统的行为特征、约束条件的过程。

2. SA方法：即自顶向下的分析方法(Structured Analysis)，SA方法从最上层的系统组织机构入手，采用逐层分解的方式分析系统，用数据流图(Data Flow Diagram，DFD)和数据字典(Data Dictionary,DD)描述系统。

3. 软件设计：即运用一些基本的设计概念和各种有效的方法和技术，把软件需求分析转化为软件表示，使系统能在机器上实现。传统软件设计可以分成系统的总体设计和过程设计。

4. 模块化：即解决一个复杂问题时自顶向下逐层把软件系统划分成若干模块的过程。

5. 信息隐蔽：指在一个模块内包含的信息(过程或数据)，对于不需要这些信息的其他模块来说是不能访问的。

6. 模块独立性：指每个模块只完成系统要求的独立的子系统，并且与其他模块的联系最少且接口简单。

二、简答

1. 需求工程包括需求获取、需求生成和需求验证3个阶段。

2. 软件需求具有不同的层次性，即业务需求、用户需求和功能需求(当然也包括非功能需求)。业务需求(Business Requirement)反映了用户对系统和产品的高层次的目标要求，它们是用户组织机构流程的再现和模拟，是从用户组织机构工作流程的角度进行的需求描述。用户需求(User Requirement)描述了用户使用产品必须要完成的任务，一般通过用例(Use Case)或方案脚本(Scenario)予以说明。它是从系统使用者的角度对待开发系统进行的需求描述。功能需求(Functional Requirement)定义了开发人员必须实现的软件功能，从而使得用户能完成任务，满足其业务需求。

3. 软件设计的重要性和地位概括为以下几点：①软件开发阶段(设计、编码、测试)占据软件项目开发总成本绝大部分，是在软件开发中形成质量的关键环节；②软件设计是开发阶段最重要的步骤，是将需求准确地转化为完整的软件产品或系统的唯一途径；③软件设计作出的决策，最终影响软件实现的成败；④设计是软件工程和软件维护的基础。

4. 我们可以借助于以下模块分解的5条标准来评价一种设计方法：模块可分解性、模块可组装型、模块的可理解性、模块连续性、模块保护性。

5. 结构化设计的基本思想是将软件设计成由相对独立、单一化功能的模块组成的结构。软件结构设计的一个目标就是得出一个系统化的程序结构。

三、分析题

1. 衡量一个需求分析 CASE 工具功能强弱的主要依据包括：所支持的需求分析方法的类型与数量的多少；使用的方便程度；与设计工具衔接的程度；所占资源，即系统开销的多少以及对硬件环境的需求程度；是否提供需求错误检测机制；用户领域知识提示功能。

2. 略。

第5章

一、名词解释

1. 数据库设计：是指根据用户的需求，在某一具体的数据库管理系统上，设计数据库的结构和建立数据库的过程。

2. 直观设计法：也叫手工试凑法，它是最早使用的数据库设计方法。这种方法依赖于设计者的经验和技巧，缺乏科学理论和工程原则的支持，设计的质量很难保证，常常是数据库运行一段时间后又发现各种问题，这样再重新进行修改，增加了系统维护的代价。

3. 计算机辅助设计法：指在数据库设计的某些过程中模拟某一规范化设计的方法，并以人的知识或经验为主导，通过人机交互方式实现设计中的某些部分。

**二、简答**

1. 数据库设计方法目前可分为四类：直观设计法、规范设计法、计算机辅助设计法和自动化设计法。

2. ①基于 E-R 模型的数据库设计方法，其基本思想是在需求分析的基础上，用 E-R（实体-联系）图构造一个反映现实世界实体之间联系的企业模式，然后再将此企业模式转换成基于某一特定的 DBMS 的概念模式；②基于 3NF 的数据库设计方法，其基本思想是在需求分析的基础上，确定数据库模式中的全部属性和属性间的依赖关系，将它们组织在一个单一的关系模式中，然后再分析模式中不符合 3NF 的约束条件，将其进行投影分解，规范成若干个 3NF 关系模式的集合；③基于视图的数据库设计方法，其基本思想是为每个应用建立自己的视图，然后再把这些视图汇总起来合并成整个数据库的概念模式。

3. 从工具所支持的设计阶段，数据库设计工具可以分为四类：①需求分析工具：主要用来帮助数据库设计人员进行需求调研和需求管理方面的工作；②概念设计工具：协助设计人员从用户的角度来看待系统的处理要求和数据要求，并产生一个能够反映用户观点的概念模型（一般采用 E-R 图形式）；③逻辑设计工具：把概念模型中的 E-R 图转换成为具体的 DBMS 产品所支持的数据模型；④物理设计工具：主要用来帮助数据库开发人员根据 DBMS 特点和处理的需要，进行物理存储安排，建立索引，实施具体的代码开发、测试工作（如 PL/SQL Developer、Object Browser for Oracle 等）。

4. 需求分析可以分为 3 个步骤。①收集需求，也就是我们通常所说的需求调研；②需求的分析和整理；③评审分析结果。其目的是确认需求分析阶段的工作已经保质保量地完成了。

5. 在数据库设计过程中会用到的信息可以分为以下三类：①用户需求方面的信息；②有关数据库概念设计、逻辑设计和物理设计的信息；③数据库实施和维护期间由维护人员收集和整理的信息。

**三、分析题**

1. 数据库的设计过程大致可分为 6 个步骤：①需求分析；②概念设计；③逻辑设计；④物理设计；⑤验证设计；⑥运行与维护设计，如附图 B-2 所示。

2. 数据库设计过程所面临的问题可以分为以下几类：①无法保证不同的模型之间，一个模型的不同子模型之间信息的一致性；②对于大型系统而言测试更加困难，通常的情况是牵一发而动全身；③工作进度难于控制；④文档编制困难；⑤版本控制困难。

3. 数据库设计过程中，对数据库设计工具的功能需求有：①认识和描述客观世界的能力；②管理和存储数据库设计过程中产生的各类信息；③根据用户的物理设计，自动生成创建数据库的脚本和测试数据；④根据用户的需要，将数据库设计过程中产生的各类信息自动组织成文档，从而最大程度地减少数据库设计人员花在编写文档方面的时间和成本，并保证文档之间信息的一致性；⑤为数据库设计的过程提供团队协同工作的帮助。

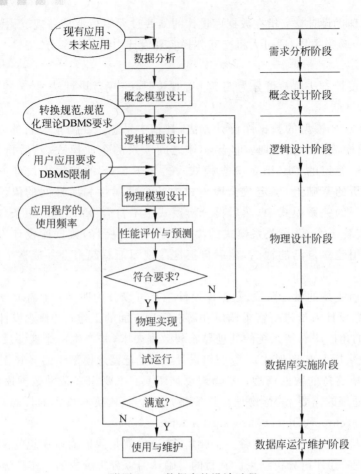

附图 B-2　数据库的设计过程

## 第 6 章

### 一、名词解释

1. 机器语言：用二进制代码表示的计算机能直接识别和执行的一种机器指令的集合。

2. 汇编语言：又称符号语言，是一种用助记符表示的仍然面向机器的计算机语言，采用了助记符号来编写程序，比用机器语言的二进制代码编程要方便些，在一定程度上简化了编程过程。

3. 高级语言：一种与自然语言相近并为计算机所接受和执行的计算机语言，高级语言所编制的程序不能直接被计算机识别，必须经过转换才能被执行。

4. 4GL：即第四代语言（Fourth Generation Language），是一种编程语言或是为了某一目的的编程环境。在演化计算中，第四代语言是在第三代语言基础上发展的，且概括和表达能力更强。

### 二、简答

1. 对程序设计语言阶段的划代有多种观点，有代表性的是将其划分为五个阶段：第一代语言 1GL——机器语言；第二代语言 2GL——编程语言；第三代语言 3GL——高级程序设计语言；第四代语言 4GL——更接近人类自然语言的高级程序设计语言；第五代语言

5GL——用于人工智能,人工神经网络的语言。

2. 确定一个语言是否是一个 4GL,主要应从以下标准来进行考察:①生产率标准;②非过程化标准;③用户界面标准;④功能标准。

3. 按照 4GL 的功能可以将它们划分为以下几类:①查询语言和报表生成器;②图形语言;③应用生成器;④形式规格说明语言。

### 三、分析题

1. (1) 4GL 的发展:4GL 这个词最早是在 20 世纪 80 年代初期出现在软件厂商的广告和产品介绍中的。1985 年,美国召开了全国性的 4GL 研讨会,使 4GL 进入了计算机科学的研究范畴。进入 20 世纪 90 年代,大量基于数据库管理系统的 4GL 商品化软件已在计算机应用开发领域中获得广泛应用,成为了面向数据库应用开发的主流工具。(2)4GL 应用前景:①4GL 与面向对象技术将进一步结合;②4GL 将全面支持以 Internet 为代表的网络分布式应用开发;③4GL 将出现事实上的工业标准;④4GL 将以受限的自然语言加图形作为用户界面;⑤4GL 将进一步与人工智能相结合;⑥4GL 继续需要数据库管理系统的支持;⑦4GL 要求软件开发方法发生变革。

2. 略。

## 第 7 章

### 一、名词解释

结构设计:也成概念设计 (Conceptual Design),是界面设计的骨架。通过对用户研究和任务分析,制定出产品的整体架构。

### 二、简答

1. 交互设计的原则如下:①有清楚的错误提示;②让用户控制界面;③允许兼用鼠标和键盘;④允许工作中断;⑤使用用户的语言,而非技术的语言;⑥提供快速反馈;⑦方便退出;⑧导航功能;⑨让用户知道自己当前的位置,使其做出下一步行动的决定。

2. 视觉设计的原则如下:①界面清晰明了;②减少短期记忆的负担;③依赖认知而非记忆;④提供视觉线索;⑤提供默认(Default)、撤销(Undo)、恢复(Redo)的功能;⑥提供界面的快捷方式;⑦尽量使用真实世界的比喻;⑧完善视觉的清晰度。条理清晰;图片、文字的布局和隐喻不要让用户去猜;⑨界面的协调一致;⑩同样功能用同样的图形;⑪色彩与内容。

3. 用户界面设计主要包括系统响应时间、用户帮助、出错处理、命令交互功能 4 个问题。

4. ①易用性原则;②规范性原则;③帮助设施原则;④合理性原则;⑤美观与协调性原则;⑥菜单位置原则;⑦独特性原则;⑧快捷方式的组合原则;⑨排错性考虑原则。

### 三、分析题

略。

## 第 8 章

### 一、名词解释

多媒体开发工具:基于多媒体操作系统基础上的多媒体软件开发平台,可以帮助开发人员组织编排各种多媒体数据及创作多媒体应用软件。

## 二、简答

1. 基于多媒体创作工具的创作方法和结构特点的不同，可将其划分为如下几类：①基于时基的多媒体创作工具；②基于图标或流线的多媒体创作工具；③基于卡片或页面的多媒体创作工具；④以传统程序语言为基础的多媒体创作工具。

2. 略。

## 三、分析题

多媒体开发工具的特征：①编辑特性；②组织特性；③编程特性；④交互式特性；⑤性能精确特性；⑥播放特性；⑦提交特性。

多媒体开发工具的功能：①优异的面向对象的编辑环境；②具有较强的多媒体数据 I/O 能力；③动画处理能力；④超级连接能力；⑤应用程序的连接能力；⑥模块化和面向对象；⑦友好的界面，易学易用。

## 第 9 章

### 一、名词解释

1. 白盒测试工具：针对代码进行测试，测试中发现的缺陷可以定位到代码级，根据测试工具原理的不同，又可以分为静态测试工具和动态测试工具。

2. 黑盒测试工具：利用脚本的录制（Record）/回放（Playback），模拟用户的操作，然后将被测系统的输出记录下来同预先给定的标准结果比较。黑盒测试工具可以大大减轻黑盒测试的工作量，在迭代开发的过程中，能够很好地进行回归测试。

3. EcoScope：一款性能优化工具，是一套定位于应用（即服务提供者本身）及其所依赖的所有网络计算资源的解决方案。EcoScope 可以提供应用视图，并标出应用是如何与基础架构相关联的。

### 二、简答

1. 软件测试工具可以从两个不同的方面去分类：①根据测试方法不同，分为白盒测试工具和黑盒测试工具；②根据测试的对象和目的，分为单元测试工具、功能测试工具、负载测试工具、性能测试工具和测试管理工具。

2. WinRunner 的工作流程大致可以分为以下 6 个步骤：①识别应用程序的 GUI；②建立测试脚本；③对测试脚本除错（Debug）；④在新版应用程序执行测试脚本；⑤分析测试结果；⑥回报缺陷（Defect）。

3. EcoScope 的应用主要表现在以下几个方面：①确保成功部署新应用；②维护性能的服务水平；③加速问题检测与纠正的高级功能；④定制视图有助于高效地分析数据。

### 三、分析题

考虑的因素：①功能；②价格；③测试工具引入的目的是测试自动化，引入工具需要考虑工具引入的连续性和一致性；④选择适合于软件生命周期各阶段的工具。选取步骤如附图 B-3 所示。

①成立小组负责测试工具的选择和决策，制定时间表；②确定自己的需求，研究可能存在的不同解决方案，并进行利弊分析；③了解市场上满足自己需求的产品，包括基本功能、限制、价格和服务等；④根据市场上产品的功能、限制和价格，结合自己的开发能力、预算、项目周期等因素决定自己开发还是购买；⑤对市场上的产品进行对比分析，确定 2～3 种

产品作为候选产品；⑥请候选产品的厂商来介绍、演示、并解决几个实例；⑦初步确定；⑧商务谈判；⑨最后决定。

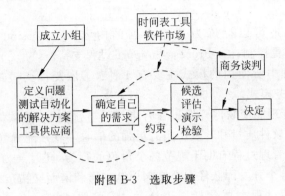

附图 B-3 选取步骤

## 第 10 章

### 一、名词解释

1. 项目管理：基于现代管理学基础之上的一种新兴的管理学科，它把企业管理中的财务控制、人才资源管理、风险控制、质量管理、信息技术管理（沟通管理）、采购管理等有效地进行整合，以达到高效、高质、低成本的完成企业内部各项工作或项目的目的。

2. 软件项目管理：是为了完成一个既定的软件开发目标，在规定的时间内，通过特殊形式的临时性组织运行机制，通过有效的计划、组织、领导与控制，在明确的可利用的资源范围内完成软件开发。

### 二、简答

项目管理软件有以下特性：①预算及成本控制；②日程表；③电子邮件；④图形；⑤转入/转出资料；⑥处理多个项目及子项目；⑦制作报表；⑧资源管理；⑨计划；⑩项目监督及跟踪；⑪进度安排；⑫保密；⑬排序及筛选；⑭假设分析。

### 三、分析题

1. 我们可以通过考虑以下因素根据个人和企业需求来选取和购买合适的项目管理软件：①容量；②操作简易性；③文件编制和联机帮助功能；④可利用的功能；⑤报表功能；⑥与其他系统的兼容能力；⑦安装要求；⑧安全性能；⑨经销商的支持。

2. 略。

## 第 11 章

### 一、名词解释

1. 软件配置管理：Software Configuration Management，又称软件形态管理、或软件建构管理，简称软件形管（SCM）。界定软件的组成项目，对每个项目的变更进行管控（版本控制），并维护不同项目之间的版本关联，以使软件在开发过程中任一时间的内容都可以被追溯，包括某几个具有重要意义的数个组合。

2. SCI：即配置项，Pressman 对于 SCI 给出了一个比较简单的定义："软件过程的输出信息可以分为三个主要类别：①计算机程序（源代码和可执行程序）；②描述计算机程序的文档(针对技术开发者和用户);③数据(包含在程序内部或外部)。这些项包含了所有在软件过程中产生的信息,总称为软件配置项。"

**二、简答**

1. 软件配置管理可以提炼为 3 个方面的内容:① Version Control-版本控制;②Change Control-变更控制;③ Process Support-过程支持。

2. 软件配置管理中所使用的模式主要有 4 种:①恢复提交模式;②面向改变模式;③合成模式;④长事务模式。

3. 良好的配置管理能使软件开发过程有更好的可预测性,使软件系统具有可重复性,使用户和主管部门用软件质量和开发小组有更强的信心。软件配置管理的最终目标是管理软件产品。好的配置管理过程有助于规范各个角色的行为,同时又为角色之间的任务传递提供无缝的接合,使整个开发团队像一个交响乐队一样和谐而又错杂地进行。

4. 软件配置管理过程主要包括 6 个活动:①配置项(Software Configuration Item,SCI)识别;②工作空间管理;③版本控制;④变更控制;⑤状态报告;⑥配置审计。

5. 配置状态报告应该包括下列主要内容:①配置库结构和相关说明;②开发起始基线的构成;③当前基线位置及状态;④各基线配置项集成分支的情况;⑤各私有开发分支类型的分布情况;⑥关键元素的版本演进记录;⑦其他应予报告的事项。

6. 一个成熟的软件配置管理工具应该具备的特征:①配置项(对象)管理;②构建与发布管理;③工作空间管理;④流程管理;⑤分布式开发的支持;⑥与其他工具的集成能力;⑦易用性、易管理性。

**三、分析题**

1. 软件配置管理(SCM)只是变更管理(Change Management,CM)的一个方面;但从SCM 工具的发展来看,越来越多的 SCM 工具开始集成变更管理的功能,甚至问题跟踪(Defect Tracking)的功能:①权限控制(Access Control);②版本控制(Version Control);③增强的版本控制(Enhanced Version Control);④变更管理(Change Management);⑤独立的工作空间(Independent Workspaces);⑥报告(Report);⑦过程自动化(Process Automation);⑧管理项目的整个生命周期;⑨与主流开发环境的集成。

2. 略。

## 第 12 章

**一、名词解释**

1. UML:即统一建模语言,是一种用于软件系统制品规约的、可视化的构造及建档语言,也可用于业务建模以及其他非软件系统。

2. 软件开发:是一套关于软件开发各个阶段的定义、任务和作用的,建立在理论上的一门工程学科,它对解决软件危机、指导任务利用科学和有效的方法来开发软件、提高及保证软件开发效率和质量起到了一定的作用。

3. RUP:Rational Unified Process,统一软件过程,是一个面向对象且基于网络的程序开发方法论。根据 Rational 的说法,好像一个在线的指导者,它可以为所有方面和层次的程序开发提供指导方针,模板以及事例支持。

4. 角色:即描述某个人或者一个小组的行为与职责。RUP 预先定义了很多角色。

5. Rose:是美国 IBM 公司开发的软件系统建模工具,它是一种可视化的、功能强大的面向对象系统分析与设计的工具。

二、简答

1. UML 作为一种语言,它的定义也同样包括语义和表示法两个部分。UML 语义:语义描述基于 UML 的元模型的定义。元模型为 UML 的所有元素在语法和语义上提供了简单、一致、通用的定义性说明,使开发者能在语义上取得一致,消除了因人而异的最佳表达方法所造成的影响。UML 表示法:定义了各种 UML 符号、元素、框图及其使用方法,为开发者或开发工具使用这些图形符号和文本语法为系统建模提供了标准。

2. ULM 主要具有以下 4 个特点:①统一的建模语言;②支持面向对象;③支持可视化建模;④强大的表达能力。

3. RUP 裁剪可以分为以下几步:①确定本项目需要哪些工作流;②确定每个工作流需要哪些制品;③确定 4 个阶段之间如何演进;④确定每个阶段内的迭代计划;⑤规划工作流内部结构。

4. RUP 中有 9 个核心工作流,分为 6 个核心过程工作流(Core Process Workflows)和 3 个核心支持工作流(Core Supporting Workflows):①商业建模(Business Modeling)工作流;②需求(Requirements)工作流;③分析和设计(Analysis & Design)工作流;④实现(Implementation)工作流;⑤测试(Test)工作流;⑥部署(Deployment)工作流;⑦配置和变更管理(Configuration & Change Management)工作流;⑧项目管理(Project Management)工作流;⑨环境(Environment)工作流。

三、分析题

1. UML 的产生有三方面的原因:①不同的面向对象方法有着许多相似之处,通过这项工作,消除可能会给使用者造成混淆的不必要的差异是非常有意义的;②语义和表示法的统一,可以稳定面向对象技术的市场,使工程开发可以采用一门成熟的建模语言,CASE 工具的设计者也可以集中精力设计出更优秀的系统;③这种统一能使现有的方法继续向前发展,积累已有的经验,解决以前没有解决好的问题。UML 的产生发展步骤如附图 B-4 所示。

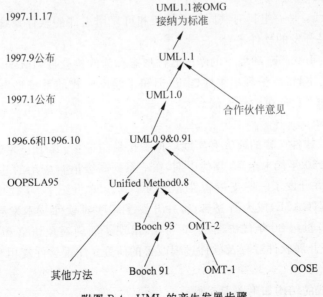

附图 B-4　UML 的产生发展步骤

2. UML 图及其作用如附表 B-1 所示。

附表 B-1    UML 图

| 类    别 | 图 形 名 称 | 作    用 |
|---|---|---|
| 静态建模 | 用例图(Use Case Diagram) | 描述系统实现的功能 |
| | 类图(Class Diagram) | 描述系统的静态结构 |
| | 对象图(Object Diagram) | 描述系统在某时刻的静态结构 |
| | 构件图(Component Diagram) | 描述实现系统组成构件上的关系 |
| | 配置图(Deployment Diagram) | 描述系统运行环境的配置情况 |
| 动态建模 | 顺序图(Sequence Diagram) | 描述系统某些元素在时间上的交互 |
| | 协作图(Collaboration Diagram) | 描述系统某些元素之间的协作关系 |
| | 状态图(Statechart Diagram) | 描述某个用例的工作流 |
| | 活动图(Activity Diagram) | 描述某个类的动态行为 |

3. (1) 初始化阶段。初始阶段结束时是第一个重要的里程碑：生命周期目标 (Lifecycle Objective)里程碑。

(2) 细化阶段。细化阶段结束时第二个重要的里程碑：生命周期结构(Lifecycle Architecture)里程碑。

(3) 构建阶段。构建阶段结束时是第三个重要的里程碑：初始功能(Initial Operational)里程碑。

(4) 交付阶段。在交付阶段的终点是第四个里程碑：产品发布(Product Release)里程碑。

4. (1) Rose 的功能：Rose 支持 UML 建模过程中使用的多种模型或框图。

(2) Rose 的特点：支持三层结构方案；为大型软件工程提供了可塑性和柔韧性极强的解决方案；支持 UML、OOSE 及 OMT；支持大型复杂项目；与多种开发环境无缝集成。

## 第 13 章

### 一、名词解释

1. 软件产品线：是一组具有共同体系构架和可复用组件的软件系统，它们共同构建支持特定领域内产品开发的软件平台。

2. 网构软件：Internet 环境下的新的软件形态称为网构软件(Internetware)，网构软件适应 Internet 的基本特征，呈现出柔性、多目标和连续反应式的系统形态，将导致现有软件理论、方法、技术和平台的革命性进展。

### 二、简答

1. 30 多年来，软件工程的研究和实践取得了长足的进步，其中一些具有里程碑意义的进展包括：20 世纪 60 年代末至 70 年代中期，在一系列高级语言应用的基础上，出现了结构化程序设计技术，并开发了一些支持软件开发的工具。20 世纪 70 年代中期至 80 年代，计算机辅助软件工程(CASE)成为研究热点，并开发了一些对软件技术发展具有深远影响的软件工程环境。20 世纪 80 年代中期至 90 年代，出现了面向对象语言和方法，并成为主流的软件开发技术；开展软件过程及软件过程改善的研究；注重软件复用和软件构件技术的研究与实践。

2. 软件产品线的结构如附图 B-5 所示。

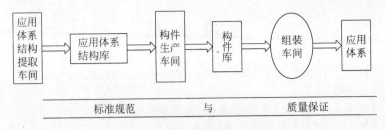

附图 B-5　软件产品线的结构

## 三、分析题

略。

## 第 14 章

### 一、名词解释

1. 生物酶：是由细胞产生的具有催化能力的蛋白质（Protein），这些酶大部分位于细胞体内，部分分泌到体外。生物体代谢中的各种化学反应都是在酶的作用下进行的。没有酶，生命将停止。

2. 软件工具酶：（Software Tool Enzyme，STE）是在软件开发过程中辅助开发人员开发软件的工具。

### 二、简答

1.（1）作用：软件开发工具作为酶，它是催化剂（Catalyst），可使用户需求转化为程序的过程加快。软件开发工具作为酶，也是粘合剂（Adhesive），它可以把底物分开，也可把碎片连接起来。这就是酶切和酶连接。

（2）作用机制：软件工具酶是通过其活性中心先与底物形成一个中间复合物（Compound），随后再分解成产物，酶被分解出来。酶的活性部位在其与底物结合的边界区域。软件工具酶结合底物，形成酶-底物复合物。酶活性部位与底物结合，转变为过渡态，生成产物，然后释放。随后软件工具酶与另一底物结合，开始它的又一次循环。

2. 软件工具酶的催化特点主要有：①催化（Catalysis）能力；②专一性（Specifity）；③调节性（Adjustment）。

3. 一般地说，软件开发需要经过三次转化过程，一是用户需求的获取；二是从用户的需求到程序说明书的信息转化；三是从程序说明书到程序的信息转化。这就是软件转换法则（Software Transportation Dogma）。

### 三、分析题

1.（1）锁和钥匙模型（Lock-and-Key Model）认为：底物的形状和酶的活性部位被认为彼此相适合，像钥匙插入它的锁中，刚好组合在一起时，互相补充。

（2）诱导契合模型（Induced-Fit Model）认为：底物的结合在酶的活性部位诱导出构象变化。酶可以使底物变形，迫使其构象近似于它的过渡态。这样一种动态的模型，也可以解释软件工具酶与底物的适应关系。

2. ①"近未来"软件开发模式；②"中远未来"软件开发模式；③"远未来"软件开发模式。

# 参 考 文 献

[1] 杨芙清,吕建,梅宏.网构软件技术体系:一种以体系结构为中心的途径.中国科学,E辑:信息科学, 2008,38(6):818-828.

[2] 朱国防,李建东.软件产品线技术简介.信息技术与信息化,2006(2):25-26.

[3] 杨芙清.构件技术引领软件开发新潮流.中国计算机用户,2005(6):13.

[4] 杨芙清,梅宏,吕建,等.浅论软件技术发展.电子学报,2002,30(12A):1901-1906.

[5] 杨芙清.软件工程技术发展思索.软件学报,2005,16(1):1-7.

[6] 覃征,等.软件体系结构.西安:西安交通大学出版社,2002.

[7] 杨芙清,梅宏,吕建,等.浅论软件技术发展.电子学报,2002,30(12A):1901-1906.

[8] 王立福,张世琨,朱冰.软件工程——技术、方法和环境.北京:北京大学出版社,1997.

[9] 杨芙清,梅宏,李克勤.软件复用与软件构件技术.电子学报,1999,27(2):68-75.

[10] 杨芙清.软件复用及相关技术.计算机科学,1999,26(5):1-4.

[11] 杨芙清.青鸟工程现状与发展——兼论我国软件产业发展途径.见:杨芙清,何新贵.第6次全国软件工程学术会议论文集,软件工程进展——技术、方法和实践.北京:清华大学出版社,1996.

[12] 杨芙清,梅宏,李克勤,等.支持构件复用的青鸟III型系统概述.计算机科学,1999,26(5):50-55.

[13] 杨芙清,梅宏,吕建,等.浅论软件技术发展.电子学报,2003,26(9):1104-1115.

[14] 吕建,马晓星,陶先平,等.网构软件的研究与进展.中国科学,E辑:信息科学,2006,36(10):1037-1080.

[15] 吕建,陶先平,马晓星,等.基于Agent的网构软件模型研究.中国科学,E辑:信息科学,2005,35(12):1233-1253.

[16] 黄罡,王千祥,曹东刚,等.一种面向领域的构件运行支撑平台.电子学报,2002,30(12Z):39-43.

[17] 黄涛,陈宁江,魏峻,等.OnceAS/Q:一个面向QoS的Web应用服务器.软件学报,2004,15(12):1787-1799.

[18] 梅宏,曹东刚.ABC-S2C:一种面向贯穿特性的构件化软件关注点分离技术.计算机学报,2005,28(12):2036-2044.

[19] 张伟,梅宏.一种面向特征的领域模型及其建模过程.软件学报,14(8):1345-1356.

[20] 谭国真,李程旭,刘浩,等.交通网格的研究与应用.计算机研究与发展,2004,41(12):206.

[21] 张凯,软件过程演化与进化论.北京:清华大学出版社,2009.

[22] 李彤,王黎霞.第四代语言:回顾与展望,计算机应用研究,1998(3):1-4.

[23] http://www.webopedia.com/TERM/F/fourth_generation_language.html.

[24] http://en.wikipedia.crg/wiki/4GL.

[25] 王纯宝.第四代语言INFORMIX-4GL及其应用.交通与计算机,1992(6):68-70.

[26] 周有文.面向ORACLE 4GL的CMIS详细设计.湖南大学学报(自然科学版),1991(1):1-6.

[27] 王正.信息系统开发工具—第四代语言AS5.0版本(System Relese 5.0)的介绍及应用实例.交通与计算机,1993(2):45-56.

[28] 从市场角度看第四代语言.软件世界,1994(8):2-3.

[29] 孙其民.用计算机第四代语言开发MIS软件的几个问题.曲阜师范大学学报(自然科学版),1999(2):97-98.

[30] 陈学进.浅议计算机第四代语言的教学.安徽工业大学学报(社会科学版),2003(1):89-90.

[31] 郑启华,王忠平,李向阳,等.一个第四代语言A4GL的设计与实现.小型微型计算机系统,1997(10):49-54.

[32] 闫世杰,卢朝霞.基于第四代语言的MIS系统开发.第三届全国控制与决策系统学术会议论文集,

1991：374-377.

[33] 仲萃豪,孙富元,李兴芬.关于第四代语言的看法.计算机科学,1988(4)：37-39.

[34] 刘玉梅.第四代语言与软件技术的集成.小型微型计算机系统,1988(5)：1-13.

[35] 张荣光.第四代语言(4GLs)的十个问题.计算机科学,1989(1)：72-74.

[36] 韩胜志.第四代语言软件产品的特点及其发展趋势.小型微型计算机系统,1987(6)：1-4.

[37] http://www.genetic-programming.com/johnkoza.html.

[38] http://www.china-b.com.

[39] http://baike.baidu.com.

[40] http://www.baidu.com.

[41] 张虹.软件工程与软件开发工具[M].北京：清华大学出版社,2004.

[42] 郭荷清.现代软件工程[M].广州：华南理工大学出版社,2004.

[43] 许育诚.软件测试与质量管理[M].北京：电子工业出版社,2004.

[44] 张湘辉,等.软件开发的过程与管理[M].北京：清华大学出版社,2005.

[45] 朱少民.软件测试方法和技术[M].北京：清华大学出版社,2005.

[46] 陈禹,方美琪.软件开发工具[M].北京：经济科学出版社,1996.

[47] Shari Lawrence Pfleeger 著.软件工程理论与实践[M].2版.吴丹,史争印,唐忆译.北京：清华大学出版社,2003.

[48] 覃征,何坚,高洪江,等.软件工程与管理[M].北京：清华大学出版社,2005.

[49] http://pm.chinaitlab.com/cost/717592_2.html.

[50] http://wenku.baidu.com/view/62b95586bceb19e8b8f6ba75.htmls.

[51] http://baike.baidu.com/view/1679113.htm.

[52] 罗光春,等.Visual Basic 6.0 从入门到精通.西安：电子科技大学出版社,2001.

[53] 岳清.开发工具专家 Visual Basic 6.0 培训教程.北京：电子工业出版社,2000.

[54] 尹乾,王颖欣.中文 Visual Basic 6.0 实用教程.北京希望电脑公司,1999.

[55] 六木工作室.Visual Basic 6.0 中文版实用编程技巧.北京：人民邮电出版社,1999.

[56] 张友生.系统分析师常用工具.北京：清华大学出版社,2004.